"并行化"模式下的建筑装配式建造

BUILDING PREFABRICATED CONSTRUCTION UNDER "PARALLELIZATION" MODE

马立 著

中国建筑工业出版社

图书在版编目（CIP）数据

"并行化"模式下的建筑装配式建造＝BUILDING
PREFABRICATED CONSTRUCTION UNDER "PARALLELIZATION"
MODE/马立著. —北京：中国建筑工业出版社，
2020.12
ISBN 978-7-112-25530-6

Ⅰ．①并… Ⅱ．①马… Ⅲ．①装配式构件-建筑设计
Ⅳ．①TU3

中国版本图书馆 CIP 数据核字（2020）第 185855 号

本书内容包括以下 3 个方面：一是借助数字制造领域的工艺规程与数据交换技术，优化了数字设计系统中几何模型到数控设备中加工生产模型转变的集成路径，完成划分建筑模块及层级拆解，从而运行"设计-制造"一体化流程；二是利用跨学科团队以集成建筑信息模型平台协同工作为基础，借助质量功能配置方法、过程建模技术、数据管理系统技术，整合了并行化建筑运作模式；三是利用模糊聚类分析方法及 Solid Works 系统进行模块划分与可装配性验证，结合建筑学学科内的研究基础，综合集成化建造流程与并行化操作模式，构建了分布式环境下装配式建造方式。

全书可供广大建筑师、建筑数字设计与数字建造工作者、高等院校建筑学专业师生等学习参考。

责任编辑：吴宇江
责任校对：张惠雯

"并行化"模式下的建筑装配式建造
BUILDING PREFABRICATED CONSTRUCTION UNDER "PARALLELIZATION" MODE
马立 著

*

中国建筑工业出版社出版、发行（北京海淀三里河路 9 号）
各地新华书店、建筑书店经销
霸州市顺浩图文科技发展有限公司制版
北京建筑工业印刷厂印刷

*

开本：787 毫米×1092 毫米 1/16 印张：14½ 插页：1 字数：360 千字
2021 年 4 月第一版 2021 年 4 月第一次印刷
定价：58.00 元
ISBN 978-7-112-25530-6
（36543）

前　言

　　将并行工程理论与方法、数字制造领域的技术成果引入当代建筑建造系统，在回溯与反思传统建造方式和传统建筑运作模式的基础上，探讨适宜于当下及未来人居模式的建筑建造方式及运行流程。本书从 3 个层面进行研究：信息集成层面，应用数字制造中工艺规程规划方法、数据标准与接口技术，结合建筑学科已有的数字设计及数字建造领域的研究成果，建立从数字设计到数字建造的集成体系，使得传统意义上基于普适层面的设计与建造分离现状得以改观，从而运行建筑"设计-建造"一体化流程；材料集成层面，应用可再生能源提供动力、借助制造业中的叠层实体制造法、三维打印技术完成材料集成过程，形成低碳材料集成体系，以改观传统化石能源供能模式下的分层砌筑现象；组织模式层面，利用质量功能配置方法完成设计因素从定性到定量的转变、应用模糊聚类分析方法划分及拆解三维数字化模型，使集成建筑信息模型从传统意义上的生成阶段拓展到拆解、制造阶段，并利用 SolidWorks 系统进行可装配性评价验证，在划分建筑结构的跨学科团队、数据管理系统建立的基础上，进行并行化操作。在此基础上，并行化操作模式下，应用集成数字技术体系、低碳材料集成体系，从而构建划分建筑结构的装配式建造模式。

　　本书创新性成果主要体现在以下 3 个方面：首先，借助数字制造领域的工艺规程与数据交换技术，优化了数字设计系统中几何模型到数控设备中加工生产模型转变的集成路径，完成划分建筑模块及层级拆解，从而运行"设计-制造"一体化流程；其次，利用跨学科团队以集成建筑信息模型平台协同工作为基础，借助质量功能配置方法、过程建模技术、数据管理系统技术，整合了并行化建筑运作模式；最后，利用模糊聚类分析方法及 SolidWorks 系统进行模块划分与可装配性验证，结合建筑学学科内的研究基础，综合集成化建造流程与并行化操作模式，构建了分布式环境下装配式建造方式。

目　　录

第1章
绪论

1.1 提出问题

工业革命以前，西方实行古代工匠体系、近代巨人艺术家建造体系，东方则为传统工匠营建体系（安东尼亚德斯，2008）。西方以石材为主的建筑，尤其反映在公共建筑与神庙、宫殿类建筑，均由业主与工匠（或艺术家与工匠组成的团队）共同完成；而东方建造体系中，尤其反映在中国，在以匠师为核心的营建承包制度中也只涉及业主与承包商两方（沈理源，2008）[①]。

由于建筑工程的规模大、时间长、不可逆，隐蔽工程多等特点，建筑业主在整个建筑活动中往往处于技术、信息、控制的弱势地位。因此，在与建造上处于强势（技术、信息、控制）地位的承包商的交涉中，不得不求助于具有专业知识与社会信誉的技术监督和代理——建筑师来计划、监督、控制整个建造过程。19世纪末，职业建筑师伴随近代化过程逐渐得到社会认可，从而使得原有"业主-承包商"体系确立的建筑生产关系中插入了建筑师，作为第三方以保证建造过程中的技术监督和公正诚信，形成了职业建筑师的基础。自现代建筑诞生以来，建造/建筑生产体系的基本生产关系则扩展成了业主、建筑师、承建商三方。业主与建筑师之间形成代理合同关系，建筑师作为业主权利与利益代理，在既定条件与业主要求下，制定建筑功能、环境品质、空间安排、施工造价计划等，并以设计图纸及文件记录方式向施工者准确传达项目要求及技术性能指标，在此基础上监督并协调整体施工进度，以确保建造品质及建造完成度。与此同时，业主与承建商之间也形成购买、承包合同关系。业主、建筑师、承包商三方关系的确定，也带来了建筑体系部分串行运作问题及设计与建造分离的问题。

1.1.1 串行运作流程

建筑项目开发过程是指从项目调研、需求分析反馈、方案设计、施工图设计到最终施工完成的全过程，包括设计阶段、材料生产加工和现场建造过程。自工业革命以来，西方

---

① 当然，没有职业建筑师的第三方技术公正立场，并非没有设计和设计师的存在，设计和设计师作为施工方的技术力量和管理力量，全面规划运营着整个建造过程，控制着时间、造价、质量等项目运作过程中的影响元素。在18世纪末至19世纪初，随着资本主义的发展和城市的扩张，工匠主导的施工企业型建筑师作为营建的承包商，在以技术主导的契约和执行中占据越来越重要的地位。

发达国家及日本等工业化完成度较高的国家，其建筑运作流程部分地呈现顺序的过程。而我国等一些发展中国家及不发达国家，建筑运作流程大部分呈现顺序的过程，即一种抛过墙式的串行运作方式：前期调研分析—方案设计—施工图设计—施工建造。串行模式和组织中将建筑运作流程划分为很多阶段与步骤，并且各个板块之间相互独立，上一环节任务完成之后下一环节才开始（图1-1）。于是，在方案创作阶段，策划人员根据市场及用户对建筑使用的需求，向设计部门提出项目分析及描述，设计人员完成从概念草图到方案雏形再到成熟方案的过程，其中经历平、立、剖面图及造型的反复推敲与处理。完成这一阶段后，方案交由施工图设计团队开始结构、设备、材料建构及细部连接方式的设计，施工图完成后由施工团队完成施工建造，最终至工程完成验收。

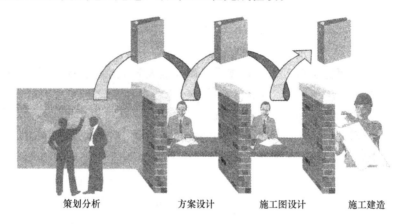

策划分析　　　　　方案设计　　　施工图设计　　　施工建造

图 1-1　抛过墙式的项目开发方式

来源：熊光愣. 并行工程的理论与实践 [M]. 北京：清华大学出版社，2000：7.（笔者参考书中相关图片绘制）

在这种模式中，各个工作环节彼此分离，方案设计、施工图设计及施工建造仅仅基于本阶段所需及要求，系统性的交流与反馈在各环节之间开展较少，尤其反映在综合考虑从设计到建造以至建筑运营、维护、修补到报废整个生命周期中的各种因素。由于方案设计、施工图设计、施工建造、后期运营维护彼此独立，工程很少能一次性地彻底完善。方案创作阶段的建筑师往往更注重平、立、剖面图，以及空间的创造及造型的处理，较少注意到建造细部连接的创新设计；在施工图设计阶段，西方发达国家及日本由于工业化完成度较高，细部节点大样及材料构造部分由生产加工工厂技术人员完成绘制，并且一部分项目中结构工程师、设备工程师从方案创作之初便已介入，而我国的部分施工图设计人员以标准图集作为参考，且与方案设计人员缺乏有效沟通。为了达到与标准图集的一致，修改方案结构、空间、造型的举动时有发生，导致创作初衷的变样；在建造阶段，西方发达国家由于职业体制较为完善、建筑师执业范围较为宽泛，建筑师充当工程监理与施工技术人员沟通，能够使方案设计与现场施工中的部分冲突得以避免，我国由于监理公司技术人员来自设计部门独立系统，因而施工技术人员与方案创作者及施工图设计人员沟通有限，整个运行过程缺乏系统统筹协调和协作思考，以及系统性的组织管理。

这样一来方案设计中的问题也许到了施工图设计阶段才会暴露，而现场施工的过程中也许又会发现方案设计阶段或施工图设计中的很多问题①。在项目设计和施工的各个阶段，产生许多反馈信息，许多内容使相关过程发生冲突，相关过程协调、交涉，解决设计、建造产生的冲突需要多次反复和很长时间，于是就会形成设计—建造—修改设计—重新建造的大循环，导致工程周期较长，开发成本过高及质量无法保证等问题。由于串行方式存在大量的设计修改，影响了整体工程的进度。在设计的早期阶段，由于对现场施工状况无法准确预料，成本造价往往不能严格覆盖建筑生产全过程。此外，设计数据零散分布于开发过程，缺乏统一有效的管理，数据无法保持一致，数据信息很少进行系统管理，容易丢失（史晨鸣，2010）[47]。以上问题也许在西方发达国家及日本等工业化完成度较高的国家出现较少，而在我国则较为普遍，但不管问题多寡，笔者试图构建一种新的模式及体系，从而可以避免以上问题的出现。

1.1.2　设计与建造分离

前工业化时期，建造过程通过现场施工的方式得以体现，设计不自觉地蕴含于建造之中，匠师统筹全局，进行工种划分与工序分解，各个团队之间协同运作，致使如测量规划、场地规整、材料加工、材料移动、构件加工与连接等建造程序可并行化操作完成，建造过程一度出现了并行化操作的雏形。自文艺复兴时期开始，设计阶段逐渐作为独立过程从建造系统中分离出来，建筑师对建造全局的把控逐渐转向了图纸设计；至现代主义时期，建筑设计已作为完全职业化方式存在，从而使得建造系统被分解为建筑师主导的设计过程和营建商负责的现场建造过程。与此同时，建筑设计内部也出现了方案、施工图、结构、电气水暖等设备类型的专业划分，各专业之间依靠第三方媒介——图纸进行信息传递与交流，如此，则将基于建筑本体的一体化建造流程肢解。诚然，文艺复兴时期的大师如伯鲁乃列斯基（Fillipo Brunelleschi）、米开朗琪罗等可以通过自身的智慧掌控从设计到建造的全局，现代主义至今涌现出的一些大师如密斯·凡·德·罗、路易斯·康、卡罗·斯卡帕等能够通过设计细部节点构造，完成从设计到建造的连接。然而，普适层面上并未达到如经典作品所呈现出的建造效果。当代西方发达国家中，首先在普世层面上由于建筑运作模式中项目全程管理（Project Management，PM）制度及建筑师从场地规划、项目策划、编制项目任务书、可行性研究、招投标代理、造价咨询、建筑设计、室内设计、设备选择、内部管理机构设置、设计监理等职能范围的全程参与，使得设计阶段与现场建造过程形成了矩阵型运作模式，流程运作相对高效、建造完成度较高。此外，由于互联网技术与数字技术在西方发达国家中的率先应用，诺曼·福斯特、弗兰克·盖里等建筑大师借助三维数字化模型媒介平台，可以进行设计团队、材料供应商、营建商、业主、用户等之间的远程协作，使得信息反馈与更改及时，建造运行效率得到提高，从而诞生了并行化操作模式下的一系列经典作品。在我国的建筑运作模式中，计划经济时期遗留下来的设计院体制对当下的建筑执业状态依然存有影响，设计阶段如方案创作、施工图设计、结构、水暖电设计等专业划分较强，建筑师的执业范围部分停留在勘察设计环节，设计机构内部各专业之间，设计机构与承建机构、分包单位之间的协作程度均处在较低层级，致使各专业之

---

① 下游专业对上游专业的工作往往采取审查方式，成为上游工作的评判者而非设计工作的参与者。设计中存在的问题在开发早期阶段很难发现和解决，这些问题直到建造阶段才暴露出来，又不得不进行设计的返工。

间、设计方与承建方，承建方与材料商、监理单位之间仅依靠图纸传递交流信息。这样一来，设计机构对于建造完成度的控制转换成了对图纸完整性的控制，承建方照图施工过程中出现的问题不能及时反馈到设计方，从而导致我国部分建筑运作模式效率低下，部分作品完成品质不高（表 1-1）。

建筑运作模式归纳   表 1-1

	建筑运作模式
前工业化时期	并行化操作雏形
文艺复兴至工业革命时期	"串-并"行方式
当代西方发达国家	矩阵型模式
当代中国	大部分串行方式

来源：笔者自绘

  综上所述，当前世界范围内普世层面上的建筑运作体系尚处于设计阶段与建造阶段分离的状态，而并行化运作模式只是在欧美日等工业化完成度较高的国家中分散式呈现。笔者思考：能否出现一种可以改变设计阶段到建造阶段通过图纸媒介传递信息的方式，从而使得设计与建造可以并行化操作，完成"设计-建造"一体化流程。伴随互联网技术与数字技术的普及应用，借助制造业领域的先进制造模式，并行化操作成为未来建造模式所要追求的目标。

第 **2** 章
相关概念解析与界定

2.1 并行工程概念与特征

并行工程产生的时期处于 20 世纪 80 年代末，在美国和一些西方工业国家最先出现，意指将时间上先后的工作过程转变为同时考虑和同时作业的一种实践处理方式，以期快速设计、生产出高质量产品，以适应市场竞争力。并行工程的定义，国际上有很多提法，其中 1988 年美国国防分析研究所给出的定义最具有权威性："并行工程是一种对产品及其相关过程进行并行的、一体化设计的工作模式，这种模式可使产品开发人员一开始就能考虑到从产品概念设计到产品消亡的整个生命周期中的所有因素，包括质量、成本、进度和用户要求。"（初冠南 等，2014)[14] （表 2-1、表 2-2）。

串行工程工作方式　　　　　　　　　　　　　　　　　　　　　　　表 2-1

	产品设计	工艺设计	制造装配	检验测试
用户与供应商				
市场人员	▭			
设计人员	▭			
工艺人员		▭		
制造人员			▭	
检测人员				▭

来源：初冠南，孙清洁. 现代船舶建造技术［M］. 北京：北京大学出版社，2014：13-14.

并行工程工作方式　　　　　　　　　　　　　　　　　　　　　　　表 2-2

	产品设计	工艺设计	制造装配	检验测试
用户与供应商	▭			
市场人员	▭			
设计人员	▭			
工艺人员	▭▭▭▭▭			
制造人员	▭▭▭▭▭▭▭			
检测人员	▭▭▭▭▭▭▭▭			

来源：初冠南，孙清洁. 现代船舶建造技术［M］. 北京：北京大学出版社，2014：13-14.

并行工程针对传统串行生产流程提出，借助计算机网络技术、信息技术与现代管理技术，要求自项目开发的初期考虑从设计到制造全生命周期内的所有因素，起到在上游开发阶段便能及时预料与处理下游开发阶段问题的效果，从而缩短产品开发周期，降低生产成本，一定程度上提高生产质量（熊光楞，2000）[13]。其过程强调项目开发生命周期中建立不同部门或专业人员组成的团队，形成动态联盟协同工作，要求集成框架中纳入人员组织管理、计算机信息技术及方法论体系，其并不追求单个过程、局部阶段的效益，而是注重整体优化与全局竞争优势。并行化操作模式中，与串行方式中的一次性输出结果不同，下一环节工作小组可在上一环节工作小组任务完成之前开展工作，上一环节每完成一部分工作即将结果输出给相关过程，信息输出与传递保持连续，所有工作小组注重本环节工作内容的同时更会考虑到整个团队的整体效益（胡庆夕 等，2001）[34]。

产品开发过程中的并行化操作模式如图 2-1 所示。其设计阶段便已集成了产品开发全生命周期中各技术工种人员，针对设计、制造、工艺加工、装配设计、检验、售后等全生命周期中的因素统筹考虑，协同工作。这样，产品开发的后续阶段基于设计阶段更加完善，一般均能保证过程顺利进行。如图中虚线所示，后续制造、装配、检验等阶段与设计阶段在反复交流与信息反馈中完成，借助于公共数据库/知识库工具，设计人员与其他工种技术人员可随时响应（Abdalla，1999）（图 2-2）。

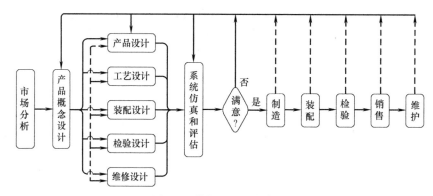

图 2-1　并行工程运行模式

来源：初冠南，孙清洁. 现代船舶建造技术 [M]. 北京：北京大学出版社，2014：15.

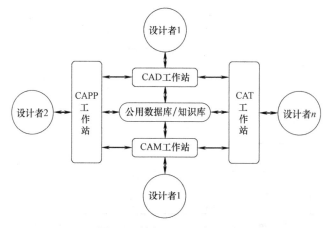

图 2-2　并行工程设计网络

来源：初冠南，孙清洁. 现代船舶建造技术 [M]. 北京：北京大学出版社，2014：15.

并行工程工作模式具有并行、整体、协同及集成的特征。

1. 并行特征

以同时考虑、同时处理的方式替代产品开发中时间上先后的作业过程，设计阶段系统考虑产品开发全生命周期中的所有因素，避免将设计阶段的问题传递给后续生产加工阶段。设计阶段完成后，后续工艺设计、制造、装配等阶段的工作可更顺利进行，缩短了产品开发周期。

2. 整体特征

并行工程强调系统有机整体性，认为各局部过程和处理单元之间相互联系，并存在双向信息流，强调全局优化，在保证整体最优效果的追求上可以牺牲局部效益（图2-3）。

3. 协同特征

根据任务和项目需求组织来自不同生产部门的跨学科多工种技术人员组成集成开发团队，以共同术语和共同信息协同工作。强调"1＋1＞2"的思想，以群体效应排除传统串行方式中的部门壁垒，提高整体效益。

4. 集成特征

首先，涉及产品开发技术人员如设计、制造、工艺、用户等部门人员集成；其次，产品开发全生命周期中各类信息存储、交流、利用、表示的集成与统一处理；最后，开发全过程中各种使用工具及多学科知识、技术方法的集成（初冠南 等，2014）[13-18]。

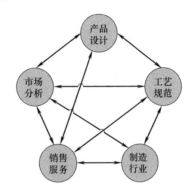

图 2-3 制造系统各环节的内在联系
来源：胡庆夕，俞涛，方明伦. 并行工程原理与应用 [M]. 上海：上海大学出版社，2001：23.

将制造领域产品开发的新模式——并行工程引入建筑领域，更新我国现有的建筑运作流程，从而扭转"串行"运作流程的僵局，给设计结合建造以方法与途径。首先，笔者结合 2015 年陕西省西安市碑林区南关正街 17 号院拟建项目商业办公综合体，应用并行工程中质量功能配置（QFD）方法将业主、用户需求等主观因素纳入项目开发之中；其次，围绕集成建筑信息模型划分模块，并建立针对每个模块的跨学科团队；最后，将并行工程中产品数据管理系统（PDM）引入建造操作系统，从而形成集成建筑信息模型建立与拆解过程中的数据集成平台。

2.2 数字制造定义与内涵

数字制造①以制造企业、制造系统及过程的逐渐数字化为前提，是数字技术、信息技术、计算机技术与制造技术相互融合的结果。其以制造过程的技术融合为基础，以建模仿真与优化为特征，利用数字化控制方法，在虚拟现实、快速原型技术、数据库等技术支持

---

① 由于数字制造的提出仅是近几年的事情，因此，国际和国内并未对数字制造有非常明确的定义，最早关于数字制造的定义是由武汉理工大学校长、博士生导师周祖德先生于 2001 年在《中国机械工程》杂志第 12 卷第 1 期的《数字制造的概念与科学问题》一文中提出的。

下，对产品进行工艺规划、资源信息重组、功能仿真、原型制造的过程（赵筱斌，2014）。

数字制造目前已从纯粹机械加工领域扩展到了产品生产制造的整个生命周期过程，已将传统定性描述过程转化为数字化建模与仿真过程，达到产品制造过程的全部量化（王庆明，2007）[7,219]。对制造设备而言，其控制参数均为数字信号，设备本身的内涵均以数字化形式描述；对制造企业而言，通过数字网络形式传递包括市场、设计、制造、工艺、维护、管理以至各方面制造资源的信息；对制造产品而言，产品内外特征的表征、产品质量的控制、产品在市场流通的过程等也都是以数字来表征的；对全球制造业而言，用户及各种类型企业均被纳入数字网络，用户发布需求，制造企业根据自身资源优势合理组合、协同设计，以高效集成的方式生产出用户满意的产品为目标。这样一来，数字信息成为设计、制造、销售、维护各阶段相互交流的控制手段，也即以管理、设计、制造为中心的数字化和信息化组成了数字制造的基本框架（Wolfram，2015）（图2-4）。

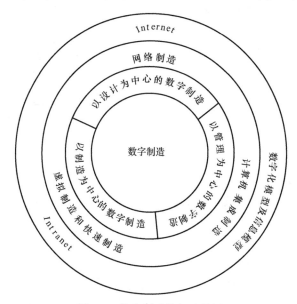

图 2-4 数字制造的概念轮图

来源：郁鼎文，陈恳. 现代制造技术 [M]. 北京：清华大学出版社，2006：2.

数字制造利用数字量及字符发出指令的控制技术，以数字化形式描述设备自动工作过程，其中数控技术不仅满足对位置、角度、速度等物理量的控制，也可满足控制温度、流量、压力等（Standford，2004）。以一台计算机控制多台机床称为直接数字控制（DNC），而多台计算机控制多台数控机床或工业机器人的方式则构成柔性制造单元（FMC），而柔性制造系统是借助于物流系统与网络技术将若干柔性制造单元相互连接的结果（Pottman et al.，2007）。此外，将传统计算机辅助设计系统（CAD）中设计信息利用数字技术转换进工艺规划、制造系统（CAPP/CAM）（Cap，2003），进而将产品生产制造全阶段的信息数字化，转变为生产制造全阶段可共享的数据，则形成 CAD/CAPP/CAM 的一体化，从而运行"设计-制造"一体化过程（Tso et al.，1999）（图2-5）。

本书中笔者主要引用了数字制造中工艺规程规划技术与方法，使通过数字设计建立的三维模型进行拆解的工艺排序问题得以解决，并在此基础上，通过数据交换标准与接口技

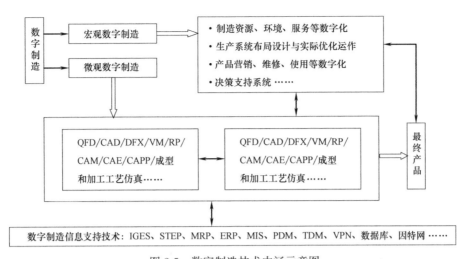

图 2-5 数字制造技术内涵示意图

来源：王庆明. 先进制造技术导论［M］. 上海：华东理工大学出版社，2007：7，19.

术使得划分、拆解而来的各构件、零件可以转化成工艺程序，输入数控设备中进行加工生产，从而建立了数字设计、数字建造系统之间的连接。

2.3 建造模式与建造流程

关于"建造模式"的研究，目前世界范围内尚无明确的定义，比较清晰地提出"建造模式"研究的学者也不多见。西方建筑理论家克里斯托弗·亚历山大的《建筑模式语言》最早引起了笔者的兴趣，其中描述了城镇、邻里、住宅、花园和房间等共253个模式。然而，此处的模式更有"原型"之意，诚如亚里山大在概要中所阐述的，是一套"基本设计图汇编"。可见，克里斯托弗·亚历山大的建筑模式是指向设计的，与笔者所要阐述的建造模式有所不同。

几经周折，国内学者东南大学建筑学院李海清与同济大学袁烽的研究成果引起了笔者的注意，其二者关于"建造模式"的阐述与笔者想要表达的意思较为相像。东南大学建筑学院李海清的"'砼'——一种本土境况下的建造模式之深度观察""20世纪上半叶中国建筑工程建造模式地区差异之考量"两篇文章蕴含了对于建造模式的探讨，尽管两篇文章的主旨均不在讨论"建造模式"上。作者认为"建造模式关注建筑工程实现的全过程的综合控制"，以一系列的疑问阐明了建造模式的内涵，即"何时？何地？谁？用何种材料和工具？何种工艺流程和工程管理方法？设计并建成何种空间？用多少时间、人力、物力与财力？设计预期如何？实际建成质量又如何？二者间有多大差别？这差别如何形成？再次实施如何改进？"并且，作者将建造模式划为技术模式与工程模式，随之涉及两大主体（图2-6），即"技术模式由设计主体掌控，包括因地选材、结构选型、细部构造、设备系统等设计问题的处理；工程模式主要由生产主体掌控，包括施工操作方式（手/机器）、生产制造方式（作坊/现场/工厂）、工程管理方式（雇工自营/专业承包/工程总承包）等工程问题的处理"。作者认为"其中最重要的主体是作为'大匠'的建筑师以及工匠"。相对应的，作者认为"最重要的客体则是材料和工具"，并且认为，"在建造模式的影响因素

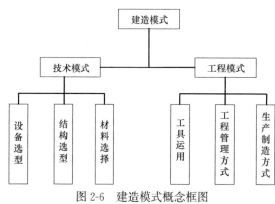

图 2-6 建造模式概念框图
来源：李海清．"砼"——一种本土境况下的建造模式
之深度观察 [J]．时代建筑，2014（3）：45-49．

中，只有材料和工具属于纯粹的物质性因素，一旦项目地点确定，在建筑的建造过程中，首当其冲的就是如何就地取材和选用施工机具，这两个因素直接且根本地影响了建筑的建造过程和结果，其他因素都必须经由它们才得以体现。材料和工具直接反映了项目地点的地理、气候等客观条件对建筑活动的影响"。可见，学者李海清是从主、客体及其各自的功能角度来完成对于"建造模式"内涵的描述的。

此外，同济大学袁烽在文章"数字化建造——新方法论驱动下的范式转化"中阐述了建造模式的转变，与学者李海清相同的是，作者仍将建造模式的影响因素归结到工具与材料。"工具从'手工''传统机械'到'数控机械'；在操作对象的层面，从'传统材料'到新三维成型技术下的'多维材料'，再到新材料技术影响下的'复合材料'"，而与李海清不同的是，袁烽还将影响建造模式转化的因素归结到设计方法的支持上（表 2-3）。

新范式的建造关系逻辑   表 2-3

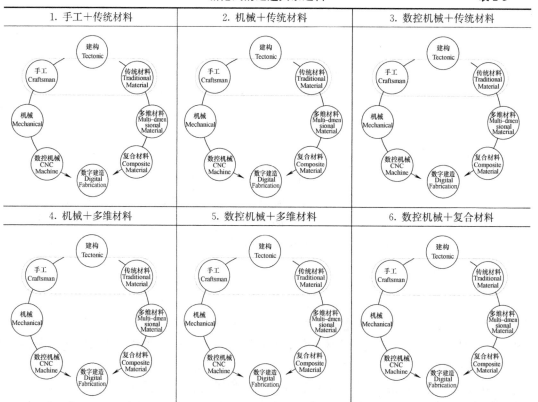

来源：袁烽．数字化建造——新方法论驱动下的范式转化 [J]．时代建筑，2012（2）：74．（参考文内相关内容绘制）

　　通过学习以上两位学者的研究成果，笔者尝试对"建造模式"作出定义，即"特定的主体，在一定的时间和地点，利用特定的工具，针对某些材料，按照计划好的工艺流程[①]，加工制作出具有明确物质属性和功能用途的产品（此处特指建筑物）的过程"[②]。纵观李、袁二学者对于建造模式的阐述（图 2-7），李海清的主体（设计主体/生产主体）中必然涉及应用设计方法及工具的问题，而袁烽的设计方法及工具也必然存在执行主体的问题，因此，在笔者看来，二位学者有异曲同工之妙，只是所述角度不同罢了。而本书的核心内容涉及"技术/组织模式/材料"三大板块，其中"技术/组织模式"中涉及主体、工具，也可谓是从不同角度对"建造模式"的探讨，其实质并未脱离以上两位学者对建造模式所作的论述范围。

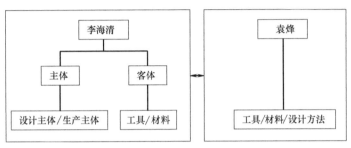

图 2-7　两位学者关于"建造模式"内涵的阐述
来源：笔者自绘

　　对"建造流程"概念的定义、涉及的内涵及指涉范畴目前学术界尚无定论，笔者只能根据现有理论著作及文献著述或借助于制造领域关于制造流程的类似定义尝试归纳总结。德国学者彼得·卡克拉·施马尔所著《创造优秀建筑的工作流程——建筑学与工程学的密切合作》中谈及针对具体项目建筑师与结构工程师的合作过程，隐含着工作流程是指整个工作程序当中的层次性，是一种系统可以自动跟踪一个元素的变化及其产生的所有影响（施马尔，2008）。此处的"元素"笔者理解可能指"能量流动"，因为彼得·卡克拉·施马尔所指的工作流程指向数字化工作流程。辗转到制造领域，中国工程院院士殷瑞钰教授所撰写的《过程工程与制造流程》（2014）一文中针对制造流程给出了清晰的定义，即"不同工序和不同装备等单元所组成的制造过程的整体系统"，并进而指出"物质流"在"能量流"的驱动和作用下，按照设定的"程序"，沿着特定的"流程网络"作动态-有序的运行。综合以上两位学者关于流程的阐述，其中涉及"流""流程网络""运行程序"几个关键词[③]。此外，学者曾锵、天津大学周小非等通过论文《制造流程与服务流程的比较研究》《制造流程规划中多层次分析框架体系应用研究》将制造流程定义为"从原材料到制成成品各项工序安排的程序"（曾锵，2005）[5]。综合以上各学者针对工作流程及制造流程所作的定义，笔者尝试总结建造流程概念，即"建筑原材料按照设定的程序，经过一定

---

　　① 如钢筋混凝土建造模式要经过支模、扎筋、搅拌、浇筑、养护以及脱膜等一系列工艺流程。
　　② 此定义参考：李海清. "砼"——一种本土境况下的建造模式之深度观察 [J]. 时代建筑，2014（3）：45-49.
　　③ 从时间-空间角度上看，流程包含了不同时空尺度、不同结构、不同层次的过程所构成的动态运行系统，一般是大尺度或较大尺度的动态过程集成系统。从运行机制上看，一般都具有对其所包括的工序、装置及其相关的单元操作的多因子集成和多层次、多尺度协调-耦合的特性。

的工序和装备的加工，最终完成建筑建造的过程"。

2.4　本章小结

　　本章根据研究范围、依据题目所指涉的内容，系统阐述了并行工程的概念与特征、数字制造的定义与内涵、建造模式与建造流程的内涵与外延。其中，定义了并行工程从开始阶段到消亡阶段涉及项目开发整个生命周期的协同工作模式的概念，总结了其并行、整体、协同、集成的特征，在此基础上指出文章应用并行工程方法与技术的范畴及具体应用的内容。阐述了数字制造定义的内容，探讨了数字制造形成的要素及相关条件，简要分析了文章中应用数字制造相关技术、方法的过程。以总结归纳、分析比较的方式得出建造模式与建造流程的定义，并探讨了本书研究内容与此定义的相关性。

第3章 建造与制造关联性

制作是人类创造区别于自然界的人工世界，并使之相对持续、保持良性发展的活动过程。从"制作"的过程来看，技艺操控者以某种指导思想为契机，在"制作"活动过程中将创造性思想逐渐融入其中，并且伴随后续活动无限延续。人工世界的生成依靠技艺指导完成，以区别于依循自身规律发展的自然界（亚里士多德，1959）[135][①]。可见，制作是区分自然世界和人造世界的标志（陈其荣，2006），而不论"制造"活动还是"建造"活动均与这种制作有关。

制造[②]的本意基于市场需求，是人类借助手工或客观物质工具，应用掌握的知识技能，将原材料加工制作成产品并投放市场的过程[③]。其有狭义与广义之分，车间的生产加工、装配制造指涉狭义，而需求分析、规划决策、设计、工艺规划、装配加工、生产管理、销售运输、售后服务直至产品报废处理等整个产品生命周期内一系列相互联系的生产活动则指涉广义（郁鼎文 等，2006）[2]。建造是人类通过手工或机械工具将原材料经过一定的加工工艺、合理有效的连接方式，构筑成建筑整体的过程，建造必须符合特定的建造逻辑、依循合理的结构体系与力学规律。以下，笔者将制造与建造置于历史背景下进行关联研究（表3-1、表3-2）。

工业制造业历史发展历程 表3-1

	行业形成	一次分工	二次分工	三次分工	四次分工	集成化
典型时期	原始文明	青铜文明	文艺复兴	工业革命	现代主义	信息革命
制作业	手工业从农业中分离	高级技师从工匠中分离	产品设计业与制造业分离	设计及制造领域分工细化	产品设计、生产专业化提高	形成 CIMS 集成化制造体系
原因	对于装饰品的需求以及艺术性的追求不断增长，制造手工制品成为谋生手段	手工制品的设计、制造经验在行业内的地位及决定性作用	生产能力不断增强，产品复杂性不断增加，设计表达需要更多知识储备和创造能力	流水线的生产方式，要求产品构件/流程具有更高的专业性和效率性	大而全的生产模式效率低、管理困难、缺乏竞争力等缺点限制了企业发展	计算机技术尤其网络技术的日益成熟，使分布式设计、加工集成成为可能

---

① 通过"制作"所构建的人工世界，人不但可以创造各种各样的产品，还可以随意破坏自己所制造的产品，这种"制作"所带给人的自信与自足，使人确信自己是整个世界的主人，更是其自身及其行为的主人。

② 国际生产工程学会 1990 年将制造定义为：涉及制造工业中产品设计、物料选择、生产计划、生产过程、质量保证、经营管理、市场销售和服务的一系列相关活动和工作的总称。

③ 制造也可以理解为制造企业的生产活动，即制造也是一个输入输出系统，其输入是生产要素，输出则为具有使用价值的产品。

续表

	行业形成	一次分工	二次分工	三次分工	四次分工	集成化
瓶颈技术	制造技术	设计技术	表达技术	制造技术	设计技术	表达技术
代表事件	出现手工工匠	出现以设计为主要工作的大（主）匠	出现设计大师（艺术家）	出现工厂车间（部门）	出现半成品工厂	出现 CIMS 集成设计、加工模式

来源：张弘. 七日——建筑师与信息建筑师 [M]. 北京：清华大学出版社，2009：74.

建筑业历史发展历程 表 3-2

	行业形成	一次分工	二次分工	三次分工	四次分工	集成化
典型时期	原始文明	青铜文明	文艺复兴	工业革命	现代主义	信息革命
制作业	建筑业从手工业中分离	建筑主匠从工匠中分离	建筑设计业与施工业分离	建筑设计、施工行业内部分工细化	建筑设计、施工专业化程度进一步提高	虚拟建造、BIM等集成化思想出现
原因	房屋建筑规模加大，功能多样化，使房屋建筑呈现一定的复杂性，出现以建造房屋为生的从业人员	房屋建筑的设计、建造经验在行业内的地位及决定性作用	功能空间要求提高，设计的艺术性、专业性、创造性要求更高。画法几何、透视等图形表达手段的出现	新材料、新结构形式的出现，现代主义设计思想应运而生。结构、水暖电等专业成熟，成为独立部门	工业化、城市化增大了对建筑数量、质量的需求，配套产业发展，形成建筑行业的下行产业支撑系统	计算机技术尤其网络技术的日益成熟，使分布式设计、加工集成为可能
瓶颈技术	建造技术	设计技术	表达技术	制造技术	设计技术	—
代表事件	出现建筑匠人	出现以设计为主要工作的大（主）匠	出现设计大师（艺术家）	出现设计院、工程企业、专业工程师	出现半成品工厂	—

来源：张弘. 七日——建筑师与信息建筑师 [M]. 北京：清华大学出版社，2009：74.

3.1 工业革命催生机器美学

建筑业与制造业一样，既是科学又是艺术，这是由它们的本质内涵、表现手段与形式所决定的[①]。一方面，两者都属于第二产业，都是通过设计对物质材料进行加工，形成新的功能性产品。它们研究的对象都是能为人所用的物质性产品，实质都是对基本相同的物质材料（木材、石材、钢材、玻璃等）附加人类的智慧与劳动，通过材料彼此之间的形状变型和组合联结，形成形态各异的、具有特定使用功能的建筑或产品；另一方面，两者流程模式的阶段性构成也基本相同，都是由可行性研究阶段、设计模拟阶段、制造加工阶段、建造装配阶段以及使用与维护等主要阶段组成。

回顾建造与制造的历史发展沿革，可以发现两者在变革的阶段具有很高的相似性（表 3-3）。手工业的发展催生了制造业的诞生，随着人类对生活用品需求量的增加，一部

---

① "坚固、适用、美观"不只是评价建筑的原则，对工业产品也同样有效。结构的坚固性以保障用户的安全，功能的适用性以满足用户的便利，造型的艺术性以符合用户的审美。建造更强调结构"坚固"的原则，保障建筑使用中的安全性，无疑是建筑领域的优先原则，而制造业更注重产品功能"适用"的原则，制造领域的优先原则是完善产品的性能。

表 3-3

建造的历史发展沿革

1828年，德国建筑理论家海因里希·许布什提出形式以满足需求为基础
卡尔·弗里德里希·辛克尔

19世纪30年代，辛克尔提出既要摆脱固有风格、直接表达结构，又要避免陷入到机能主义

1896年，芝加哥学派建筑师代表路易斯·沙利文发表《高层办公建筑的艺术思考》，阐述了摩天楼的理论探索与形态构想，建立在对古典柱式与壁柱的重新诠释的重要基础
芝加哥百货大楼

1895年，奥托·瓦格纳《现代建筑》阐释对建造方法的直接表达，对现代技术与材料的崇拜
奥托·瓦格纳

勒·柯布西耶提出住宅是"居住的机器"，并畅想人类社会的机器之美，提倡以工程师制造工具的方式来创作建筑
勒·柯布西耶

弗兰克·盖里设计的毕尔巴鄂古根海姆博物馆以曲面金属覆层的结构设计创造雕塑般的体量，拓展了全新的形式和空间的可能性
毕尔巴鄂古根海姆博物馆

格罗皮乌斯认为艺术家必须与工艺生产相结合，包豪斯就是以工业化材料和现代制造技术生产的结果
包豪斯校舍

瑞士再保险总部与伦敦新市政厅以先进的覆层系统建造技术而来
瑞士再保险总部

19世纪中叶，法国建筑理论家戴萨尔和德国建筑理论家森佩尔反对完全抛弃历史先例，也要求防范无肆的模仿
森佩尔歌剧院

1907年，赫尔曼·穆特修斯成立德意志制造联盟，连接德国工业界与艺术家，以提升国家产品设计质量
赫尔曼·穆特修斯

密斯·凡·德·罗采用现代材料如钢、玻璃等塑造建筑极简的空间体验
德国馆

19 世纪 60 年代，法国建筑师欧仁·维奥莱-勒-迪克认识到钢铁和平板玻璃等材料的重要性

建筑学讲义

1908—1909 年，彼得·贝伦斯，德国通用电气公司涡轮机工厂，将古典神庙特点用于对工业的崇拜中

通用电气公司

20 世纪 40 年代，查尔斯·伊姆斯和埃罗·沙里宁设计采用真正的工业化材料和技术生产，显示出他们对现代制造方法的精通

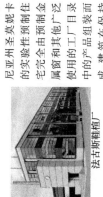

埃罗·沙里宁设计的椅子

1850—1851 年，约瑟夫·帕克斯顿，伦敦水晶宫，嵌有玻璃的巨大展览馆完全用标准的铁、木和玻璃构件组装而成

水晶宫

1911 年，格罗皮乌斯，法古斯鞋楦厂，对工厂整体处理是工业设计风格的重大创新。"工厂美学"影响了此后普遍的"机器风格"

法古斯鞋楦厂

伊姆斯夫妇的自宅，1949 年为自己设计的加利福尼亚州圣莫妮卡的实验性预制住宅完全由预制金属窗和其他工厂使用的产品广泛组装而成，建筑在保持经济性和实用性的同时也可以实现美观

伊姆斯夫妇

1889 年巴黎博览会中心埃菲尔铁塔，埃菲尔、维克多·孔泰曼和夏尔·迪泰特机械馆，跨度巨大的钢结构的展示了了技术力量

埃菲尔铁塔

1913 年，布鲁诺·陶特的钢铁工业展览馆在来比锡博览会展出，整体由钢铁框架构筑

1913 年，布鲁诺·陶特的钢铁工业展览馆在来比锡博览会展出，整体由钢铁框架构筑

巴克敏斯特·富勒以经质材料和预制结构挑战建筑师对待工业的保守态度

蒙特利尔世博会美国馆

续表

亨利·拉布鲁斯特·圣日内维夫图书馆;托马斯·迪恩和本杰明·伍德沃德,牛津博物馆;石质或砖砌的建筑外层包裹着内部金属笼架或框架  圣日内维夫图书馆	1914 年《未来派建筑宣言》发表,安东尼奥·圣伊利亚的绘画,诠释城市意象,支持新工业环境带来的现代意象和充满理想形象力感的表达方式,极度满赞美美机械装置 安东尼奥·圣伊利亚的绘画	20 世纪 60 年代中期,以计算机为基础的,灵活制造系统(FMS)在英国出现,可以轻松地像生产上千件标准构件一样经济地制造一次性构件
1886—1889 年,路易斯·沙利文与工程师丹克玛·阿德勒,芝加哥礼堂大楼,让"工业文明"变得高贵 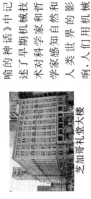 芝加哥礼堂大楼	科林·默里在《隐喻的神话》中记述了早期机械技术对科学家和哲学家感知自然和人类世界的影响,人们用机械过程观点描述人类的思想和行为	20 世纪 60 年代,第一个计算机辅助设计(CAD)系统被引进到航空和汽车工业领域,计算机辅助制造(CAM)技术,包括工业机器人得到更广泛的应用  CAD/CAM
1890—1894 年,查尔斯·阿特伍德,芝加哥瑞莱斯大楼,钢结构框架彻底摆脱了石砌传统  瑞莱斯大厦	亨利·福特发明的流水装配线成为建筑生产所欢迎的模式,标准化形式的流程正是模数的表达 福特汽车流水线	诺曼·福斯特利用当时可资利用的最先进的 CAD/CAM 技术设计建造了中国香港汇丰银行  中国香港汇丰银行

分以制作手工艺品为生的匠人从农业生产中脱离出来，专职于手工艺制作。与此同时，从事房屋建造的匠人也将建造技艺作为谋生手段①，从而催生了建筑行业的产生（Glynn, et al.，2000）。从事手工艺制作人员增加的同时，手工作坊形成，从而分化出了技艺高超的匠师与从事一般制作加工的普通工匠，无独有偶，建造业的发展过程也出现了类似的分化（维特鲁威，2001）②。

手工业出现后的第二次重要变革是使得专门从事设计工作的艺术家群体从匠师中分离出来。尽管西方在古希腊、古罗马时期就已出现了专门从事设计的人员，但其时设计与制造加工并未完全分离，这一过程一直持续到文艺复兴时期达·芬奇、米开朗琪罗等古代巨匠建筑师的出现。而我国针对这一过程则主要表现在工官职能的转变，自周代起发展出了专司建造的工官——司空，至宋代的工部、营造司中出现专业从事设计人员，标志着设计与施工的分工开始出现。如被称为"样式雷"的雷氏家族，曾有多人在明、清两代的宫廷样式房任职，主要工作依据《营造法式》进行官式建筑设计、绘图以及完成"烫样"制作，从这个意义上说，诸如"样式雷"的建筑设计工官，构成了我国历史上最早的"职业建筑师"群体（张弘，2009）[76-86]。

工业革命引发了现代建筑思想的产生③，带来了新的业主，如果18世纪欧洲建筑的业主主要是教会、国家和王公贵族，那么在工业化之后，则越来越依赖于新兴中产阶级的财富和需求。工业化④极大地改变了乡村和城市的生活模式，并且导致越来越多的新的建造任务，如火车站、郊区住宅和摩天楼等。19世纪最后的数十年，铁和玻璃的新技术已经能力非凡，足以成为表达进步理念或国家科学领先地位的标志，为1889年巴黎博览会建造的埃菲尔铁塔可谓这方面的案例之一⑤。机械化重塑了社会的低层秩序，侵蚀了城市形态，周边农村沦为更广阔的工业生产区域，铁路和轮船航线等基础设施改变了时空关系，也彻底改变了场所的观念，并促成新的劳动分工。原材料采购、产品制造、生产程序管理以及产品销售可以在相距很远的不同地区分别进行，新的交通路线和激增的尺度极大冲击了城市中旧的关系网络和层级格局，农业人口在机器生产吸引下大量进入城市。

19世纪六七十年代，法国建筑师和理论家欧仁·维奥莱-勒-迪克认识到铁和平板玻璃等新材料的重要性，主张19世纪必须努力形成自己的技术，变革社会和经济的条件（Gradshteyn et al.，2000）。比利时艺术家亨利·凡·德·维尔德赞赏大批量生产中机器的能力，希望自己的产品经由工业化大批量生产能让大众有机会享用视觉上的高品质。瓦

---

① 维特鲁威本人就是一位出色的军事工程师，曾因为制造、修理弩炮等机械受到嘉奖。

② 这是手工业由家庭模式走向社会化的第一次重要发展。

③ 人们不再对文艺复兴传统及其支撑理论顶礼膜拜。一部分原因来自与日俱增的经验主义态度，它瓦解了文艺复兴美学的理想结构；另一部分原因来自历史学和考古学的学科发展。这些都大大加强了人们对历史的鉴别能力，开始用一种相对主义的观点来看待传统，对不同时代一视同仁。如此一来，将"古代"作为唯一参照标准的观念就越发难以为继了。

④ 提供了新的建造方法（比如铁结构建筑物的建造方法），也揭示了新的形式，工程学与建筑学开始分化。

⑤ 初期建筑领域渗透进工业化思想或者说工业化思想对建筑领域的影响是伴随新形式、新风格诞生的讨论开始的。随着意识形态领域已经开始放弃古典情怀，而建筑创作需求中新的元素还未明显显现的背景下，初期的建筑师或建筑理论家对新形式、新风格的诞生持一种回望的态度，认为不应该完全摒弃历史形式。新形式与新风格的形成应该是当前审美风格所酝酿出的形式与传统的古典形式相融合的一种状态，如德国建筑理论家海因里希·许布施、辛克尔、戈特弗里德·森佩尔，法国建筑理论家塞萨尔·戴利等。因此，初期制造业对建造业的影响并不是很完全，部分地坚持传统的古典情节，部分地吸取工业化所带来的技术倾向。

格纳对现代技术和材料的崇拜来自对工业化新时期的情感，还有来自早先维也纳建筑盛宴中发展的工程技术。阿道夫·路斯预见性地挑出铁路机车和自行车为例，来展示那些与个人偏好或美学品位无关的品质。1907 年赫曼·穆特修斯成立了德意志制造联盟，这一组织的建立恰恰成为连接德国工业界和艺术家之间的纽带，借此提升国家产品设计质量，穆特修斯将自己的希望寄托于工业精英，其在 1851 年参观过水晶宫和世界博览会后，就预言必然需要一种能适应机器生产规律的风格。彼得·贝伦斯的建筑作品可以看作是穆特修斯思想的直接体现，尤其体现在贝伦斯为电器企业巨头德国通用电器公司（AEG）所做的设计中，贝伦斯的主要赞助人——德国通用电器公司的埃米尔·拉特瑙和贝伦斯都认为必须将工业作为那个时代的核心文化，工厂被赋予了比其他任何时代都更加宏伟的意义①，完成于 1908—1909 年的柏林涡轮机工厂，将古典神庙的特点用于对工业的狂热崇拜之中②。德意志制造联盟在 1913—1914 年的年鉴中以战舰和谷仓的设计为例，结合了实用的逻辑与令人印象深刻的抽象化形式特性。1911 年格罗皮乌斯获得了重新设计位于阿尔费尔德的法古斯鞋楦厂的委托合同，对工厂整体视觉效果处理方法的改进是工业设计风格的重大创新，"工厂美学"的形成最终影响了此后十年普遍的"机器风格"③。1914年格罗皮乌斯和阿道夫·迈耶接受了设计科隆德意志制造联盟展馆的重要任务④，其中机械大厅以一种简洁且带有新古典主义风格的车站棚屋的形式来表达。布鲁诺·陶特的钢铁工业展览馆在 1913 年的莱比锡博览会上展出，透明的展馆被框架结构构筑，而所使用的建筑材料则来自展览会上要进行宣传和推广的工业化材料。未来派基于材料承载力的计算，运用钢筋混凝土、钢铁、玻璃及纺织纤维等工业化材料，以轻型钢梁和少许钢筋混凝土作为支撑变拱诠释诸如发电站、机场、飞艇库、多层车站及摩天楼等新型建筑。

3.2　流水线生产促成标准化建造

在《隐喻的神话》一书中，科林·默里·图尔瓦内记述了早期机械技术对科学家和哲学家感知自然和人类世界的影响。对于奠定第一机器时代科学基础的笛卡尔和牛顿来说，宇宙就是一台机器，于是，人们用一个熟悉的、被证实的机械过程观点描述人类的思想和行为，人类社会和行为经常被当作单纯的技术问题解决和论证，视具体情况单独采用某种技术手段。更有甚者，大自然本身也被同样的机械观点对待，人们可以为了单纯的技术和原料目的任意开发。

现代建筑运动的缔造者最初相信，建筑和设计可以也应该被当作"社会机器"的工具，于是注重更加专业的大规模生产的技术（杨涛，2013）。对于勒·柯布西耶、格罗皮乌斯和密斯·凡·德·罗而言，大规模生产和标准化是通往未来的关键，并反复用此证明

---

①　从 1908—1914 年在德国通用电器公司任职期间，两者完成了很多独具特色的工厂和仓库方案设计，这些方案都是将抽象的古典语汇内涵与直观的骨架结构构造相融合。

②　在加工过程中，巨大的涡轮机被抬高，从大厅的一端移到另一端，整个过程需要一条独立的中央通道和顶部移动的桥型塔架，贝伦斯的解决方案是将整个工厂设计成一系列平行的升降设备在屋顶最高处巧妙交会。

③　建筑外立面很巧妙地效仿了贝伦斯，轻而薄的建筑材料组合在一起，给人一种轻巧而又透明的感觉，改变了体量庞大的沉重形象。窗户之间的墙向内凹陷进去，使装配的玻璃好似立面上漂浮着的透明表皮。窗框、砖的装饰线条和其他链接部位都强化了重要的均衡性，此形象成功地蕴含了机械化设计的理念。

④　这个展馆是作为收藏、展览德国工业产品所用的，最大的建筑是位于主轴线上的机械大厅。

一种通用的标准建筑形式可以适用于世界上任何地方，不管文化和地域的差别。正是这个原因，亨利·福特发明的流水装配线成为建筑生产所欢迎的模式。福特的名言："任何消费者可以将他的车漆成任何他喜欢的颜色，只要它是黑色的"（Gartman，2013），反而成为一种对强制标准化形式的默认，即使是在模数和实际建造工艺并不适合的地区（图3-1）。

图 3-1　1922 年勒·柯布西耶 300 万人口新城市构想模型

来源：张弘. 七日——建筑师与信息建筑师［M］. 北京：清华大学出版社，2009：66.

勒·柯布西耶在《走向新建筑》中提出工程师的美学正繁荣昌盛，而建筑则日渐衰落，以此引出为建筑未来的发展寻找新契机的话题。建造历史纪念物类型建筑的时代已经过去，建筑师需要寻找新的创作道路。勒·柯布西耶赞同工程师的职业，认为建筑师应该向工程师学习，以工程师制造工具的方式来创作建筑。其推崇最简单的几何形体，像立方、圆锥、球、圆柱和方锥，这既有古典艺术的审美蕴含其中，又有机械时代对类似于谷仓等建筑形体的揣摩。工业革命引发了新的时代，勒·柯布西耶强调建筑向工业产品学习，不要将远洋轮船视为运输工具，全部开窗的墙、充满光线的大厅、宽阔的走廊，均区别于传统意义上的乡村住宅。提倡将现代工业中最精选的产品之一的飞机看成飞行的机器，可以看到其中的技术之美（勒·柯布西耶，1991）。建议对住宅问题或公寓问题像汽车底盘问题一样进行研究，房子像汽车底盘一样进行工业化地成批生产，将会形成一种高精确度的美学①。

欧洲战后推行的"装配式住宅"，是格罗皮乌斯与另一位德国流亡建筑师康纳德·瓦克斯曼合作在美国设计制造的全预制轻型住宅。这种住宅在第二次世界大战以前的飞机制造厂中生产，采用了与飞机制造相同的技术（图3-2）；20 世纪 40 年代，建筑师查尔斯·

---

① 其实，"向工业产品学习"的口号在建筑业内早已有之。早在 1910 年，现代主义建筑大师勒·柯布西耶曾在德国有两年的工业设计学习经历。这段经历使他深切地感受到来自"机器美学"的强烈震撼，并率先发出了"向工业产品学习"的号召。在他的眼里，住房成了"住人的机器"。但正如吴焕加先生说的"即使大声宣布房子是住人的机器的时候，勒·柯布西耶也不是单纯的实用主义者，他强调的是建筑要表现工业化的力量、科技理性和机器美学，即时代的新精神。"从本质上理解，勒·柯布西耶所强调的"向工业产品学习"是学习它们"功能至上、科技理性"的设计理念和"标准化、机械化、模数化"的审美理念，以及以工业生产方式建设城市与建筑的建造理念。

伊姆斯和埃罗·沙里宁批量生产的家具设计抓住了世界范围内流行的现代主义精髓，他们的作品采用真正的工业化材料和技术生产，显示出他们对现代制造方法的精通。最接近工业化建筑的是加利福尼亚州圣莫妮卡的实验性预制住宅和工作室，这座伊姆斯夫妇搭档 1949 年为自己设计的住宅对日后建筑师的工业化方法影响深远。这座钢结构建筑，完全由预制金属窗和其他广泛使用的工厂目录中的产品组装而成，它使得建筑师们相信这种"异乎寻常"的建筑在保持经济性和实用性的同时也可以实现美观。巴克敏斯特·富勒，节能住宅和汽车设计师，挑战了建筑师对待工业保守态度，战后数年不断试验轻质材料和预制结构，最成功的是标志性的网格穹顶，但其作品并未对建筑工业和建筑专业整体上产生广泛的影响。相对于伊姆斯

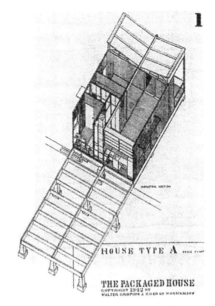

图 3-2 包装式住宅，美国，沃尔特·格罗皮乌斯和康纳德·瓦克斯曼，1942 年，以大规模生产方式建造住房的失败尝试之一，仅售出 100 套

夫妇或富勒，密斯·凡·德·罗在技术革新方面的能力较弱，基于标准化生产的钢和玻璃的通用语汇，其带来的是一种工匠般的方法和处理工业化材料的经典美学。战后欧洲的建筑师接触工业的途径通常仍与格罗皮乌斯等早期现代主义者一样，受到同样的意识形态的驱动，涌现两种截然不同的思潮。在勒·柯布西耶通用比例的"模数制"启发下，"开放系统"的支持者提倡整个建筑业采用统一的模数和可以相互替换的零部件，而攻击他们的"封闭系统"支持者则是为教学楼、高层住宅和其他政府资助项目特别定制体系。德国乌尔姆创立的跨学科设计教育深受包豪斯的影响，乌尔姆的学生和职员与有关的工业和制造工程师合作，生成他们自己创新的系列工业化建筑项目。

　　早期现代主义者更感兴趣的是符合其理论前提的机械制造的建筑图景，而不是真正投入到具有挑战性的控制新生产方式的事业中。作为具有专业背景、受过专业训练的中产阶级从业人员，关于工业产品的知识只能算是粗略，也很少有机会结识这个阶层的人，多数情况下其设计的大规模生产的住宅难以付诸实现，无法抓住工业化设计和制造的根本原则，不能将工业化建筑简单地等同于大批量生产的产品。比如，标准构件的数量越多可能越经济，这种观点有失完善甚至是一种误导，比单纯提高产品数量更有价值的是提高产品的性能并节约成本；如果在最初的方案设计时没有考虑到这些标准，那么产量的增加不一定就是成功。根据同样的标准，不同构件和子系统的整体设计是保证产品最高性能的基本需要，因此倾向于工业化建造的建筑师更需要关注机械效率和外观。

3.3　柔性化制造演绎个性化定制

　　经典物理学关注的是将万物分解成最小的组成部分，而现代物理学强调事物之间的联

系，改变他物行为甚至观察他物的方式，这种新的相关论或"系统观"源于生物学的类比和进化论，以自然界自身的生命过程和生物体与周围环境的相互关系为基础。计算机革命本身紧随基础科学早期革命性的变化，对赋予生命的自然和生物体的普遍理解方面产生最广泛的反响，最后是在建筑学上（陈其荣，2006）。当人们开始意识到机械论的或笛卡尔的观点无法充分解释生命本身的许多重要特征，比如整体性或"整体的"特性。正如物理学家、作家弗里乔夫·卡普拉的解释：与笛卡尔机械的世界观相反，现代物理学形成的世界观以有机的、整体的和生态的此类词汇为特征。依据普通的系统理论，它也可以被称作系统观。世界不再被当成一个由许多物体组成的机器，而是一个不可分割的、动态的整体，它的组成部分本质上是相互作用的，只是可以被理解成一个宇宙过程的模式。

计算机最初被当成一种数字处理的机械装置①，早在20世纪60年代中期，由于以计算机为基础的、灵活制造系统（FMS）在英国出现，手工艺制造与大规模生产对抗的问题得到解决。FMS由多功能计算机控制的机械工具组成，通过简单的更换机器程序，可以轻松地像生产上千件标准构件一样经济地制造一次性构件。同样在20世纪60年代，第一个计算机辅助设计（CAD）系统被引进到航空和汽车工业领域，计算机辅助制造（CAM）技术，包括工业机器人得到更广泛的应用（白英彩，1997）。20世纪70年代末，CAD/CAM等柔性组合系统彻底改变了汽车生产线，制造出越来越多的模型，以满足消费者不断变换的需求。建筑工业中职业的思维习惯和既有的等级偏见，常常阻碍了人们接受新的工作方法，尽管所有戏剧化的社会变革已经在20世纪上演，建筑师仍然倾向于根本上把自己当成形式的创造者而不是设计与生产团队中普通的一员，以显示自身与其他职业和阶层的区别。值得注意的是，少数知名的运用最先进建筑技术的建筑师成功打破了这一模式，并且继续柔性制造工具，推动形成不固定的角色和工作模式（刘敏 等，2005）[57]。

诺曼·福斯特利用当时可资利用的最先进的CAD/CAM技术设计建造了中国香港汇丰银行，使它们的形象和功能都符合21世纪建筑的标准②（图3-3）。目前，虚拟现实技术在空间和感官的可视化方面开拓出全新的途径，以迄今难以想象的方式让建筑师和客户体验并测试设计方案（Eisenman，1999）。美国建筑师弗兰克·盖里在西班牙毕尔巴鄂古根海姆博物馆和其他项目的曲面钛金属覆层和结构设计中，运用了相似的技术，毕尔巴鄂

---

① 机器的传统概念是一个有特定用途的装置，仅仅可以执行一个或许多事先选定的、有限的任务。与之形成对照的是，计算机是世界上第一部用途广泛或通用的机器。以与人脑神经系统功能相似的二进制原理为基础，它可以通过程序模拟类机器的和类生命的、无限多样的结果和动作。与适当的装置和传感器连接，它甚至可以超越自身对其他机器的反应和状况作出回馈，这种方式与有机体对环境变化的反应相同，达到了从以类比机器的方式模拟自然到进一步以类比自然的方式模拟机器，思想上革命性的进步和转变对建筑学的未来以及生活的方方面面具有深远影响。

② 直到20世纪70年代初，英国的诺曼·福斯特、理查德·罗杰斯、尼古拉斯·格里姆肖、简·卡普里奇和阿曼达·李威特以及意大利的伦佐·皮亚诺为代表，他们的灵感直接来源于伊姆斯、富勒和普鲁韦，他们与英国的制造商和产品工程师合作，开始运用标准化生产线适应他们自己的需求和项目，通过精心设计并且密切关注工业化材料和性能，他们可以为独立的建筑项目创造出全新的经济设计；以20世纪80年代初期的大部分现代主义作品为例，比如罗杰斯的PA科技中心和福斯特的塞恩斯伯里视觉艺术中心，这类建筑被称为"高技大棚"：大跨度的矩形结构，由可互换的元素组成，它们在规矩的格网中排布以取得最大的灵活性。虽然大部分构成系统是定制的，结合新生产技术的矩形网格布局却缺少变化，不足以完成必需的经济生产的运转。结果是"高技大棚"原型被一成不变地定制，尽管主要是标准化部件组成的，看起来却很像最初的埃姆斯屋，同样的建筑还经常被设计师推广，为真正大批量的构件生产提供一种"实验台"，即使此类产品未曾出现。

古根海姆博物馆复杂的雕塑般的体量，与普通机器制造的产品不同，这个建筑作品拓展了全新的形式和空间的可能性（Bruton et al.，2012）。

　　近年来最重要的创新已经与因特网和专业计算机网络的发展联合，这为建筑的合作模式带来了相当大的影响，转变了建筑构思与生产的方式（Huerta，2006）。传统的设计与生产模式是一种简单的、线性的过程：从客户的委托到建筑师的设计概念，再到客户的批示、工程师的加入、绘制详细的施工图，直到最后的建设，各个阶段是独立的，整个过程在建筑师的指挥下完成。相反，基于计算机网络合作的方式更像是"自组织系统"①，客户、顾问及建造商即使遍布各地，都能够从最初阶段开始共同参与关键的设计与生产决策。在这个复杂的、不可预知的过程中起关键作用的是"虚拟模型"，它的功能既是一个试验平台，也是一个交流的媒介，迅速为每个项目参与者反映出他们建议之后的效果。与网络自身一样，参与思考的过程更像是相似的类比思维而不是线性的逻辑思维，它鼓励参与者跨越专业和技术的界限，从而建立起新的联系（亚伯，2008）。

图 3-3　中国香港汇丰银行大楼
来源：《建筑技艺》2010 年第 4 期

　　瑞士再保险总部与伦敦新市政厅建造中最大的挑战和最先进的技术在于覆层系统的生产，同时为这两栋建筑生产覆层的是瑞士公司 Schmidlin。福斯特与工厂有很好的合作，为了配合福斯特的项目，Schmidlin 在巴塞尔工厂投资引进了新的机器，包括附加的 CNC 机器（从勋 等，2014）。由于覆层系统中几何学的复杂性和极大的变化，不管是手绘的还是计算机绘制的常规图纸，都不能完全表现出来。一个单元的覆层元素，比如伦敦新市政厅的玻璃格架，就有 200 多个构件（包括螺钉等）组成，因此就必须对其加以详细说明。而且这些构件中的一半，比如转角金属板或玻璃板，只有外轮廓是不变的，还会以某种方式从一种元素变到下一种元素。这种变化很小，通常肉眼难以注意到，不可能通过常规的手段搞清楚。这些变化在整个覆层系统中要增加到 650 倍之多（伦敦新市政厅的每一单元面板某种程度上都有所不同），可能带来潜在的混乱。瑞士再保险总部中螺旋状的结构和覆层模式也有它们自身特殊的问题，因为偏移量与对角线交叉点以及其他来自特殊几何形体的细部都必须精确地计算出来。比如，螺旋状结构的钢覆层内部也有一条对角线的扭转，以适应圆形平面外部结构的扭转（徐杜 等，2001）（图 3-4）。

---

　　①　在英国控制论专家斯塔福德·贝尔（Stafford Beer）1962 年的重要论文《走向全自动控制工厂》（Towards the cybernetic factory）中，他描述了未来以计算机为基础的生产线与可回应的有机体类似，可以快速适应变化的市场和个体消费者的需求。伴随着其他工业的发展，灵活的操作系统也出现在建筑工业的先进部门。

图 3-4 瑞士再保险总部钢结构与覆层细部/组成弯曲墙面的拱形构造
来源：克里斯·亚伯. 建筑·技术与方法［M］. 北京：中国建筑工业出版社，2009：141.

    在伦敦新市政厅的处理上，Schmidlin 的覆层设计师能够将其为伦敦新市政厅覆层所做的设计，在同一个数据表中转换成更详细的数据，同样的数据转而直接从数据表反馈到 CNC 机器的程序中，无须任何中间的制图过程。虽然数据表的使用具有取消细部制图的极大优势，然而检测伦敦新市政厅最终成果精确性的唯一途径，是在送往现场之前在工厂内将每一个构件在可调整的平台上预先装配，还必须制作特殊的模具检测部分构件的精确性（图 3-5）。而在瑞士再保险总部中 Schmidlin 创造出覆层系统详细的 3D 计算机模型，形成数据表和生产线，为了使现有的软件系统适合公司的需要，Schmidlin 的计算机工作人员在 2 层的剖面中建立了一个瑞士再保险总部覆层的计算机 3D 模型，包括每一个螺钉，可以使建筑师和覆层设计师在实际生产前，完全可靠地检测系统的每一面的精确性或潜在的冲突，以及任何其他的问题。像数据表一样，3D 模型也可以具体表现参数的特征，让福斯特和 Schmidlin 的人员直到最后一刻都可以修改，根据需要自动更新项目数据。Schmidlin 编写出他们自己的专门软件，将 3D 模型与生产线上的 CNC 机器直接链接起来，从数字表示的数据表到 3D 模型，再到工厂中的 CNC 机器，瑞士再保险总部覆层的整个生产过程以不同形式受到计算机的控制，每一步都联系紧密（亚伯，2008）[220-226]。

    从最初计算机技术的应用到制造领域应用柔性制造系统，使得产品制造最终摆脱了标准化生产的桎梏，而建筑领域对计算机技术的应用，以及应用柔性系统的目的正是以回归自然的态度试图创造生命有机体建筑类型。随着计算机技术的发展，可以满足个性化定制

图 3-5 伦敦市政厅（福斯特及合伙人事务所）
来源：克里斯·亚伯. 建筑·技术与方法［M］. 北京：中国建筑工业出版社，2009：135.

的需求，建筑创作中的多样性与差异性也正在当代信息社会中得以实现。

3.4 本章小结

本书试图以制造业视野探讨建筑建造问题。因此，本章作为基础篇章首先探讨了制造对建造的影响，以及建造业在制造业影响下产生的变革，进而阐述了建造与制造的关联性。工业革命的爆发直接催生了工业建筑、交通建筑等一批新式建筑的出现，而致力于新类型建筑创作的建筑师也正是由于受到新风格的影响，将赋有机器美学的建筑风格推向了如住宅、展览馆、教学楼等其他类型的建筑，从而使机器美学倾向盛极一时。与此同时，工厂的流水线生产模式对建造产生了影响，建筑以生产产品的方式工厂预制、现场拼装，最终达到了标准化建造的模式。而随着计算机技术的发展，制造领域柔性制造理念的兴起，使得建造个性化定制成为可能，加之人们回归自然、渴望创造生态有机建筑的愿望增强，从而使得柔性化制造最终影响了建造领域的个性化定制。

第 **4** 章
建造演化机制解析

　　人类历史经过了农耕文明、工业文明再到当代信息社会的转变，受不同文明时期社会因素和经济条件的制约，先后出现了不同的建造方式。农耕时期以手工艺建造为特征，工业时代诞生了机械建造方式，当代信息社会则出现了数字建造的倾向。不同的建造方式对应着不同的建造主体，不同的建造工艺受控于不同的内在逻辑，不同的建造方式也产生了各自体系下的建造体验。

　　建造主体在不同的文明形态表现为不同的角色，工匠、建筑师、多工种协作团队在各自不同的建造方式中产生了不同的效能，从建造主体角色转化的角度窥视建造方式的变异大有裨益。建造逻辑是建造方式产生的内在动因，是建造工艺生产的逻辑操作依据。手工工艺的建造方式中呈现了数理比例的逻辑组织，工业制造工艺依靠机器的性能组织生产流程，标准化的生产加工中传达了技术美学的精湛。数字建造工艺的终极目标是为了达到与自然同构，因而建筑生命隐喻必不可少地成为其将要表征的本质内核。故而，从逻辑动因的转变解析建造方式的转化实属可取。建造过程产生了尺度关联，进而影响到人类对建筑的体验感知。手工建造以产生宜人尺度，建立场所特征为优势，机械建造的抽象尺度概念导致了对人体尺度的漠视，最终使人类体验式微，数字建造回归传统、亲近自然的愿望使复合尺度的城市空间构建成为可能，从而使人类的体验感知在更高层级上回归。以尺度视关联，以体验看建造未为不可。因此，选择创造主体、内在逻辑、建造体验三个不同的视角窥探建造方式转化过程，既能抓住建造方式转化的本质特征，也能体察变化的核心要害，从而将问题研究更加深入（Hartoonian，1994）。

4.1　建造主体的变迁过程

　　人类自诞生起就开始了建造活动，早期就地规划、取材、建造的过程使一些技巧熟练、经验丰富的人成了专业的工匠。随着建造规模扩大，工事复杂性提高，工程营造出现了分工协作，工匠出现了行业、种类的划分，而统领各行业工匠并负责工程建造过程的人则成了匠师。理论知识的学习使工匠向建筑师角色转移，专业建筑教育的兴起则使建筑师角色向职业化迈进。工业革命后，专业分工使建筑师专攻于设计，现代意义上的职业建筑师身份确立。数字时代的到来，设计和建造变成了相互协同的概念，设计、分析、制造、施工、安装统一在一起，多工种协作团队操控的专业信息、相关专业信息、相关跨领域信息通过信息模型在各专业端口同步流转（周祖德，2004），使设计与建造在计算机精确控制下高度关联，保证了设计建造的一致性。建筑师过渡到多工种协作团队，使设计与建造过程更加科学和高效。

4.1.1　工匠作为主体的营造方式

　　手工艺建造体系下，工匠们通过设计制样以及建造过程的协调、控制、监督将各种专业化工作整合到一起，无论皇家、贵族、宗教建筑，还是普通民宅，通过工匠间的分工与协作均呈现了极高的建造完成度（陈泳全，2012），建造过程呈现设计与建造统一的态势。团队协作现场进行，迫于竞争压力，工匠不仅遵从共同的建造规则而且遵从职业道德，自觉展现技艺并精益求精。经验最丰富的师傅或匠师是协作的核心，精通并掌控着建造过程的所有环节。匠师领导下的手工艺建造追求完美而非创造的特征导致模式化、规格化势态出现，从而形成了详细的劳动分工、材料生产运输组织，建立了各个工种和各个构件制度。《营造法式》中的"诸作功限""以材而定分"便为例证。模式化、规则化并不代表僵化不变，建造过程的局部应变积累逐渐形成新的规则，结合设计与建造的关联保障了技艺水准，从而体现整个社会的建造品质。

4.1.2　建筑师与专业建造团队的协作方式

　　建造技术的成熟，使建筑师从工匠身份中分离，转向了独立的创作。新兴业主对建筑独特风格的追求，也助推了建筑师个性的发挥。社会的变迁与人生活需求的多样使设计内容除了形式外，建筑的功能、室内外环境、设备设施、与城市相关的道路、管网等内容逐渐成为亟待解决的问题，建筑设计的宗旨从单纯的追求美发展到追求对问题综合、合理解决，对建筑师技能的依赖更加突出（滕福海，2006）。商品经济、工业化建造技术推动了建造过程的社会协作。精度控制，各种标准、图纸、规则成为团队之间协作的媒介，人从对物的直接控制转化为对各种图纸、标准的控制，设计建造一体化的过程被打破，设计从建造过程分离形成专业化。匠师引领工匠的建造过程一去不返，机械建造成了按工业化生产方式组织，被各专业分化的一种流水作业（拉索，1988）。

　　在水晶宫的建造中，场外生产与现场组装结合。统一规格的玻璃和铁构件分别由伦敦附近的铁工厂和玻璃工厂预制，工厂大批生产，工地加以组装。生产团队与装配团队可实现异地共时化操作，流程化的建造使水晶宫得以成为工业革命前期的经典之作。受福特汽车生产线的启发，在批量化住宅原型——"雪铁龙"住宅方案中（图 4-1），勒·柯布西耶以 E·莫尔斯赫的单片混凝土浇筑技术为基础（佐尼斯，2004），将住宅各部分转化成

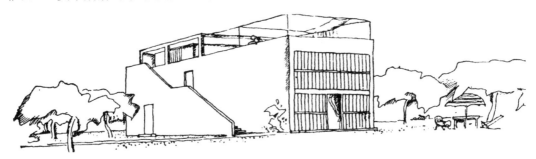

图 4-1　雪铁龙住宅

来源：张蕾. 施沃泊住宅的预言——浅析柯布西耶设计原型的起源 [J]. 华中建筑，2012（10）：30.

独立构件交给工厂预制，再到现场组装。不仅建筑材料、构件生产专业化、独立化，而且门窗、墙面、柱子、房间、屋顶、设备等都能直接工厂化预制生产。

4.1.3 建筑师参与的多工种协同建造

数字建造是多工种协作团队借助数字技术优势共同参与设计、建造的人机一体化过程，设计与建造从分离走向互动协同。建筑信息模型的建立实现了设计信息的高度集成化，填补了各个工作环节缺失共同工作平台的空白，从而改变了手工艺建造和机械建造被动和阶段性工作的方式。建筑师不再被动思考，能够利用参数化设计数据对建筑作全面的分析和调整，将智力、审美、建造技术理念注入三维数字模型，而模型构件化、属性化的过程则是建筑师对材料、工艺、建造过程理解加深的过程，从而增强建筑师对设计、制造、建造过程的控制。制造商根据三维模型，对材料、构件通过数控设备试制，将加工结果及制造过程问题反馈给设计从而进一步优化。

HOK 设计的兰斯唐路新体育场就实现了建筑与结构设计及建造过程的协同。通过 Rhino 平台构建草模，进入 GC 软件精确建模和设定构件参数化关系完成建筑信息模型的建立。设计师将屋顶结构构件和参数化表皮关联，与结构公司通过存储数据的 GCT 文件实现信息转换和互通，从而达成不同地点同一模型基础上协同工作。建造阶段生产厂家和建造承包商通过引入输出数据与三维模型直接关联的 GCT 文件完成制造与组装（Schumacher，2008）（图 4-2）。

图 4-2 HOK 设计的兰斯唐路新体育场

来源：HOK 体育建筑设计事务所. 兰斯唐路新体育场，都柏林，爱尔兰 [J]. 曲小羽译. 世界建筑，2008（5）：64-69.

4.2 建造逻辑方式的渐变与突变

人们对自然的认知方式是不断变化的，不同时期的建造活动则是对自然认知的表达。手工艺时代，人类对自然与世界的认知和追求人与自然的和谐相一致，在力图寻找和谐的存在关系中，毕达哥拉斯学派突出了数的意义，自然存在的秩序同数理比例相关，以人、工具、材料为前提的手工工艺通过数理比例的组织逻辑从而体现人与自然的和谐。随着工业制造工艺取代了人的劳动，作为工艺生产的机器就成为人们膜拜的对象，进而建立了技术美学作为工业时期建造方式的评价体系，开始了对生命和自然环境的支配。从古至今，人们对理想居所的追寻从未间断，棱角建筑使人们心存芥蒂，而自然形态的转译往往需要技术体系的支撑，直到数字时代的到来，才一定程度上解决了这样的问题。数字建造革命式效应体现出连续性与整体性的有机特征，扩展了建筑同周围自然界的有机联系，运用数字技术和数控制造工艺使得建造复杂性的生成逻辑与自然界深层次叠合，凸显生命内涵。

4.2.1　手工建造工艺受控比例理论

手工建造工艺围绕着人、工具、材料三个因素展开，互动中体现人对材料、工具的控制，不擅长准确大量复制的特性使其具有明显的地域特征（露西-史密斯，2006）。人的操作技能带有个人的风格和特点，操作随机性赋予加工对象细微差别，从而反映工匠个性。自然材料大量使用，人依靠实践过程经验积累掌握其特性，从被选择时就开始注入人的因素，并被将智慧和知觉体验融入加工与连接中的工匠重构，从而更加具有人性美感。而材料加工方式则体现着从大到小、由粗到细、从结构到装饰的共性。在材料分割和连接中，促进人们对建筑结构类型发展。在材料、构件连接和定位精准、稳定中，提供给人们一种美感体验，从而通过精细加工实现人们对精致性的内在需求。审美体验融入建造，材料加工重点就从结构转向装饰，材料表面打磨、雕刻、材料色彩和质感改变均反映人对美感的追求。加工工具与人的技艺影响加工精度，对建造工艺完美的追求又将材料加工、建造过程与工匠的感知控制联系起来。

手工艺时代，对自然的依赖使人产生与之高度融合的心态，受理性思维影响，对数理比例的崇尚自始至终，加之度量方式参照人体尺度，正如人体的和谐通过建造局部与局部、局部与整体比例和谐的建筑一样，表达人与自然的和谐成为手工艺建造体现人类认知自然的方式。古希腊从对人体的崇拜而依照人体比例建造，使比例和美建立了关系，通过柱式法则得以传承。古罗马时期，维特鲁威在《建筑十书》中将"比例"看作实现"秩序"和"均衡"的基本条件，将神庙建造与人体各部分按比例协调称作类比。中国古代建筑以营造尺的基本单位构建建筑布局及构件尺寸，使得其相互之间协调统一，从而达到比例的完美控制。局部和整体之间以一种数理比例作为约束的建造方式，可以形成一种内在统一的协调，达到一种由内而外的整体和谐美。通过比例的相对度量，构成了建筑从整体到局部的几何关系，也成为控制手工艺建造的度量手段，而建造者正是从对比例的理性控制中传达美的意义。

4.2.2　工业制造工艺依循数学计算

工业时代，机器应用于材料加工，并独立于建造过程。材料属性与工厂生产工艺的条件、参数直接相关，生产程序流水化、自动化。工艺流程的确定使初始阶段的流程设计、参数设定尤为关键。资本主义对超额利润追逐使材料规模化生产基础上越来越产品化，建筑材料的产品化最终转化为建筑构件的产品化。工业化制造工艺对效率的追求转化为对精度的控制，机器本身的精度直接传递到材料加工上，材料加工精度影响连接精度，进而影响整个建筑精度。工业制造工艺是一个环境、机器、流程、材料构成的系统，机器的专门化决定了制造工艺的确定性，从而决定产品的确定性及标准化大量复制的特性，削弱了人的主观因素，消除了材料生产和加工的地域差别。材料加工社会化、工厂化，使建造中材料之间机械式装配普及，金属连接件成为装配媒介，体现了工业化时代材料连接方式的主要特征。在工业化早期，人们只关注机器本身的效能及其创造出的产品价值（Frigant et al，2005）。

对机器抽象形式的挖掘只是浅层次的尝试，机器体系更重要的价值在于其深层次的技术审美（德鲁克，2006）。格罗皮乌斯主持的包豪斯提倡技术与艺术的统一，把对技术的崇拜上升到美学的高度。玻璃摩天楼的旗手密斯·凡·德·罗对技术完美的追求，开创了技术精美主义的潮流。技术的发展替代了手工艺时代的建筑材料，创造了一种不同的形式语汇。钢筋混凝土、金属构架甚至外观形式上都采用混凝土外壳的机械化技术预制，为设计想象力提供更大的可能性空间。国际主义风格集中在钢铁构件和平板玻璃，粗野主义着重钢筋混凝土的表现，有机功能主义也是混凝土的特殊有机形态的表达，这些翻天覆地的变化都使得作为手段的技术显现出来，建造过程变成了技术过程，结构变成了技术本身。把对建筑的审美观念转到技术美学的轨道上来是现代建筑胜利发展的关键之一，找到了与工业生产的现代主义建筑本质相适应的审美观念。

4.2.3 数字建造工艺遵照函数关系

生命时代的建造工艺与建造逻辑更加强调用数控建造的模式表现建筑的生命特征。不同于机器生产的标准化，借助计算机编程、参数模型生产与遗传算法构建数字模型，利用数控设备加工制造的方式产生人性化、非标准化的建筑界面与结构体系，进而衍生出类似生命体的建筑场所、形式与空间，从而使建造更赋予建筑本体的生命性特征（Frascari，2011）（图4-3）。人性化、非标准的需求必然带来构件类型的复杂化和多样化，计算机系统集成了各种工艺路线和工艺参数，可为不同的工艺流程提供参考。数控系统融合多种灵活机器，使只能控制终端无法改变过程的刚性制造转向了应变的自动化制造过程，柔性制造实现了从标准化大量生产向多样化定制的转变。通过对数字信息的调整、其他环节的反应达到对整个制造过程的控制（Szalapaj，2005）。

图 4-3 北京凤凰国际传媒中心
来源：邵韦平. "数字"铸就建筑之美 [J]. 时代建筑，2012（9）.

拓扑学、分形几何学的发展，使人们认识自然、诠释生命的手段发生了变化，分形展示了自然界在不同尺度的自相似性和层级结构，解释了无机世界和有机生命的尺度体系

(Schumacher，2010)。建筑师利用分形几何学创造自然形态的优势将建筑形态学扩展到了以往极少涉足的领域，数字建造加工手段正是对这一领域的探索。利用迭代方式产生的精彩图解塑造空间，运用层级自相似转换不同类型空间（孔宇航，2011）。对应于手工艺建造中的比例、尺度、秩序、韵律、对称等美学规律，数字建造反映了非线性、非周期、自相似、自组织的复杂动态美。表征自然形态、体现生命本质，建筑形成的场所及城市空间是一种对自然环境的回归，终将达到与自然形态的同构，从而体现人类追求生命、回归自然的良好愿景。

4.3　不同建造方式对人类生存空间的影响

建造的过程产生尺度关系，不仅限于建筑与环境，更体现在建筑与人之间。在手工艺时代，度量标准、材料尺寸、人的操作范围均以人体尺度为标准，建造的结果必然产生宜人尺度的建筑空间及场所，与人类的整体体验密不可分，具有极强的归属感与属群特征。在工业时期，加工工具、材料选择、生产操作、度量体系都由机械化的设备操控，建筑形成了脱离人体的抽象尺度，技术表现代替了对人的关怀，驱逐功利代替了对人性场所的追忆，最终导致人类体验式微。在数字时代，渴望回归自然的心态使人们重新审视建造的意义。数字技术的应用、数控加工方式的出现，使建造与自然同构样态的建筑成为可能，从而为人们从更高层级建立城市、景观、人性复合尺度的场所空间增添信心，为人类对建筑体验的高度回归提供保障。

4.3.1　宜人尺度

手工艺建造是人和建筑建立尺度关系、形成尺度限制的过程。首先，度量标准依照人体某部位的尺寸建立量度单位。中国发现最早的商代骨尺，正好是中等身高者伸开拇指和食指的距离，汉代尺长在 23～23.5cm，与人体测量统计数据中肘长数据基本一致（邱光明，2005）。古埃及肘尺，以指尖到肘的距离为长度单位，古希腊也以人体手指、手掌、臂和脚为长度标准，古罗马的罗马尺对应着脚的长度（赵晓军，2007）。以此标准选择、分割、加工材料利于身体控制，必然与人体尺度建立关系。其次，材料尺度受到人体操作范围影响。尺度小、重量轻，才能方便手工操作，利用小尺度构件营造大尺度空间成为手工建造的突出特点。斗拱是一个经典的用小尺度构件形成重要结构构件的例子，正是一级级斗拱的肩叠才达到了构筑深度出挑屋檐的可能性（图 4-4）。面对砖的灵活性，西方砌筑中有了叠涩拱、圆穹顶等结构形式，工匠的技艺与智慧通过材料的连接展现出来，建筑自然流露出与人贴近的尺度感。

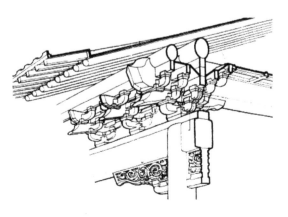

图 4-4　斗拱造型
来源：李允鉌. 华夏意匠［M］.
天津：天津大学出版社，2005：241.

选择原材料的手工艺建造，不仅塑造了贴近人体尺度的建筑，更塑造了有尺度感和场所感的外部空间。喀什老城生土建筑从群落外观到单体院落间舍、路径、墙壁、角落，均富有原初的一种塑性、亲切性和私密性，处处显露出古城初民的自发性建造痕迹（卫东风，2009）（图4-5～图4-7）。对泥和陶土等原生材料营造的感知存储于肌肉的触觉中，依靠身体度量，用生土覆盖整栋建筑的喀什老城犹如从大地土壤中生长出来一样，将地基、墙体与屋顶融成一个灰土整体，土墙与杨木梁极具肌理和质感，通过表面纹理的触摸极能引起人感情的共鸣。巷道、黏土晾制的风干砖围墙、木棚舍、过街楼充分体现了唤起触觉记忆和经验的场所形象。

图4-5 街巷空间

图4-6 老城造型

图4-7 显露自发性建造

图4-5～图4-7来源：卫东风. 生土民居场所精神与建筑体验——以喀什高台民居为例［J］. 华中建筑，2009（3）：267-268.

4.3.2 抽象尺度

能源驱动机械设备的应用，现代加工、切割技术的发展，使材料获取、分割、加工只受机器本身的控制，失去了建筑材料与人体关联的特性。首先，米制应用，尺逐渐被替代，度量标准的参考对象从人过渡到物，客观、精确的量度成了纯抽象的概念。其次，机器的灵活性使操作范围无限延展，尤其是塔吊、起重机的应用，使得材料水平和垂直向的移动完全突破了人力局限。最后，材料选择的变化，制作加工的标准化、模度化，建造规模的扩大和速度的加快使建造尺度远远超过人体的限制。威廉·凡·阿伦20世纪20年代设计完成的克莱斯勒大厦高850英尺（259m），主体采用钢结构框架体系，由金属构件连接的褐色大理石砌筑，立面中部、窗户细部均给人一种竖直向上的感觉，拔高的楼体是对商业成功的赞颂，表露出资本主义强烈冲动的氛围（图4-8）。建造突破了重力的限制，城市整体轮廓线极具上升，空间形态统一为标准模块，工业城市的网格街区和商业建筑的方盒子外形在现代主义时期大量涌现（图4-9），配合标准铁构件制成的玻璃屋面成为工业城市的真正主题。

图 4-8　克莱斯勒大厦
来源：威廉·柯蒂斯. 20世纪世界建筑史［M］.
北京：中国建筑工业出版社，2011：41.

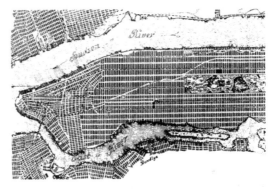

图 4-9　方格网肌理
来源：威廉·柯蒂斯. 20世纪世界建筑史［M］.
北京：中国建筑工业出版社，2011：224.

　　建造技术的提高，建造方式出现了突变，巨大体量、单调外观、简单轮廓线影响着人们的心理感受，环境识别和归属感的缺失使人类体验式微，对人体尺度关联逐渐淡出视野，对利润、剩余价值的追逐导致工厂化的标准批量生产，资本家求高求大的表现欲望使城市变成了一种功利机器。人口扩张、交通混乱、资本运作泛滥，大量的城市弊病滋生，对人的关怀让位于利润，手工艺时代出现的建造优点消失殆尽。

4.3.3　复合尺度

　　数字时代，反省之后的人类渴望回归自然，对自然控制的欲望转向与自然融合的态度。对手工艺建造尺度的留恋、对空间场所体验的回味迫使人们重新思考建筑与城市、环境、景观的关系。伴随着批判地域主义、新乡土派等思潮的涌现，人性回归逐渐成为主流。数字建造的出现，借助高端数字设备，使得非标准化设计与制造成为可能，从而在更高层级上推进整个建筑势态的发展。建筑材料、构件实现了任意加工，空间、形态变化的可能性增加，受手工艺建造人体尺度限制的启示，控制建筑中各种数学关系的要求越来越高。借助计算机非线性参数化设计，通过设计与建造的关联，将尺度控制变成了参数调整，信息模型建立并输入数控制造设备加工制造、结合数字测量定位系统实现现场精准装配的方式与手工艺建造中比例、模数控制异曲同工。整体性的设计与建造，达到了城市尺度、景观尺度、人性尺度的复合，从而实现对抽象、理性、缺少人性尺度的消解，对建筑体验的回归。

FOA 于 2002 年设计的日本横滨港国际港口实现了场景、建筑、人的互动，城市边界自然过渡为登陆甲板，扩展出各种城市功能，建筑成为城市生活的延伸。关注人在建筑、环境中运动的体验，通过表皮翻折，折缝构成通向建筑的通道，为多样自发活动创造空间（李晶 等，2011）（图 4-10）。超越机械建造技术、对手工艺建造优点反思的数字建造，将在未来相当长的时间段内为建筑与城市的人性化场所创造提供可能。

图 4-10　日本横滨港国际码头
来源：FOA. 横滨国际码头 [J]. 城市环境设计，2010（9）：71.

时下，3 种建造方式并存。世界各地没有建筑师的建筑仍然表现出手工建造的个性美。城市之中，大量产业化建筑、装配式住宅仍可看到机械建造的存在。受社会因素，经济条件制约，数字建造并未能如想象般拓展。当 3 种建造方式相遇，如何结合自身的境况扬长避短，似乎成了建筑师共同面对的话题。手工艺建造满足个性需求的同时创作了近人尺度的场所空间，机械建造留下方格网城市空间之际发展到精致性设计和注重细部设计的模式，数字建造利用高效、自主、灵活之便使设计与建造紧密结合，关联性贯穿始终。总结过去，我们的态度跃然纸上，克服机械建造带给建筑、城市、人类社会的弊端，使原初手工艺建造借助数控技术达到螺旋式上升势态，回归手工艺时代对人性关注、对自然的认知。建造不仅仅是机械时代创造工业产值的目的，更要创造一个人性化、与自然贴合的城市场所空间。运用数字建造重新回归手工艺时代对场所关注、诠释人类生活方式的状态，从而在建造层面，使人类生活与工作方式向更高层级推进。建造本身的技术探讨并非最终目的，通过对建造清晰的认知去创造更加优秀的人居环境才是终极目标。

4.4　本章小结

本章基于建造主体、建造逻辑、建造尺度三个视角解析了建造演化的过程，以农耕文明时期的手工艺建造、工业文明时期的机械建造及当代信息社会的数字建造为 3 个划分阶段，阐述了建造主体经过了工匠、建筑师与专业建造团队、多工种协作团队的变迁过程。建造逻辑在手工艺建造方式中呈现数理比例、工业制造工艺中反映数学计算的精准与精确、数字建造工艺则依据计算机编程的技术与方法最终达到个性化定制的目的。建造尺度在手工艺建造中以产生宜人尺度、建立场所特征为优势，机械建造的抽象尺度概念导致了对人体尺度的漠视，最终使人类体验式微，而数字建造回归传统、亲近自然的愿望使复合尺度的城市空间建构成为可能，从而使人类的体验在更高层级上回归。本章论述的目的在于厘清建造演化的过程，掌握建造演化的规律，从而为并行化建造模式的探讨打下基础。

当前部分建筑建造中常常出现建造逻辑表达失真的现象：整体结构体系之外衍生出其他构件构成额外的建筑形式，致使结构体系与建筑形式不能完美地契合。材料的连接没有反映出从一个节点传向另一个节点，进而逐级传向基础，而是起到一种装饰作用或附加构件的作用。建筑材料不能如实地表达自身的特性，如混凝土材质建筑外贴砖表皮掩饰内部真实质料、竹建筑建造中将竹材料利用金属构件悬挂于建筑表面充当表皮，或将原竹制作成竹集成材，以竹代木作为框架、梁架或墙壁、地板。以上现象的出现终会导致建造的原真性丢失。

建造是借助手工或机械工具，将原材料经过一定的加工工艺、合理有效的连接方式，构筑成建筑整体的过程，不同类别的材料和建造方式遵循各自的建造规律，并且都蕴含各自特有的表现潜质。"逻辑通常指事物间运动发展的客观规律性，而建造逻辑则指建造过程应依据一定的科学原理，符合客观存在的规律性及准则，以相应的技术规则为指导，使原材料形成整体的过程中所遵循的规律。"（傅筱，2011）[155-158] 探求建造逻辑的真实表达过程，即是探索建筑材料的建造规律、材料实体的表现及材料实体各部分间相互关系和组织秩序的过程（Frampton，1995）。那么，怎样才能体现建造逻辑的真实表达呢？笔者以为，建造逻辑应由材料自身性能决定的建造方式呈现。例如，建筑形式的反映应由结构体系决定；材料间连接以至构成的连接节点应以传递力为目的；材料的表现在饰面层及深度结构层应能体现本真质料。以下，笔者以竹构建筑[①]为例进行分述。

5.1 结构体系决定形式呈现

结构与形式密不可分。"我们通常认为的建筑形式是用形式美构图原则来获得的，但如果从建造角度看待建筑，形式是通过处理构件与构件的关系而获得"（张永和，2002），这尤其反映在结构体系综合了支承功能与填充功能之时。支承体系的表达即是围护体系的表达，支承体系完成建造的同时建筑空间得以形成，围护体系与建筑形式也应运而生，这样的结构体系融合了结构、围护、空间、形式，具有整体性的特征。在笔者看来，其建造过程符合建造逻辑，相应建造逻辑的呈现也是真实的。

荷兰建筑师事务所 24H＞architecture 设计的位于泰国湾苏梅沽岛儿童活动与学习中

---

① 之所以选择竹构建筑是因为竹材在众多建筑材料中的弹性可变能力最强，其可制成块材，也可利用原竹材料直接连接，还可与其他材料一起建构节点，并且其本身也具备可持续性材料的特质。

心体现了结构与形式的契合，建筑形式生成来自建造体系。建筑的主体结构采用长度9m，直径10～13cm的"pai Tong竹"建造，受三维数字模型控制，通过竹材的编织和搭接，架起类似于Manta Ray鱼形态的结构体系。主体结构由70多根竹材配合螺栓连接，形成从基础到顶端高12m，跨度28m的整体结构；弯曲凸起结构由藤条缠绕竹竿束配以竹销钉连接；次级屋顶结构由长度4m、直径约5cm的"pai Liang竹"构成；屋顶部分覆盖竹制瓦片。结构体系反映了建筑形式的轮廓与骨架，随着结构体系搭建的推进，逐渐衍生出建筑形式，并反映了建造操作逻辑（图5-1）。

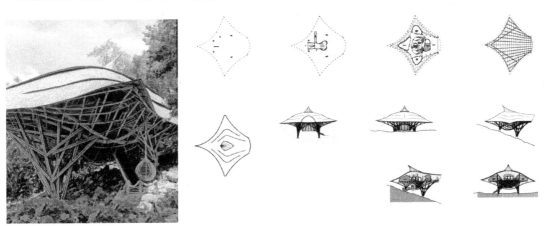

图 5-1　泰国苏梅沽岛儿童活动与学习中心（24H>architecture）

来源：Vidiella A S. Bamboo in Architecture and Design［M］. Singapore：Page one Publishing Pte. Ltd.，2011.

擅长以竹材建造的哥伦比亚建筑师西蒙·维列，"不看好没有限制的混凝土材料，相反，极其欣赏具有限制特性的竹材，并且认为建筑的比例受制于材料本质的内在限制"（何礼平 等，2014）。原竹经过现代技术处理，顺纹抗压力高，径向抗压、抗拉强度增大，配合现代连接方法，使竹子建筑出现了以竹竿支撑的网架结构，利用整竹的轴向力、弹性力出现了拱型、曲线型结构，利用竹篾编织的塑性张力出现了编织型结构（表5-1）。

结构体系与建筑形式的关系　　　　　　　　　　　　　　　　　表 5-1

类型	特征		实例	
网架型	节点连接形成空间桁架或形成曲面的网格结构,杆件通过节点连接形成整体效应,刚度整体受弯		奈于社区中心和幼儿园	
拱形	以受轴向压力为主,结构受力与建筑形态相融合		Soneva Kiri 度假村竹桥	

续表

类型	特征		实例	
曲线型	利用整竹的弹性应力,弯曲产生挠度以支撑结构		拉旺餐厅	
编织型	利用编织体或单元作为受力构件,线性材料形成面,面变形组成结构体系		织造工程馆	

来源：笔者自绘

　　这些结构类型的出现是反映结构体系与建筑形式整体合一的有效例证。原竹以符合力学规律为原则,凭借自身材质特性,将结构体系本身的逻辑性作为建筑表现的重点,在符合建造逻辑的同时,结构体系作为实体要素支撑起建筑空间,从而更进一步将形式与内容融入了空间艺术的整体表现中。

5.2　连接方式表征力学传递

　　构件之间的连接强度在结构体系中甚为关键,其关乎建筑结构的刚度、强度及能否符合一定抗震性能的稳定性。如果将结构体系看成一个系统的话,连接节点便是构成整体结构体系的单元,建造应以基本的连接节点为基础逐级拓展,从而达到对于整体系统的完善。节点在结构体系中担当力的汇集与分散作用,其传力应以简洁明确为准,从而能够保证力的传递方向与传递大小科学、规律。竹建筑结构构件连接交会点是结构体系得以稳固的焦点,其作用是准确传达来自结构杆件的内力,与此同时也要抵御来自自身及外界的压力。因此,结构构件连接交会点应保证足够的刚度、韧性及承担相应变形的能力。

　　传统竹节点连接一般为绑扎、榫卯、搭接等方式,作为对特定条件或基地特征的回应,连接方式在地域和自然条件不同的情况下各有不同。现代竹结构建筑区别于传统竹建筑的一个显著特征就是竹连接技术的进步,竹节点配合其他材料,如钢材、混凝土或混合材料出现了螺栓、套筒、槽口等连接方式。此外,多根原竹汇集于一点时可通过钢板上钻孔的方式,在多个方向上以螺帽、金属垫圈、铁箍等与各个方向汇集于此的竹材相连接,从而形成钢板连接构件及节点。

　　Gardenas工作室2009年设计的意大利米兰Boo Tech展场是探讨竹建造连接方式的例证。首先将原竹切割成长度相同的竹条,3根竹条为一组利用胶粘剂粘结成三角形的基本原型,6个基本原型的三角形组成一个六边形的单元,相邻两个基本原型的边利用钢构件得以连接,六边形的中心形成一个传力的节点(图5-2)。在钢框架龙骨的协助与矫正

之下，六边形单元在半球体形式的约束下得以复制，从而形成形体的基本框架，也形成了

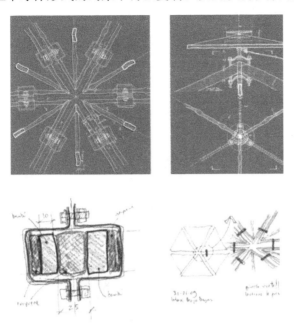

图 5-2　传力节点

来源：何礼平，任晓. 永恒与瞬间——"竹建构"的意义创造与解释［J］. 建筑师，2014（1）.

图 5-3　整体传力体系

来源：Vidiella A S. Bamboo in Architecture and Design［M］. Singapore：Page one Publishing Pte. Ltd.，2011.

以六边形基本单元中心部位为节点的传力体系（图5-3）。在此基础上，每个三角形基本原型的内部，通过胶粘剂在3个端点处各粘结一根竹条，3根竹条收尾处用钢构件得以固定，并且这样的钢构件之间会再通过钢丝相互之间拉结。由此，形成了结构的第二层传力体系。就整体结构体系而言，第二层级的传力体系有一种将整体结构体系往外拉的趋势，正好平衡了第二层级传力体系往内收的内聚力，从而使结构得以稳定（图5-4）。

图 5-4　Boo Tech 展场建造过程
来源：支文军，秦蕾. 竹化建筑 [J]. 建筑学报，2003（3）：26-28.

　　笔者以为，竹节点连接方式的创新应是竹构建筑建造方式创新的一个体现。为了力的有效传递或增加结构刚度在连接节点处加入一些辅助材料加固连接的创新做法应视为可取，其未改变结构体系的支承方式，并且符合建造逻辑。西蒙·维列针对建造大型建筑设计了"一种新的连接方式：螺栓水泥连接法。这种方法的关键是使用螺钉、垫圈和螺栓等不同的金属节点连接系统来强化竹材的连接。由于螺栓是一种力量集中型的连接构件，单纯使用螺栓固定容易引起竹子开裂，所以必须辅以向构件节点范围所在的原竹空腔内进行水泥砂浆的灌注填充，然后再用螺栓及钢构件进行连接。这种方式可以增大竹子建筑的跨度，西蒙依此建造了许多大跨度的竹建筑"（刘宇波 等，2009）[96]。

　　"最有影响的竹构建筑是为2000年汉诺威博览会建造的'零排废研究与创新机构'展馆。这座展馆面积达 $2150m^2$，使用了4000根瓜达竹和一些其他的天然材料。建筑物平面呈十边形，屋顶直径为40m，每边向外悬挑7m。ZERI厅作为圆形架构建筑，主要静力结构的构成单元由2个斜柱及其支撑的2个悬臂梁组成，10对这样的基本结构单元按照圆形规律布置，横梁在最高处形成一个圆环，巧妙的力学设计使支撑结构不会把荷载直接传递到斜柱上，而是将荷载转化成柱与柱之间的相互挤压"（刘宇波 等，2009）[95-96]（图5-5）。

图 5-5　零排废研究与创新机构展馆

来源：刘宇波，李佳. 哥伦比亚建筑师西蒙・维列和他的竹构建筑［J］. 世界建筑，2009（6）：97.

5.3　材料呈现反映本真质料

"让材料自己说话，毫不掩饰地以经验或知识中最适合它的形式和环境展示出来。让砖看上去像砖一样，木头就是木头，铁就是铁，每一种材料都是依照所赋予它的结构规律来表现的。"

——戈特弗里德・森佩尔（1989）

材料是构成建筑最基本的物质基础，材料实体的组织和建立过程就是建造，是建筑师将材料实体构成整体的创作过程和方法。当建筑师选定某种材料来满足实际的具体任务，首先是对于某一种材料的界定，即木之为木、石之为石的根本，也就是要让建造过程符合选定材料的组织规律，也即建造逻辑符合材料的真实表达。而这样的真实表达须来自两方面的意义：一是注重材料表面的处理；二是注重材料的力学性能在建筑构件深度方向上的一致性，即真正起结构作用的材料不能被饰面所遮蔽，要求视觉能够穿透构件而在深度方向上感知到其真正组成，忠实体现材料的力学性能与结构关系（刘宇波 等，2009）[94-97]。

长城脚下公社——竹屋在"竹子的使用上目的含混且并不彻底。建筑的主体结构采用钢结构和混凝土框架的混合结构，墙体为砌体填充墙抹灰。竹子在这里的使用仅仅作为分割空间的手段和不同界面的第二层表皮。对于竹子的构造手段，隈研吾直接套用他惯常使用的木格栅构造：利用金属螺栓固定在木龙骨或滑轨上。其材料表现并非充当建筑的承重体系，材料属性没有体现结构属性，不能传达某种力学特性"（史永高，2008），并不符合建造逻辑（图 5-6）。

图 5-6　长城脚下公社——竹屋（隈研吾）

来源：傅筱. 对中国 20 世纪末建筑技术理性主义引入的反思 [J]. 城市环境设计，2011（7）：155-158.

"出于对纯净空间意境的表达，隈研吾并不关心表现结构和建造的过程，所有结构构件均被隐藏起来。通透空间中的十字钢柱以竹片包裹，隐藏在垂直线条中。南向大面积的玻璃遮掩在竹格栅后，中间还设置了一片填充羽绒的玻璃墙体用来遮挡其中的结构构件。竹格栅的使用均表现出其非结构构件的特征，与其他界面（包括墙体、屋面、玻璃乃至水面）保持了距离。而与之平行并存的墙体、屋面以及构造构件（如龙骨）则覆盖黑色石材或以黑色涂料粉刷，遮掩于竹格栅的阴影之下，仅突出表现了由竹格栅形成的整体性及竹子的自然颜色、肌理。"（傅筱，2011）[158] 隈研吾用格栅构造的方式制成"竹墙"，作为建筑的最外层表皮——竹格栅，将建筑四周包裹起来，结构体系与装饰水乳交融、难分彼此，并且给人一种是竹子支撑起整个建筑的错觉。

对于这样的表达，建筑师傅筱显然持赞同的观点，他认为"建造技术逻辑性自身并不是建筑师刻意追求和表达的内容，建筑师关注的内容常是建筑技术之外的意图表达。所谓意图，指技术选择和运用的目的是符合建筑师的某种表达意图，而不是强调建筑师以'表达技术逻辑'为主要目的"（傅筱，2011）。也许站在建筑设计的角度来思考这样的观点是有可取之处，毕竟"虽然建筑依赖于数学，然而它终究是一种阿谀奉承、讨好诌媚的艺术。在这里，人的感官可不愿因为（满足）那所谓的理性而被恶心"（Forty，2000）。假如建筑的首要目的在于愉悦感官，那么适当地调节一下真实的东西以适应人们感官的需要就是艺术的职责了（Peter Eisenman，1999）。尽管如此，笔者还是不能赞同此种观点。相反，笔者比较肯定建筑师张永和的观点。从其在《平常建筑》中比较德国已故建筑师恩斯·宾纳菲尔德与英国建筑师大卫·奇普菲尔德对待砖的态度上就能看出这种意图（图5-7）。宾纳菲尔德十分忠实于砖的技术逻辑，他的砖建筑上绝不会出现大的窗洞，而是严格按照砖过梁的跨度确定洞口的大小。而奇普菲尔德的砖住宅中采用了混凝土过梁，洞口不仅可以开得很大，而且可以出现转角洞口以扩大室内的景观视野。为此，张永和写道，它非常不赞同砖的外貌与砖的建造规律存在明显的矛盾。砖对于奇普菲尔德只是趣味而不是建造的形态或建造问题。

图 5-7　恩斯·宾纳菲尔德设计的 Heinze-Manke 住宅与大卫·奇普菲尔德设计的柏林私宅

来源：Heinze-Manke 柏林私宅，1991—2007 EI Croquis David Chipperdield，2007：95.

　　除了将竹材作为外表皮以遮掩内部的真实结构外，竹材应用中会出现这样一种现象：将竹材切割成片状的薄片，进行粘结与胶合，最后形成类似木材质料的一种建材应用于建造中，借助于竹材的性能表达木材的特质。在此期间抹杀了竹材横纹抗压和纵纹抗拉的性能特质，而利用一些胶合剂使竹材呈现木材的性能，再加以油漆或别的材料涂抹，常会将竹与木混淆（肖岩 等，2013）。根据对竹材的处理和加工工艺的不同，经过将原竹加工成长条、去除内节、干燥、浸胶、组胚、热压、锯边等工序，可以将竹材加工成胶合人造板使用，并进行胶合竹结构构件的制作与应用，如可制成胶合竹梁、竹柱、屋架、墙体等一系列胶合竹构件。更有甚者，竹筋取代钢筋被用于混凝土结构中，由于竹筋相对于钢筋及 FRP 筋，强度过低、变形能力差、与混凝土的粘结强度低，导致竹筋混凝土不符合现代结构发展的要求。

　　不同的材料有各自对应的建造方式：混凝土材料应用支模浇筑的方式，砖、石、砌块类材料应用砌筑的方式，钢、木、玻璃、金属板等线状、面状材料应用组合拼装方式。不同类别的材料和建造方式遵循各自的建造规律，依据材料自身特性组织与表达可谓复合建造逻辑。相反，凭借材料之间某种物理性能的相似性而以材代材，或改变材料原本的真实特性以适应新的建造方式，从而达到以追求建造效果为目的，这不符合建造逻辑真实性。

5.4　本章小结

　　作为本书的基础篇章，在阐述完建造与制造的关系、建造本身演化过程之后，本章提出了符合建造逻辑真实表达的原则，即结构体系决定形式呈现、连接方式表征力学传递以及材料呈现反映本真质料。其中结构体系决定形式呈现，笔者此处意指支承功能与围护功能合一的结构体系，并且认为这样的结构体系综合了结构、围护、形式、空间塑造的特征，其建造过程符合建造逻辑。在连接方式表征力学传递中，笔者将各连接节点视作整体结构的单元，力的传递必须通过各单元节点共同参与完成，从小单元到大单元再到整体结构逐级拓展，从而避免了为塑造形式添加的一些非传力节点的出现，也将使得建造逻辑的表达不具有真实性。材料呈现反映本真质料，是指材料表层处理及深度构建上均应保持组成元素及力学性能的一致性，并能忠实于结构体系操控。

第6章

信息集成——集成化建造流程

传统建筑设计以草图控制设计的功能及形式，寻求建筑功能、建筑结构、建筑技术及环境文脉之间的优化平衡。建筑师除了具备最基本的建筑素养以外，美学修养也是必须具备的利器，建筑师往往被期望成为类似于文艺复兴时期的建筑家，通晓绘画、设计、建造、技术等各个领域的专业知识。然而，传统建筑设计的表达大多基于二维图纸及手工模型的信息传递，建筑空间的观察和表现方式也仅限于图示思维模式，建筑师只能通过不十分明确的图纸及模型加上自身的空间想象与空间感悟来塑造和表达形体（章迎庆 等，2008）[25]。这样的设计过程及结果难以预料，其步骤并非通过既定有序的简单流程可以掌握，设计过程涉及多种信息反馈、方案解决及修正（李飙，2012）[2-3]。

从阿尔伯蒂的《建筑十书》到现代主义，设计师们一直努力限制可供选择的设计方案，从而找到更理想的设计规则。1962 年 Asimow 将建筑设计进程分为 6 部分，每个进程甄选最佳选择，并提出至今仍然被广泛认同的 3 个阶段设计流程：分析阶段，着重于了解设计问题与设定设计目标；综合阶段，致力于替选方案的产生；评估阶段，依据设计目标衡量各替选方案的可行性并做选定。亚历山大（Alexander，1964）也提出分解建筑问题的方式，"解空间"根据与其他连接关系被分成"适合"及"不适合"的评价参数，并针对综合阶段的设计行为以理性的数学模型来探讨，标示以计算机作为设计辅助工具的可能性。阿尔伯蒂、Asimow 及亚历山大均试图提炼建筑学的理性部分为建筑设计创作进程服务，这些既有的建筑学预知"定义"为当今计算机技术提供了广阔的应用平台（董琪 等，2010）[112]。

继第一次技术革命和产业革命——工业革命和第二次技术革命——电力革命之后，人类进入第三次技术和第二次产业革命——信息技术革命。数字化技术的兴起和普及给人类社会带来了全方位的冲击，改变着人们的生活方式，也改变着人们的生产方式。在建筑领域的影响主要有两个方面：一是计算机和网络对人们生活方式的改变，必将影响所有这一切的发生场所和物质容器——建筑本身；另一方面，工业革命时期建筑的现代主义变革，有相应的工业体系作为支撑，从而完成了由传统的手工艺体系向工业建造体系的本质性转变。相对于方兴未艾的计算机集成制造系统（Computer Integrated Manufacture System，CIMS）在工业制造领域的发展，建筑领域总体上数字化技术对建筑的设计、建造和管理的渗透和影响所应该和将要发生的根本性和整体性变化尚未得到系统研究。各类数字化设计信息仍然只是传统图纸媒介成果的电子对应物，设计人员仍然按照以往的建筑制图规范和规则，以屏幕代替图板和纸，用键盘和鼠标代替绘图笔，绘制着和以往并没有多大差别的设计图，这个问题在我国建筑行业尤其突出。各个设计阶段，出于各种要求与目的生成的设计数字信息仍然是割裂的（如平面、立面、剖面图与材料、细部构造和数据信息并没有完全链接），简单地服务于单一对象和工程阶段（如给业主看的渲染图、动画、各专业设计间的信息交互、交给施工单位的工程图纸等）。计算机、数据库和网络等数字化媒介所特有的高效性、交互性、集成性、海量存储、远程传输等所具有的巨大潜力，至少在建筑信息系统方面还远未充分发挥，建筑运作模式尚未发生与计算机和信息技术相匹配的根本性变革（秦佑国 等，2003）[20]。

6.1 传统建造方式变迁过程

纵观建筑发展的历史，可将自原始棚屋时期起至当代的建筑建造方式归纳为以下类型，即杆件接合、单元砌筑、先"框架"后"填充"、表皮承重。杆件接合对应人类早期居住空间的建造方式，如维奥莱·勒杜在《亚当之家——建筑史中关于原始棚屋的思考》中描述的原始棚屋、我国西安半坡遗址中发掘的原始人居住建筑。在其建造过程中必须先竖立骨架，如原始棚屋中"两棵绑扎在一起的树干"、半坡原始人聚落中竖起的木柱，然后再添加编织结构进行覆盖。而西方的石砌建筑、中国古代的砖石建筑、民居中的生土建筑则需要经过从基础到屋顶自下而上逐层砌筑完成。自勒·柯布西耶的多米诺体系以来，西方发展出了框架结构体系、东方建筑中以中国古代的木构架体系为代表，则需要先搭建结构体系，然后再填充围护体系。受数字技术的催动，当代逐渐诞生了以表皮承担承重体系角色的建筑，如伊东丰雄设计的英国蛇形画廊、日本 TOD'S 表参道旗舰店，从而使结构体系与建筑形式合而为一（表 6-1）。

不同类型的建造方式　　　　　　　　　　　　　　　表 6-1

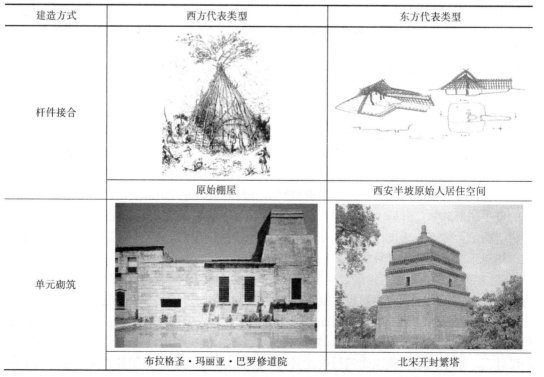

建造方式	西方代表类型	东方代表类型
杆件接合	原始棚屋	西安半坡原始人居住空间
单元砌筑	布拉格圣·玛丽亚·巴罗修道院	北宋开封繁塔

续表

建造方式	西方代表类型	东方代表类型
先"框架"后"填充"	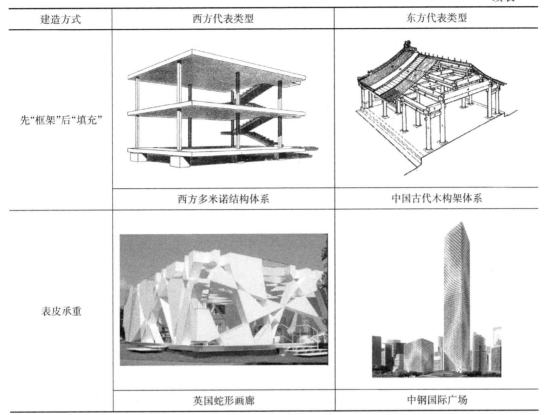	
	西方多米诺结构体系	中国古代木构架体系
表皮承重	英国蛇形画廊	中钢国际广场

表格来源：笔者自绘

　　笔者以为，从以上诸建造方式中可归纳出 3 种特征。首先，是在场建造。建筑原材料、部分建筑构件、技术人员、加工机械等基本上需要汇集于建造现场。其次，建造过程中摆脱不了重力束缚。正是由于重力限制，为了符合建造逻辑，传统建造模式隶属于时序化流程中，即必须先怎样，然后才能怎样，反映到具体的建造方式上则表现为必须首先搭建结构体系，然后才能进行建筑其他部分的建造，从而使得建造过程的权重落在了建立结构体系上，而其他部分则依附于结构体系。由此，一旦结构体系出现问题，则整个建筑面临崩塌的危险。所以千百年来，人类的建造方式终究摆脱不了与重力抗衡的过程。最后，结构体系一旦建立则缺乏变动的可能性及灵活性，而依附于结构体系的建筑其余部分也随之固定。如此，在面对当代及未来多元变化的人居模式中则稍显"羸弱"。

6.1.1　杆件接合

　　已知最古老的人类居住构筑物是 1960 年在东非坦桑尼亚奥杜威峡谷发现的，它位于旧石器时代最下层的文化层中，这种在 175 万年前出现的建筑物由一圈石块围成，半径约为 360～420cm，这些石块很可能支撑着一种灌丛建筑物，是建筑承重墙体的最早雏形。目前已知最古老的房屋是在日本东京北部秩父附近的山坡上发现的两座棚屋遗迹，据测定，该遗迹已有 50 万年历史。遗迹由 10 个凿桩留下的孔洞组成，孔洞非常明显，边缘也很清晰，孔洞排列成了两个不规则的五边形图案，桩洞周围还发现了 30 枚散落的石器。考古学家据此推断：棚屋是 50 万年前由当时已能制造石器的原始人建造的。西安半坡村仰韶文化遗址中发现了两种住房形式：一种是方形；一种是圆形。方形的多为浅穴，通常在黄土地面上掘成 50～80cm 深的浅坑，壁体和屋顶铺草泥土或草。值得注意的是，这种浅穴住房是没有墙的，或者说墙与屋顶是合二为一的，其原因一方面是与浅穴已有穴壁有关，另一方面则与原始人的穴居思维有关，因为他们长期居住的洞穴都是没有顶与墙之分的；另一种圆形房屋一般建造在地面上，直径约 4～6m，周围密排较细的木柱，柱与柱之间也用编织方法构成壁体。由此可见，这一时期人类对建筑"墙"的概念还是比较模糊的，他们徘徊于浅穴穴壁和墙之间，难于选择（包剑宇，2005）[10]（图 6-1）。

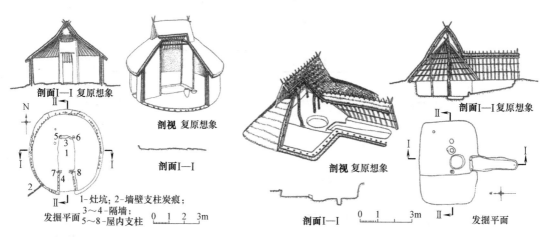

剖面I—I 复原想象

剖视 复原想象

剖面I—I

剖视 复原想象

剖面I—I 复原想象

剖面I—I

发掘平面

N

1-灶坑；2-墙壁支柱炭痕；
3～4-隔墙
5～8-屋内支柱

0 1 2 3m

0 1 2 3m

发掘平面

图 6-1 西安半坡圆形及矩形住房原状推测图

来源：中国科学院自然科学史研究所. 中国古代建筑技术史 [M]. 北京：科学出版社，1985：227.

19 世纪的历史学家尤金·维奥莱-勒-迪克（1814—1879）认为建筑的根本源泉来自"两棵绑扎在一起的小树"，从而道出了编织结构的起源之说，并通过实干家和改良家伊泼哥斯教授莱亚里提氏族建造房屋阐述他的观点——"伊泼哥斯挑选了两棵隔开几步远的小树，尽力拉住其中一棵，用身体重量将它压弯，然后用一段弯曲的树棍把另一棵树顶拉下来，他把两棵树的树枝并在一起用草芯绑扎起来……"（里克沃特，2006）[44-46]（图 6-2）。编织是一种古老的艺术，按照森佩尔的观点，编织活动的开端和建造房屋的开端是一致的。在《编织艺术》一书中森佩尔将编织视为所有分类中最原始的一种方式（Cache，2002），是艺术技巧最古老的类型。从词源学上看，编织这个词与希腊语"tekton"有关，表示木工或建造者，与希腊词"techne"又有进一步的联系，表示手工艺、艺术和技巧（张辉，2012）[80]。编织结构是一种由纤细构件组成的结构，即由平直或杆状构件交织在一起形成的一个平面或空间的网格结构。森佩尔指出，这种结构形式应当由一系列人类最早掌握的针对植物茎干的操作和加工工艺——编织和打结发展而来（图 6-3）。在这种结构中，承重和分隔功能是由不同的构件完成的，但这种静态的框架也为我们提供了不同的可能性——或是让这种框架开敞，或是给它套上外壳（杨桂 等，1999）。

在原始棚屋时代，通过树枝的编织等方式构建巢穴，建造方式尚处于模仿自然界阶段，而最直接最易于模仿的莫过于树木的生长过程。因此，建造过程中首要解决的是支撑骨架竖立，从而建立整个巢穴的支撑体系。并在此基础上通过枝条的相互缠绕进一步固定支撑骨架，且逐渐建立起外围覆盖的编织结构，而此时并没有屋顶与墙体的划分，建造从

图 6-2　尤金·维奥莱-勒-迪克的原始棚屋

来源：约瑟夫·里克沃特·亚当之家——建筑史中关于原始棚屋的思考 [M].

李保 译. 北京：中国建筑工业出版社，2006：44-46.

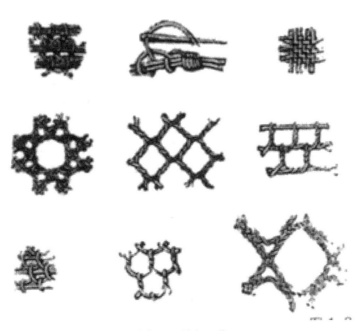

图 6-3　编织工艺

来源：戈特夫里德·森佩尔. 建筑四要素 [M]. 北京：中国建筑工业出版社，2010.

底部由编织的整体性控制直至顶端①。森佩尔认为，人类原初的建造体系属于线状构件组合，用于围合空间的框架，常见材料为木头、竹子、藤条等，其天然条件下多呈枝条状。而在原始建造条件下，经简单的一次加工比较容易形成线形杆件，通过栽柱、搁置可实现与地面交接，通过绑扎、编织、榫卯等技术可实现杆件之间交接。杆件本身可以作为一个基本的结构构件承受拉力、压力、弯矩等不同形式的荷载作用，比较容易实现各种跨度的结构形式。杆件接合的建造方式较易实现框架式，杆件通过编织方式交叉排布形成受力和围护合一的建筑体（Frampton，2013）（图6-4）。

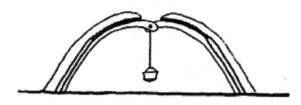

图6-4　杆件之间的卯接方式

来源：Guidoni E. Primitive Architecture [M]. Rizzoli International Publications，1987.

6.1.2　单元砌筑

"建造是将材料实体构筑成整体的过程和方式，即材料实体的组织和构筑。这些实体的材料或构件之间存在一定的组构关系，遵循着一定的规律"（Frampton，2006），这些关系和规律传达出建筑本体的自明性。组成建筑的实体部分按功能可归为两大类：结构体系和围护体系，它们在建筑整体中承担不同的职能。结构体系承受了施加在建筑物上的荷载，包括房屋的居住者和使用者以及他们的活动产生的荷载和来自风、雨、雪等自然气候因素引起的荷载，其功能可以概括为提供阻止建筑物倒塌所需的强度和刚度；围护体系的功能是遮风避雨、采光通风、分隔空间，提供尽可能舒适的室内环境，是非承重的覆盖系统和空间分隔系统（Reiser，2006）。

单元砌筑的建造方式产生出结构体系与围护体系合一的状态，即同一种构件既是承重体又是围护体。比如，砖或石材等材料建造的砌体结构的厚重墙体具有实际的承重功能，同时也是分隔内外空间的围护体，它通过承重构件的固体砌筑术形成体量和空间，"材料通常为天然材料的石材、黏土等以及作为人工制品的土坯、砖块等②。在单元砌筑的建造方式下承重单元组合在一起形成一个整体承受弯矩的结构构件，从而实现跨度，而承重单元之间则必须通过相互受压联结成为一个整体。材料单元可以制作成条状或块状，条状以构件接合的建造方式形成跨度单元时可形成水平梁和直线拱的结构形式"（金峰，2007），

---

①　从编织树枝到为类似的家庭目的而编织树皮的转变是容易而且自然的。显然，以围栏开始的粗糙编织术的使用作为制造"家"的一个方法时，它使得内部生活就此和外部生活分离，建造系统也就此开始确立。人类社会发展之初的杆件接合建造方式对当代的数字建造产生了深远影响。

②　砌筑的材料从人类最初砌筑时所采用的土坯、天然采集的石料等发展到今天，出现了多孔砖、混凝土空心砌块等工业砌块。当代的砌筑材料，无论是在材料性能、加工工艺还是在材料种类等各方面均取得了巨大进步，但这并不是说土坯、天然采集的石料等天然材料在当代失去了其存在的价值。直到今天，仍然有很多地区、很多建筑物采用土坯、天然采集的石料作为砌筑时的主要材料。因此，本书中所涉及的砌筑材料，包含了从人类最初砌筑时所采用的土坯到当代工业化背景下出现的各种新型砌块。

依靠自重简单搁置亦可获得稳定。当材料单元以砌筑的建造方式形成跨度单元时，可以实现直线拱和曲线拱的结构形式。砌筑建造只能适用于压力，即便借助类似砂浆之类的附加材料，其承受拉力的能力也相当有限。在这一点上，其与杆件接合的建造方式不同，由于结构体系与围护体系的一致，砌筑结构直接就能产生出室内空间，而结构外壳的尺寸范围通常都与最大空间的形态一致（表 6-2）。

形成单元砌筑的材料分类　　　　　　　　　　表 6-2

分　类	材料举例	特　点
黏土砌块	土坯、黏土砖、黏土瓦、多孔砖、模数泥土等	黏土就近取材，具有强烈的地方性。砌块表现黏土原始表现力的同时，根据其加工程度表现出不同的表现力
石材砌块	卵石、片岩、毛石、料石、笼装石等	砌块表现石材原始表现力的同时，根据其加工程度的不同表现出不同的表现力
混凝土砌块	普通混凝土砌块、轻质混凝土砌块等	由水泥、精细骨料加水搅拌，经装模、振动(或冲压)成型，并经养护而成。严格的技术特征与天然颗粒的混合表现
粉煤灰砌块		以粉煤灰、石膏和骨料等为原料，经加水搅拌、振动成型、蒸汽养护而制成的密实砌块。严格的技术特征与天然颗粒的混合表现
其他砌块	冰砌块、木砌块等	由于材料或地域局限性，在砌筑中只是少量的使用，但具有其独特的表现力

来源：金峰. 砌筑解读 [D]. 杭州：浙江大学，2007：19-20.

西方建筑墙体在古希腊、古罗马时期完成了从土坯筑墙到石质墙体的过渡以后，一直到现代主义建筑运动之前，这种砖石承重结构体系一直未有变化。由于墙体材料以石材为主，其材料特性是抗压性能好而抗拉和抗弯性能差，这决定了墙体是优良的承重构件，被纳入了古典建筑的承重结构体系。各个时期的建筑墙体在功能上一直没有太大变化，就是承重、围护和分隔空间。由于受结构体系的制约，古典时期建筑墙体的演变主要体现在对墙的本体面造型处理上，从古希腊、古罗马时期简洁的檐口线条和山花到巴洛克时期的繁复墙面装饰，再到法国古典主义时期对立面处理的古典回归，各时期的建筑对墙的设计，其实都是在古典的构图法则下，对诸如墙面、线脚、洞口的形式和比例的面构成处理，而在墙体的空间构成方面则区别不大（表 6-3）。

单元砌筑类型及特征　　　　　　　　　　表 6-3

类型	特征	示例	
拱券技术	剪支梁在受到均布荷载时的弯矩图是抛物线状的，反过来在满跨均布荷载下拱的理想形态就是一条抛物线。拱券的形式把水平构件应承受的弯矩转换成砌块受压材料彼此的挤压力	古埃及拉美西斯庙的库房	

续表

类型	特征	示例	
拱券技术	剪支梁在受到均布荷载时的弯矩图是抛物线状的,反过来在满跨均布荷载下拱的理想形态就是一条抛物线。拱券的形式把水平构件应承受的弯矩转换成砌块受压材料彼此的挤压力	古希腊拱券	
		古罗马塞哥维亚高架引水渠	
拱梁技术	砌筑时砌块数量应为单数,拱厚度与墙体厚度相同,应先在拱底部支撑模板,排好砌块数量和立缝宽度,砌筑时应从两边向中间对称砌,正中一块必须挤紧	砌块砌筑平拱式梁	
		砌块砌筑弧拱式梁	
拱顶技术	砌筑所采用的块材尺寸较大,每个砌块相对下层砌块偏移一定角度且向内逐渐收缩	叠涩挑出砌筑	

续表

类型	特征	示例	
拱顶技术	砌筑所采用的块材尺寸较大，每个砌块相对下层砌块偏移一定角度且向内逐渐收缩	筒形拱	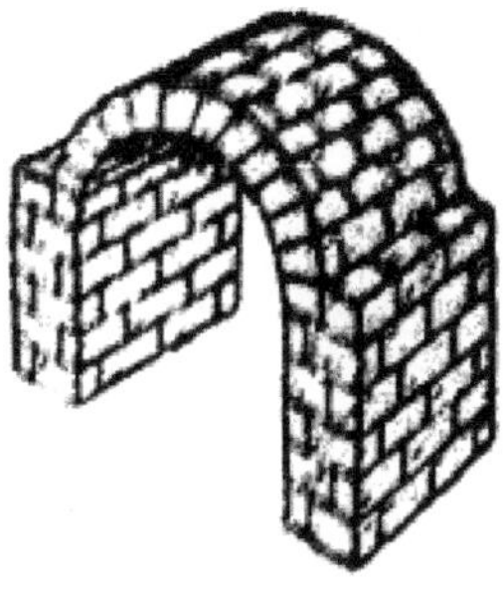
		十字拱	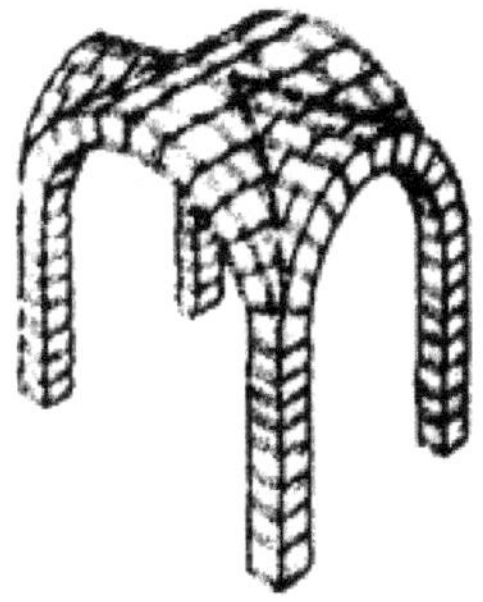
墙体砌筑	实心墙砌块的组合形式多样，使用顺、丁等方式组合。空斗墙由标准砌块平砌与侧砌相结合的方法砌筑而成。以砖材为例，平砌砖称为"眠砖"，侧砌砖称为"斗砖"，侧砌砖所形成的空洞称为"空斗"	实心墙砌筑	
		空斗墙砌筑	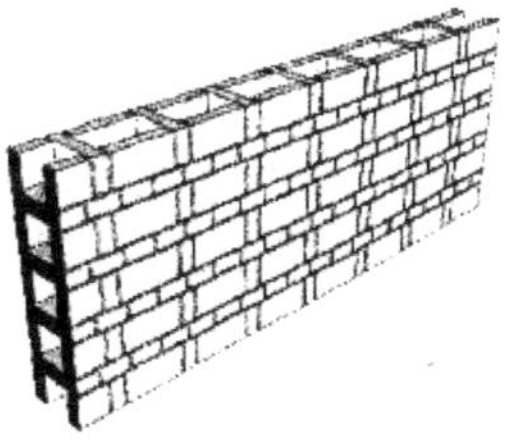

来源：笔者自绘

6.1.3　先"框架"后"填充"

西方自工业革命以来发展而成的框架填充体系、中国古典建筑木构架体系①均属于先"框架"后"填充"的建造方式。承重与围护分属不同的材料与构件，梁、柱、桁架、拱等构件用来承受荷载，而非结构的玻璃板、金属板或木板等则作为围护体。各构件依照层级关

---

① 李允鉌先生认为中国建筑早期发展中存在两种选择：一种是框架式结构，一种是承重墙式结构，两者有时也可以混为一体。以考古学上的发现做推测，半坡仰韶文化地上的及半地穴式的居住建筑是中国一种最古、最原始的房屋类型，其结构是在房屋的中心部分设置几根木柱，用来支撑一个外斜的有如伞形的屋面，屋面的构造是在紧密排列的木椽上加茅草或涂以相当厚的草泥。房屋的周边排列着密集的木柱，外抹八九英寸厚的草泥而构成墙壁。据此，李允鉌先生做出两种假定：其一是由一些"面"状的构体来组成，这些"面"状构体同时负起结构和封闭两种作用；其二是先构成一个骨架，然后在骨架之上披上一个外壳，骨架和外壳分别分担结构和围护的功能。

系组构，体现建造顺序的同时也表征了力的传递。柱、梁、拱、桁架作为最主要的结构构件，依次为次要结构构件如柱间支撑、张拉件等一直到表皮的基层支撑件，直至最外层的表皮。非结构构件依附于结构构件，次要结构构件依附于主要结构构件（图6-5）。

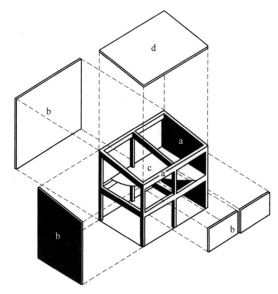

图6-5　结构体系与围护体系模型

来源：张悦. 材料和建造方式研究——从一般建筑到改扩建项目 [D]. 南京：东南大学，2008：6.

　　先"框架"后"填充"建造方式中的墙体摆脱了承受重力限制之后获得了极大的自由度。"其一，墙体不仅通过围护与分隔来塑造空间，而且可以直接表达空间的存在，由此开始了墙与空间表达的设计探索；其二，有可能突破自古以来由重力因素所主导的视觉形式美法则，从而获得其本体造型的自由表现，从构图而非纯技术角度探讨高低、厚薄、曲直、轻重、垂直与倾斜、流动与静匿等抽象关系"（包剑宇，2005)[12]。

　　东南大学张十庆教授从建构的角度（张十庆，2007）将中国古代建筑分为层叠与连架，其中连架所阐述内容即为笔者此处所述建造方式先"框架"后"填充"的主旨，即承重结构的分架连接。寻根溯源，西方现代主义时期的框架结构与中国古代的木构架体系均可追溯到"连架"构造方式上，而反映在西方框架结构与我国木构架体系上则归结到不同"连架"方式问题上。中国古代木构架体系中的构架由柱、梁、檩、枋、椽及斗拱等构件组成，构件按位置、大小和要求等合理排列布置构成所要营造建筑的整体支撑框架，起到稳固建筑整体与承托屋顶等部分重量的作用（田大方 等，2010)[6]，根据构架排布与穿插方式的不同又分为穿斗式、井干式和台梁式①（表6-4）。建筑各节点以榫卯连接（表6-5)，榫卯由于连接的空隙及之间的摩擦力，再加上木材本身的材料特性，使得连接节点成

────────────

　　① 关于中国古代木结构体系的类型，学界通行的分类方法一般分作3类，即穿斗式、井干式和台梁式。台梁式，又称叠梁式，在屋基上立柱，柱上支梁，梁上放短柱，其上再置梁，梁的两端并承檩，如是层叠而上，在最上的梁中央放瓜柱承脊檩；穿斗式，又称立帖式，用穿枋把柱子串联起来，形成一榀榀的房架，檩条直接搁置在柱子上，在沿檩条方向，再用枋把柱子串联起来，由此形成整体框架；井干式，不用立柱和大梁的房屋结构，以圆木或矩形、六角形木料平行向上层叠置，在转角处木料端部交叉咬合，形成房屋四壁，再在左右两侧壁上立矮柱承脊檩构成房屋。

为半刚性体，具有平衡水平荷载的抗侧移能力（李琪，2008）[9]，而钢或混凝土框架节点则为刚性连接，在抵抗水平荷载、抗侧移能力方面较弱。

中国古代建筑木构架体系类型　　　　　　　　　　　　表6-4

体系类型	类型示例	传力分析
抬梁式	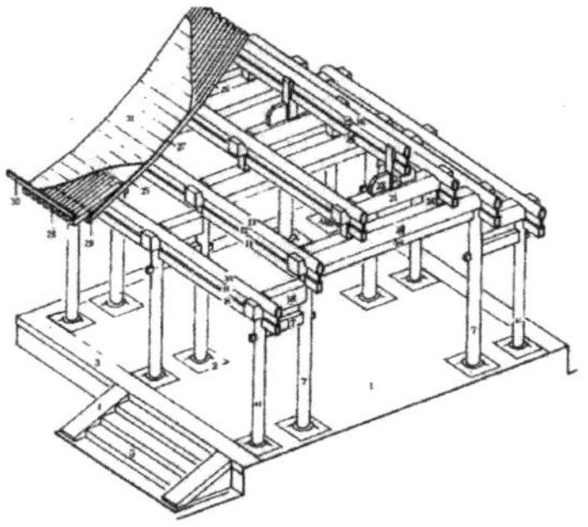	
穿斗式	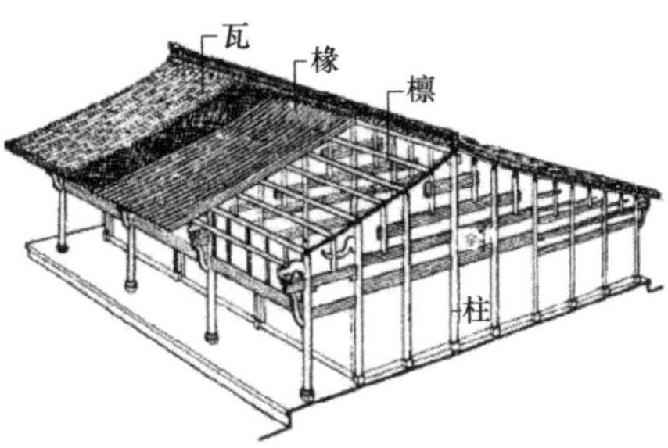	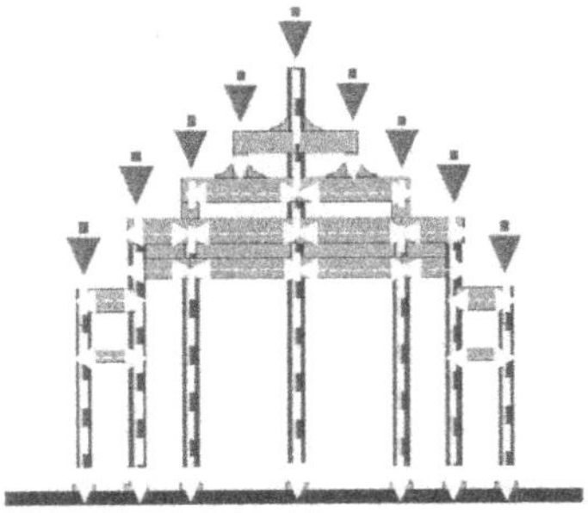
井干式	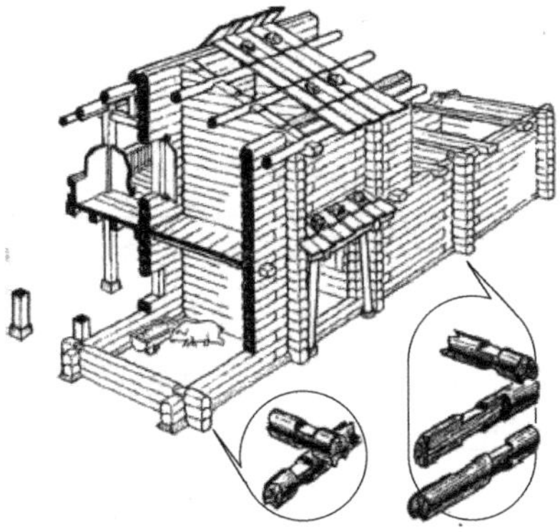	—

来源：李琪. 古建筑木结构榫卯及木构架力学性能与抗震研究［D］. 西安：西安建筑科技大学，2008.（笔者根据论文中有关图片绘制）

木构架体系连接中的榫卯类型　　　　　　　　　　　　表6-5

序号	名称	图样	应用位置	受力特点
1	单向直榫	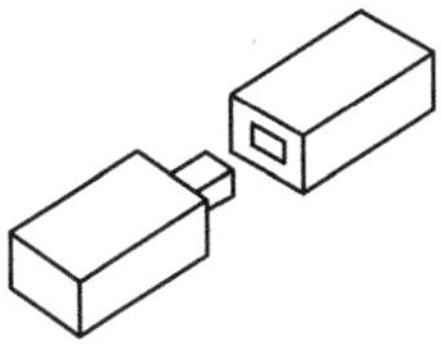	用于水平构件或出挑用垂直材的连接	抗弯、剪

续表

序号	名称	图样	应用位置	受力特点
2	单向搭接榫		多用于两水平构件的搭接,如桁与桁的接合	抗压
3	双向直榫		枋与柱的接合或小构件与柱的接合	抗弯、剪
4	透榫		多用于穿插枋或枋与柱的连接	抗弯、剪
5	燕尾榫		多用于两构件垂直相接	抗拉、扭
6	蚁榫		此榫由单向搭接榫变化而来,多用于封檐板的接合	抗拉

来源:李琪. 古建筑木结构榫卯及木构架力学性能与抗震研究 [D]. 西安:西安建筑科技大学,2008:4-5

诚然,中国古代建筑木构架体系与西方框架结构在模数控制、建造方式及构成要素上具有相似性①,这正如梁思成先生认识到了中国古代框架体系的先进性一样,将其与西方20世纪诞生的钢筋混凝土框架及钢框架相提并论(梁思成,2011)。然而,仔细分析刘敦桢先生所著《中国住宅概说》中不同时期、不同地域住宅的框架体系则会发现,中国古代的木构架不但没有对功能与空间进行解放,反而有所限制。木构架体系是"间"②(传统建筑的台梁式木"框架结构"由4根立柱以及其上的梁枋组成,这些构件之间位置即为传统建筑中的一"间",承托上部一切荷载,此框架结构必然在平面上形成棋盘形的结构网。在网格线上,亦即柱与柱之间,可以安砌或不安砌墙壁或门窗)这一结构单元以不同方式叠加的结果,并且各个"间"在功能与空间上相互独立,并且,所有建筑单体在开间方向

---

① 中国传统建筑的木"框架结构"所体现出的结构逻辑理性,与现代建筑钢结构和钢筋混凝土结构中的框架结构在原则上相同,只是在材料和由材料而来的科学技术含量上存在差异而已。

② 作为基本的结构单元和空间围合单元,在中国建筑的空间尺度上也是极为重要的基本单元——"间",这一结构基本单元体,向下可探讨木建构的构造连接方式对结构的影响,向上可研究结构造型发展的各种可能性。

的"间"数均为奇数，并有当心间、次间、稍间、尽间之分，其中当心间的跨度是最大的。与西方框架体系结构的绝对匀质相比[1]，中国古代木构架体系赋有等级秩序（图 6-6）。

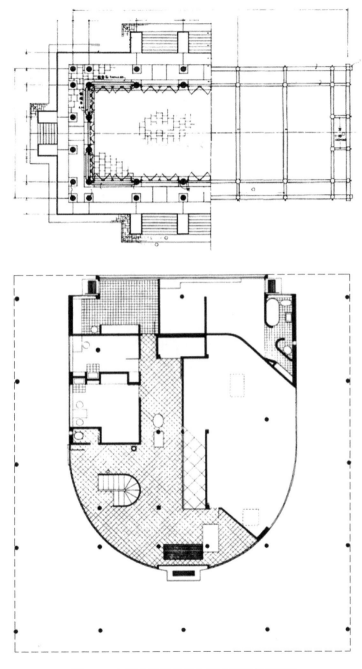

图 6-6　中国木构架体系与西方框架体系对比

来源：杨鹤峰．"框架"的背后［J］. 中外建筑，2010（5）：78.

---

① 柱间距即使有大有小也是完全依据功能等建筑因素而定，并不代表一种等级秩序。

　　中国古代木构架体系中作为支撑的结构与围护部分之间只有一种关系，即围护体系置于结构体系形成的立柱之间，而西方自现代主义以来发展出的混凝土或钢框架体系则将结构与围护的关系演绎成以下 3 种：第一，围护体系填充于结构体系之间。比如钢筋混凝土结构框架之间填充预制的钢筋混凝土外墙板或砌块填充墙，结构构件和围护构件在空间位置上是并置的，清水混凝土框架和清水砖墙外面不遮盖任何材料，可以凸现这种不同材料构件的并置效果，通透的玻璃墙就是填充于结构框架之间；第二，围护体系依附和覆盖于结构体系之外，布列根兹美术馆中的玻璃鳞状表皮覆盖于钢筋混凝土结构体系之外，以及多米纳斯葡萄酒厂的"石笼表皮"和沃尔夫信号楼的铜质表皮，也都覆盖在结构体系之外；第三，围护体系隐退到结构体系之后，罗马小体育宫、中国香港汇丰银行和英国雷诺公司产品配送中心都属于这一类，这样结构体系就凸现在围护体系之外（表 6-6）。

结构体系与围护体系关系　　　　　　　　　　　　　　　　表 6-6

围护体系与结构 体系关系	实例	
围护体系与结构 体系并置	 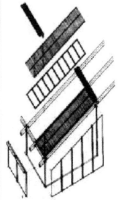 <div align="center">联合国教科文组织实验室(伦佐·皮亚诺)</div>	
围护体系依附/ 覆盖结构体系	 <div align="center">布列根兹美术馆</div>	 <div align="center">多米纳斯葡萄酒厂</div>

续表

围护体系与结构 体系关系	实例	
围护体系隐退到 结构体系之后	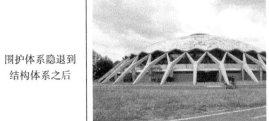 罗马小体育宫	 英国雷诺公司产品配送中心

来源：笔者自绘

6.1.4　表皮承重

从前述"杆件接合"建造方式中，主体结构通过杆件接合的方式得以竖立，而在此基础上覆盖于建筑的表皮则通过编织结构①的方式得以呈现。因此，表皮承重的建造方式在人类原始居住模式中既已产生，不过是与主体骨架结构（杆件）接合一起承担力的作用。表皮构成了建筑的围护体系，如果再使表皮承担结构功能，那么表皮承重的建造方式势必会将结构体系与围护体系合而为一②。在原始的骨架＋编织结构模式中，作为建筑表皮的编织结构既起到了结构体系的作用，又承担了围护体系的功能。古希腊时期，建造方式多以砖石砌筑为主，常见的结构体系为梁＋柱＋连续承重墙，柱与墙共同承担顶部荷载，支撑与围护界面没有分离，承重墙体构成表皮主体，利用柱子在建筑外围重复形成柱廊，承担顶部荷载的同时界定了建筑的外在形式。古罗马时期，混凝土的发现与使用为结构体系的转变提供了基础，在此基础上，拱券、拱顶与穹顶等结构形式出现，然而此等使得空间限制得以改变的结构体系仍然与外墙合成整体，充当了承重作用的建筑表皮系统③。古罗马建筑通过使穹顶变薄、增加墙厚、以拱券或梁柱结构形成侧廊、主体穹顶旁建造依附穹顶等方式来平衡建筑顶部结构所产生的侧推力，从而使建筑表皮结构与顶部拱、穹顶结构融为一体。拜占庭时期，帆拱代替了拱顶与穹顶，承受顶部荷载的外墙被 4 个券拱下的柱墩代替。哥特建筑时期，尖拱代替了穹顶、筒形拱、帆拱等顶部结构，骨架券承受来自拱顶的作用力，与飞扶壁一起抵御了来自拱顶的侧推力，并构成了简易框架体系，将原本拱顶＋墙体的表皮承重方式转换成了拱顶＋简易框架。20 世纪中期，结构工程学的发展，

---

①　"建筑之始，即是纺织之滥觞，用木棍和枝条绑在一起的围栏和编织而成的棚栏，是人类发明的最早的竖向空间围合"，引自森佩尔的《建筑四要素》；可见，编织是一种古老的艺术，按照森佩尔的观点，编织活动的开端和建造房屋的开端一致。

②　原始社会和古典建筑时期，建筑表皮融合在承重的结构系统中，如居住在北极地区的爱斯基摩人，他们居住的建筑名为雪屋，其建筑材料就是一条条长方形的大冰块，建筑方法是先将冰块交错堆垒成馒头形的小屋，再在冰块之间浇水，很快便冻成一体，密不透风。

③　拱结构将荷载传递到建筑的外墙位置，外墙部位产生较大的弯矩，为抵消弯矩作用对建筑结构的稳定性、刚度和强度所带来的负面影响，外墙的整体厚度必须足够大，以保证拉弯应力不大于由重力荷载所产生的压应力。

出现了某些特定结构类型与表皮合一的现象，在计算机技术不甚发达的情况下主要采用试验为主的结构分析方式建造，形态选择上多以规则几何形态为主，结构呈现上则以壳体、膜结构、悬索、拱结构居多，如巴克敏斯特·富勒的装配式球形网架、弗雷·奥托的双曲面网格壳体等（表6-7）。

不同历史时期的表皮承重方式   表6-7

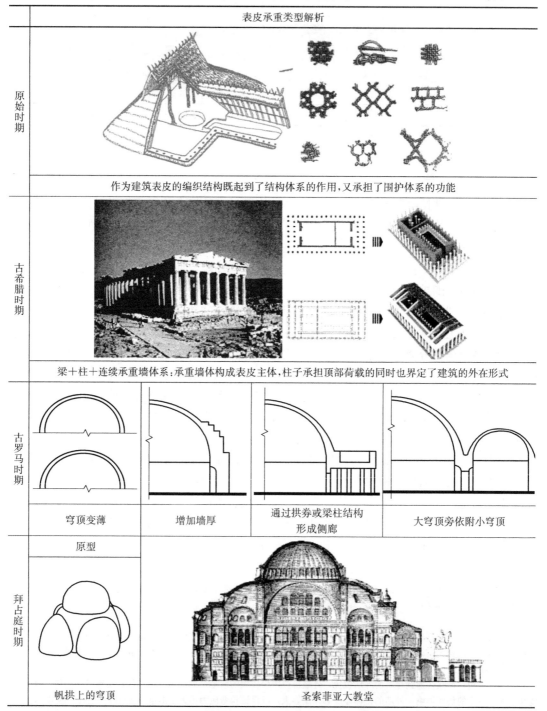

	表皮承重类型解析			
原始时期	作为建筑表皮的编织结构既起到了结构体系的作用，又承担了围护体系的功能			
古希腊时期	梁＋柱＋连续承重墙体系；承重墙体构成表皮主体，柱子承担顶部荷载的同时也界定了建筑的外在形式			
古罗马时期	穹顶变薄	增加墙厚	通过拱券或梁柱结构形成侧廊	大穹顶旁依附小穹顶
拜占庭时期	原型 帆拱上的穹顶	圣索菲亚大教堂		

续表

	表皮承重类型解析
哥特建筑时期	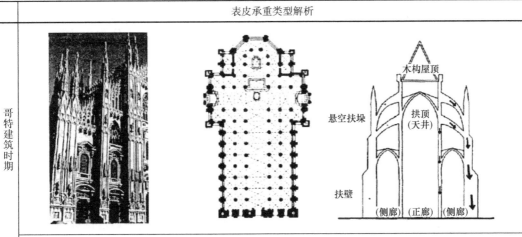 米兰大教堂立面、平面及剖面示意，哥特建筑的尖拱、骨架券及飞扶壁
20世纪中叶	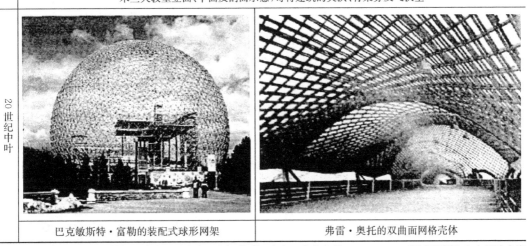 巴克敏斯特·富勒的装配式球形网架　　弗雷·奥托的双曲面网格壳体

来源：石贞民. 当代结构性表皮的形式表现浅析［D］. 南京：南京大学：8-11，15.（笔者根据论文中相关内容绘制）

建筑历史中一直存在着建筑本体与表现的二元对立情况，即结构与表皮的对立。文艺复兴时期，阿尔伯蒂通过身体的隐喻和性别的特征来描述超验的建筑隐喻，从而建立了建筑的二元对立理论。"建筑首先是主体结构的建造，而后才披上装饰的外衣"，阿尔伯蒂（2010）将建筑表皮当作结构的结果。表皮是结构的附属，是可以撕脱的上层或外层，掩饰着内部建筑结构的真实面目，结构不为装饰存在，有结构才能有装饰，装饰不超出结构的范围。显然，在阿尔伯蒂的表皮与结构的二元对立理念中，先有结构后有表皮，前者是建筑的主体，处于支配地位。然而，森佩尔却大胆地反转了这种主次关系，他认为"建筑是从布置肌理和装饰开始的，结构只是为了支撑围合而存在，建筑的表达不仅仅是对结构的再现，也应该通过对物质的化装来加强对象征性的表达，提出建筑是关于肌理的艺术，需要关注的不仅仅是天然的或是人造的覆盖物、面材，更重要的是在于其肌理"。不论是在结构为主还是肌理为主的理念中，本体与表现的二元对立从某种意义上在这种结构的表皮中得到统一，首先用于表现作用的表皮起着建筑主体结构的作用；其次，这种编织的结构体形成了建筑表现或再现的肌理。

与以往结构与表皮一体化所不同的是，当代建筑表皮设计更加多元化①，不再仅仅依靠同结构系统的分离来体现表皮的独立意识。一部分建筑中的表皮逐渐融合于结构，使二者界限分明的逻辑转化为结构体系自身的逻辑，其中表皮与结构的地位并非对等，表皮往往占有更为重要的地位。与建筑结构相比，建筑表皮在刚性和强度方面的自由度更大②，这种表皮可称作结构性表皮③。结构性表皮具备了表皮和结构的双重属性，可替代空间结构系统成为建筑空间的主导因素，于是私人领域和公共领域可以相互渗透交错，形成具有无数可能性的交流界面。结构性表皮不强调结构构件在不同方向之间的差异性，通过折叠、扭曲、包裹等方式，使各个要素形成连续而有变化的整体。这种变化模糊了传统建筑空间的等级差异，加强了各个空间要素之间联系，形成了一种类似蒙太奇的空间感。传统的结构受力是将力分解成正交方向上的水平受力和垂直受力，根据建筑的构成要素进行等级化的传递方式，即由屋面和楼板传至梁柱，最后到达基础。结构性表皮不是按照建筑部位的不同依次受力，而是在结构受到外力作用时相互支撑的结构构件通过自身的逻辑组织成一体，使建筑的每个部分都共同参与抗力。

伊东丰雄于 2002 年在英国伦敦设计的蛇形画廊临时展亭中打消了传统墙与柱的概念，结构与表皮融为一体，表皮充当建筑的结构系统。通过若干大小不一的正方形旋转交叠形成结构原型，再经数字技术辅助下的算法、矩阵渗透，最终通过铝合金蜂窝板以类似随机形状排列的方式，在镂空与实体部分的合理交错中完成结构支撑（图 6-7、图 6-8）。天津

图 6-7　英国蛇形画廊
来源：伊东丰雄. 赛西尔·巴尔蒙德［J］. 建筑创作，2014（2）.

---

①　当代建筑设计作品中，以结构体系作为建筑的外在表现形式成了一种新的时尚，通过建筑构件的相互交织叠加，形成了一种新的空间系统，把建筑受到的重力通过这一结构系统传导到地面。

②　建筑结构在有关墙、柱、梁的平面和剖面设计中受到的制约很多，所以，应当尽量简化力的传递过程。而建筑表皮一般只受到立面开口的制约，在设计上可以更自由地表达建筑师的意志，因此，表皮成为建筑师和结构工程师协同合作中表现力最大的领域。

③　结构性表皮的出现，使表皮与结构相结合，能够通过表皮将结构的受力关系清晰直观地传达出来。同时，建筑内部平均受力的柱网被分配到表皮部位，使得内部构架被相对地解放出来，可以得到更自由和完整的室内空间。建筑表皮是建筑室内外空间分割的边界，内部的私人领域与外部的公共领域交会于此。

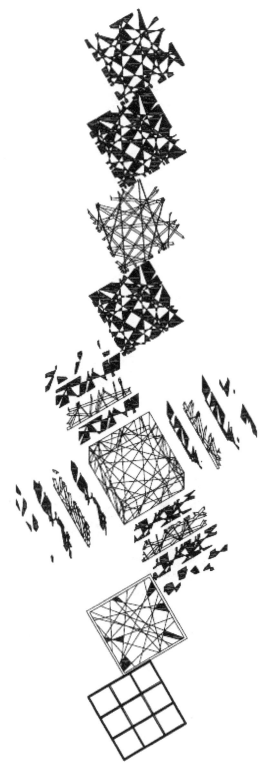

图 6-8　蛇形画廊表皮结构

来源：伊东丰雄，赛西尔·巴尔蒙德 [J]. 建筑创作，2014（2）.

中钢国际广场设计中，以六边形基本结构为单元，不断叠加以形成结构外筒，构筑建筑表皮的同时形成了建筑主体结构。其结构单元工厂预制、现场组装，使得结构外筒的抗侧力强度较传统柱梁体系增加，同时还扩大了建筑内部使用空间[①]（图6-9～图6-11）。

图 6-9　天津中钢国际广场（MAD 建筑事务所）
来源：石贞民. 当代结构性表皮的形式表现浅析 [D]. 南京：南京大学，2011：45.

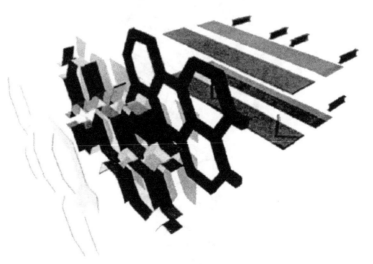

图 6-10　表皮的生成图解
来源：石贞民. 当代结构性表皮的形式表现浅析 [D]. 南京：南京大学，2011：45.

---

① 建筑外立面在以六边形为基本结构单元的基础上又衍生成 5 种尺寸的六边形，由六边形构件交叠而成的承重结构与核心筒一起构成了建筑的结构体系，免去了传统支柱的支撑作用，从而使得室内空间更加完整。

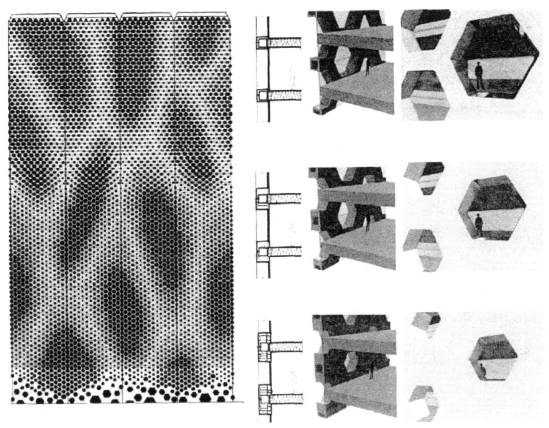

图 6-11 不同位置节点构造图

来源：石贞民. 当代结构性表皮的形式表现浅析［D］. 南京：南京大学，2011：46.

6.2 设计向建造延伸

如前文所述，当代西方发达国家的建筑运作体系中，建筑师的职能范围涉及从设计到施工的全过程，建筑师的角色类似于古代工匠营建体系中的匠师，全面代理甲方建筑生产过程。从策划阶段开始，"建筑师就作为业主代理人与政府及居民进行交涉，在设计及建造过程中，不仅需要保证设计内容的实现（形式、材质、设计性能），而且要保证其完整性，并监督进度、质量及成本控制[①]，同时要以技术专家的身份统领、协调建造中各技术团队，完成建筑的全面设计（包括建筑、室内、景观、标志、设备等）"（迈克尔·布劳恩，2006）[58]。在我国，设计以外的内容均由业主来协调和控制，建筑师更多地专注于设计阶段，业主职能扩大和建筑师职能缩小使得业余操作代替专业化操作，业主的非专业介入打破了运作体系的连贯性和整体性，使建筑师失去了对建筑实体控制的责任和权利（姜

---

① 日本和国际通行的做法是建筑师把握住与建筑形象密切相关的部分，并在施工技术人员的配合下（设计配合与现场洽商）完成相应的技术选型和式样设计，专业厂商和施工企业依此进行满足性能和工艺的生产设计，并配合工艺与工序绘制相应的图纸文件，在设计师认可签字后进行施工并接受设计师的监管。

涌，2007)[174-175]。此外，负责现场建造的施工公司的技术水准、管理水平、技术工人的素质等也是影响建造品质的重要因素。

尽管西方发达国家的建筑师制度相对完善，而我国建筑师制度有待进一步改进，但笔者重在探讨从建筑设计本身入手，向建造延伸，达到设计阶段尝试对建造控制的问题。这样，即使建筑师职能范围相对狭小，也可以在建造精致性与完成度方面带来一些弥补。

6.2.1 网格控制

网格控制所阐述的操作手法即是通过网格轴线的界定，将地面分格、结构框架、表皮、构件等建构元素纳入网格的整体建构秩序中，使得小到构件、大到结构体系都统一划归到网格的操作中，从而也达到通过设计控制建造的目的。笔者将通过密斯·凡·德·罗的作品进行详细阐述。密斯·凡·德·罗由于受辛克尔、贝尔拉格及贝伦斯等建筑大师的影响，对于这种倾向于古典秩序的网格控制方法已深谙其道。然而，成就的取得也并非一蹴而就。例如早期作品巴塞罗那德国馆中的 1.1m×1.1m 网格，由于后加上去的原因，并未形成对部分竖向墙体的严格控制。而范斯沃斯住宅中先入为主的 2 英尺 9 英寸×2 英尺的网格也未对建筑表皮形成精确定位。因此，笔者此处选择密斯·凡·德·罗网格控制较为成熟的作品——伊利诺伊理工学院克朗楼进行分析，从而揭示这种从设计到建造操控手段的具体过程。

网格选择了 10 英尺×10 英尺的方形单元① (图 6-12)，建筑开间方向为 22 个网格单

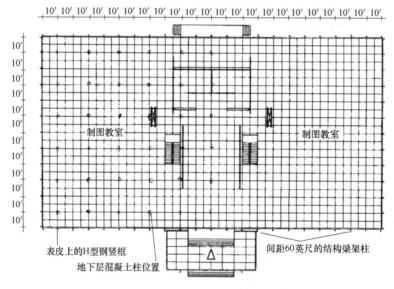

图 6-12　克朗楼平面图

来源：汤凤龙. "匀质"的秩序与"清晰的建造"[M]. 北京：中国建筑工业出版社，2012.

---

① 笔者以为，密斯·凡·德·罗每次网格的基准选择均与材质有关，是在充分考虑了单元材质尺寸的情况下，并通盘考虑整个建造体系，如建筑总体尺寸、各局部元素尺寸及建造技术等多重客观条件下综合得出的数据。巴塞罗那德国馆底座铺装的石灰华大理石材质的单位尺寸就是 1.1m×1.1m，正好对应网格尺寸，克朗楼地面铺装为深灰色水磨石，单元尺寸为 5 英尺×2.5 英尺，是网格单元 10 英尺×10 英尺的进一步细分。

元，进深方向为 12 个网格单元。在开间方向上，4 榀结构梁架用以悬吊屋顶，并成对称
排布。每 2 榀梁架间辖 6 个网格单元，两侧各出挑 2 个网格单元（图 6-13）。此外，外贴
于表皮的 H 型竖框对应网格线，在正面及侧面完全相同，进而辖于 H 型竖框间的玻璃单
元沿开间方向的长度即被定格为 10 英尺。在进深方向，隐藏于建筑屋顶内的 H 型钢次梁
按照与进深方向网格线严格对位的方式排布，一共 13 根，形成 12 个区间（图 6-14）。在
此基础上，进一步细分网格单元。地面材质选择深灰色水磨石，单位石材的尺度定位为 5
英尺×2.5 英尺，即开间方向上。网格单元被分成了 2 份，而进深方向上则被分成了 4 份
（图 6-15）。吊顶底面将 10 英尺×10 英尺的网格划分称为 1 英尺×1 英尺的更小单元，沿
开间方向，每一灯带由 4 个 1 英尺×1 英尺小单元组成，灯带中线与地面 10 英尺×10 英
尺的网格线严格对位（图 6-16）。此外，"小到楼梯踏步的宽度和定位，大到半地下室部
分混凝土结构体系的定位，均被纳入了几何网格的系统操控中。总而言之，这一网格系统
在建构体系的生成中具有统治性的作用。在它的操控下，各种元素都被有序地经营着，既
遵守自身的秩序，又不对其他要素产生影响，最终所有分离的要素又顺理成章地汇成整
体"（汤凤龙，2012）[110]。

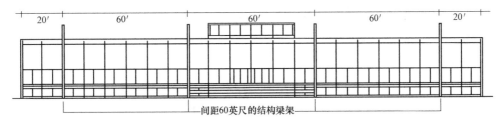

图 6-13 克朗楼正立面图

来源：汤凤龙."匀质"的秩序与"清晰的建造"[M].北京：中国建筑工业出版社，2012.

图 6-14 沿建筑进深方向排布的 10 英尺间距 H 型钢次梁

来源：汤凤龙."匀质"的秩序与"清晰的建造"[M].北京：中国建筑工业出版社，2012.

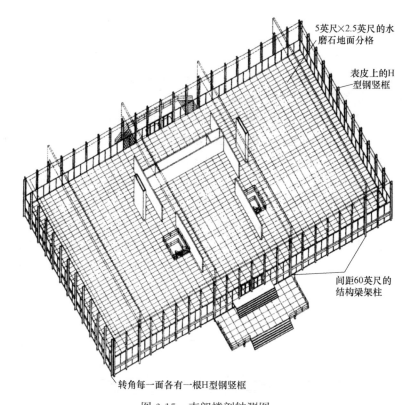

5英尺×2.5英尺的水
磨石地面分格

表皮上的H
型钢竖框

间距60英尺的
结构梁架柱

转角每一面各有一根H型钢竖框

图 6-15　克朗楼剖轴测图

来源：汤凤龙. "匀质"的秩序与"清晰的建造" [M]. 北京：中国建筑工业出版社，2012.

图 6-16　灯带中线与网格线的对位

来源：汤凤龙. "匀质"的秩序与"清晰的建造" [M]. 北京：中国建筑工业出版社，2012.

在表皮的建构中，首先将网格线最外沿的深灰色水磨石向外扩出 4 英寸，在此基础上利用 4 英寸宽的封边槽钢包住水磨石的边缘，在封边槽钢之上安放宽 3 英寸的主框＋辅框的玻璃表皮，其与封边槽钢的内侧齐平（图 6-17）。接下来通过角钢将玻璃表皮最外围主框与立面上的 H 型竖框的内侧翼缘焊接在一起。然而，H 型竖框是与地面脱离的构件，在此不起到结构支撑作用，而起到结构支撑作用的 4 榀主梁架是通过将玻璃表皮主框向外延伸，从而再利用角钢连接在一起，其为两侧玻璃单元的"嵌入"提供了空隙，从而保证了每一块玻璃单元在尺寸及构造上的匀质（图 6-18）。通过之前的分析可知，表皮单元的定位是通过 H 型竖框与网格单元的对位而实现，而在开间方向与进深方向交接的最后一根 H 型竖框也遵循了与网格线严格对位的原则，从而产生开间方向与进深方向表皮交接的问题。而此缺口的填补通过转角角钢完成，角钢内表面紧贴底板包边金属框，外表面紧贴 H 型竖框的内侧翼缘，通过焊接完成连接过程。正是由于最外侧水磨石向外扩出 4 英寸的宽度，再加之外侧金属包边的 4 英寸宽度，使得转角处预留出从外侧网格线向外的一个小正方形，可以使角钢与开间及进深方向的 H 型竖框可以完美地契合，从而也传达出网格控制的作用（图 6-19）。

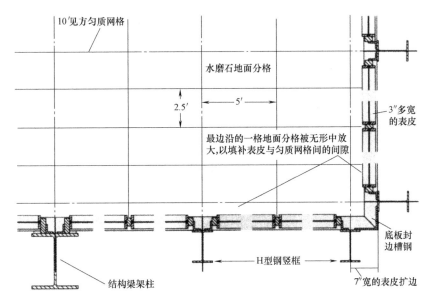

图 6-17　克朗楼表皮建构平面详图
来源：王发堂. 密斯的建筑思想研究 [J]. 建筑师，2009（10）.

6.2.2　秩序组构

笔者此处所阐述的"秩序组构"其实相当于一种从设计出发控制建造的策略，其核心是要找到一种"基元"尺寸或"基元"构件，由基元尺寸开始组构其他部件的尺寸，进而形成整体尺寸和由局部到整体、从微观到宏观的控制手法。当然，其中的基元构件也很关键，可以是一块石材、一块砖、一块木板等，其尺寸决定了整体建筑的尺寸定位，从而也决定了建造的基本单元及材料的连接方式，进而也形成了从局部到整体的建造逻辑。下面笔者通过路易斯·康的作品阐述具体的操作过程。

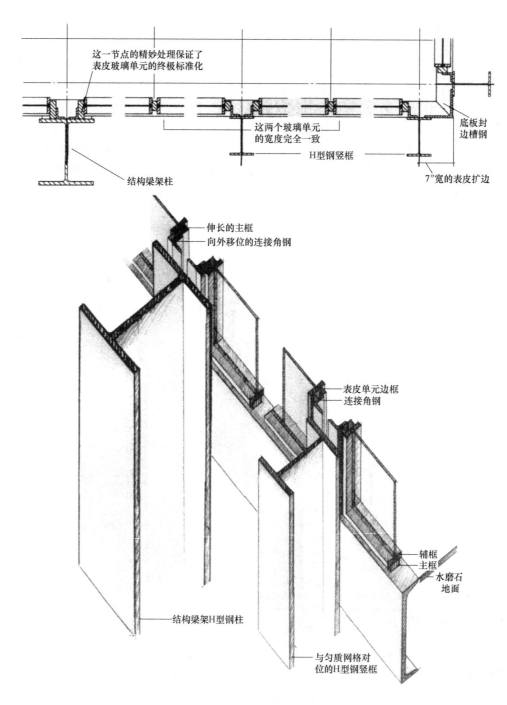

图 6-18　克朗楼表皮建构详图

来源：汤凤龙. "匀质"的秩序与"清晰的建造"[M]. 北京：中国建筑工业出版社，2012.

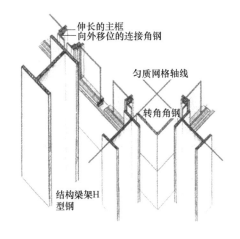

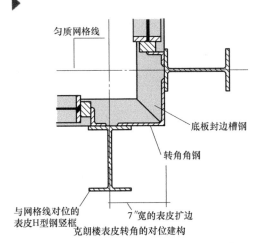

图 6-19　表皮转角建构方式及与匀质网格对位关系

来源：汤凤龙. "匀质"的秩序与"清晰的建造"[M]. 北京：中国建筑工业出版社，2012.

在耶鲁大学美术馆扩建工程中，路易斯·康首先确定了构成整体建筑的基元构件，即由4个相同三角形围合而成的"四面金字塔"（图6-20），其具体反映在建筑构件上则为构成展厅顶棚的三角形格构①（图6-21）。根据同济大学汤凤龙博士的分析，将"四面金字塔"顶点到对应面的垂直距离定为 $H=1$，相应地可以得到其他部分的尺寸，构成四面金字塔的每个正三角形的高 $S=3/4\sqrt{2}=1.06065$，四面体的边长则为 $L=1/2\sqrt{2}=1.22475$，而在实际的尺寸定位中，路易斯·康将四面金字塔的矢高定为2英尺4英寸，根据以上的比例关系，则得到实际的正三角形高为 $S=1.06065H=1.06065\times2$ 英尺4英寸＝2英尺5.7英寸，而每个三角形的边长则为 $L=1.22475H=1.22475\times2$ 英尺4英寸＝2英尺10.3英寸。观察耶鲁大学美术馆顶棚反射平面（图6-22），在柱梁体系间三角形格构匀质排布在展厅空间及与老建筑相接部分的空间中，处于展厅空间之间的则为交通和服务空

――――――――――
①　路易斯·康在设计之初为什么选择"四面金字塔"型的三角格构？这恐怕应推测到1952—1957年与助手安妮·唐一起为阿特拉斯水泥公司设计的616英尺高的城市大厦——一个复杂的以三角形为生成元的三维结构，并且在同一时期康与助手研究了很多复杂的三维几何结构，可能这一时期对于三维几何结构的运用已经驾轻就熟。

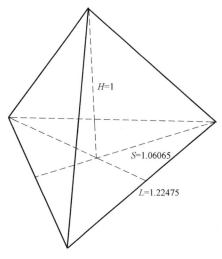

图 6-20 "四面金字塔"相关矢量数值关系
来源：原口秀昭. 路易斯·I·康的空间构成 [M].
北京：中国建筑工业出版社，2007.

间，而展厅空间则由 8 个以四根柱子所构成的结构单元拼合而成，与老建筑相接部分则为 2 个这样的单元，其中的柱梁采取相同的宽度，均为 3 英尺。再来观察每个结构单元的内部，其中与 3 英尺宽主梁垂直的格构条板在进深方向的结构单元间排布了 9 条，形成了 8 个间隔区间，每一区间的宽度则为构成四面金字塔的正三角形的高，而在开间方向上，格构体系只填充了结构单元的净空范围，在柱梁体系的边沿停止。在这一净空范围内，由 13 个格构组成，每一个格构对应正三角形的边长。由此，可以看到构成展厅结构单元的尺寸，即开间方向是由 13 个格构边长决定，而进深方向则由 8 个格构底面三角形高的总和构成，从而也得出结构单元的尺寸来自基元构件"四面金字塔"型的基本尺寸（图 6-23）。

图 6-21 耶鲁大学美术馆顶棚三角形格构细部及建造过程模板布置
来源：杨健. 路易斯·康的话语方式和修辞策略 [J]. 建筑师，2011 (10).

在此基础上，基于之前的比例关系推算，开间方向上结构单元的长度为 2 英尺 10.3 英寸×13＝37 英尺 1.896 英寸，再加上 3 英尺的梁宽则为一跨的柱距，即 37.1501＋3＝40 英尺 1.896 英寸；进深方向长度为 2 英尺 5.7 英寸×8＝19.8 英尺，而这一 40 英尺 1.896 英寸×19.8 英尺的数据与大多数文献资料给出的 40 英尺×20 英尺的数据基本吻合，其差异在于构成"四面金字塔"的格构单元并非平面结构，而属于空间立体结构。观察柱距结构单元发现，与主梁方向垂直的肋并未与柱的中心线对齐，而是沿进深方向有所

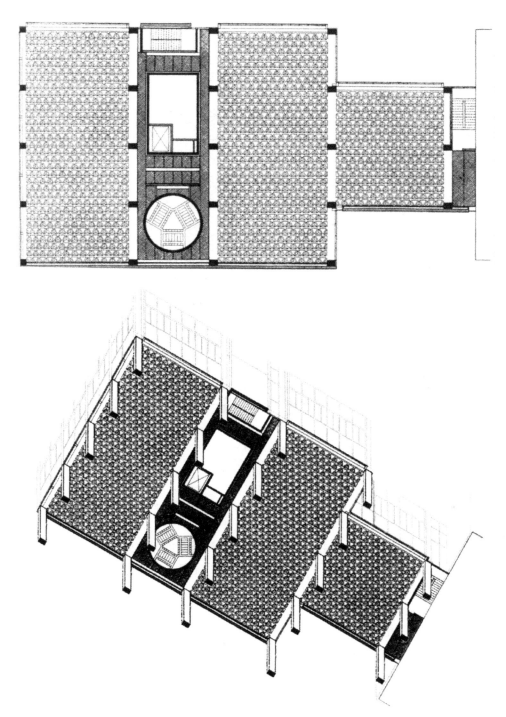

图 6-22　耶鲁大学美术馆顶棚反射平面及仰视轴测图

来源：汤凤龙. "间隔"的秩序与"事物的区分"［M］. 北京：中国建筑工业出版社，2012.

错动（图 6-23）。在四面金字塔格构单元所拼合的三角形格构中，三个方向的混凝土条板只有沿建筑开间方向伸展的、与主梁垂直的条板才真正起到结构作用，可将其看作填充于

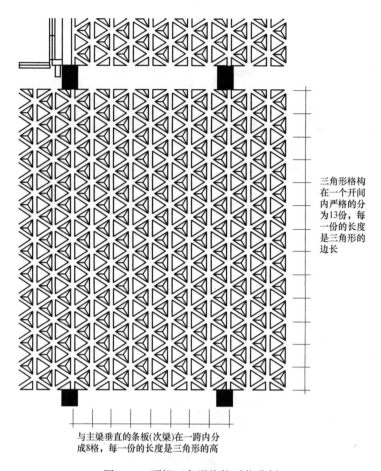

三角形格构在一个开间内严格的分为13份，每一份的长度是三角形的边长

与主梁垂直的条板(次梁)在一跨内分成8格，每一份的长度是三角形的高

图 6-23　顶棚三角形格构对位分析

来源：汤凤龙. "间隔"的秩序与 "事物的区分" [M]. 北京：中国建筑工业出版社，2012.

主梁之间的 "次梁"，而这些次梁并非与地面垂直，实则向进深方向倾斜，因此其与柱的对位关系不能按照梁底计算，而应以梁高的中点为宜（图 6-24）。大多数文献资料中之所以将结构单元尺寸精确到 40 英尺 ×20 英尺，是认为先确定了整体尺寸，再由整体尺寸细分形成构件尺寸，从而反推确定构件尺寸，而路易斯·康在设计的过程中实则先确定了 "四面金字塔" 格构单元的尺寸，在此基础上推出整体建筑的结构单元尺寸，此时结构单元的尺寸是不是精确到个位数已无关紧要了。

无独有偶，论坛回顾报社大楼建造中的基元构件则选择了一块 4 英寸 ×8 英寸 ×8/3 英寸的砖（图 6-25），形成整体结构体系的框架柱由最小基元构件砌筑，在开间方向上砖块一顺一丁正好形成 12 英寸的尺度，于是界定了正立面上柱宽为 12 英寸。由砖砌筑的结构柱形成的框架体系在开间方向上形成了宽窄变化的间距，因而柱间的填充墙出现了两种尺度，与砌筑结构柱的砖不同的是，填充墙选择了混凝土砌块，并且混凝土砌块的尺寸为 8 英寸 ×8 英寸 ×12 英寸，即 9 块砖叠放在一起的体积，从而使砌块与砖块建立尺度联系，使填充墙与结构柱建立尺度联系。在此基础上，填充在窄跨柱间每层的砌块为 15 个，填

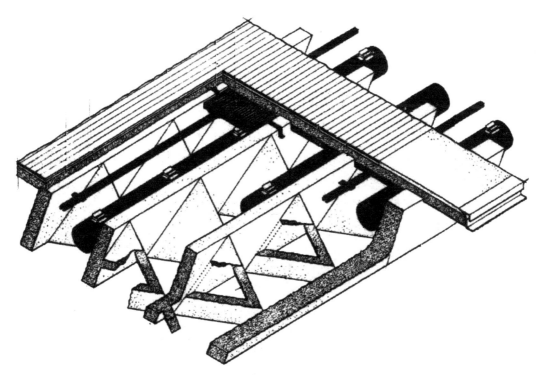

图 6-24　耶鲁大学美术馆顶棚建构轴测详图

来源：汤凤龙. "间隔"的秩序与"事物的区分"[M]. 北京：中国建筑工业出版社，2012.

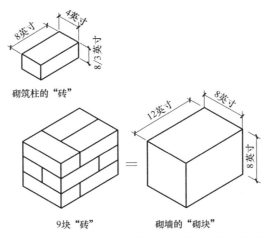

图 6-25　论坛回顾报社大楼砖及砌块几何尺寸关系

来源：汤凤龙. "间隔"的秩序与"事物的区分"[M]. 北京：中国建筑工业出版社，2012.

充在长跨柱间每层的砌块数为 18 个，墙体中间竖向长窗占据两个砌块宽度。在开间方向上，位于柱间的填充墙与柱内侧齐平，柱凸出于墙面，彰显两者的区分（图 6-26）。在山墙面上，墙与柱的厚度一致，每面山墙由 4 个单元拼接而成，并内嵌 3 个"钥匙孔"窗，由此则形成了建筑在开间及进深方向的几何累加过程（图 6-27）。此外，架设在柱顶的主梁由钢筋混凝土预制而成，梁断面与柱开间方向的宽度相同，与主梁垂直的次梁架设在其上，次梁之上再铺屋面板，在竖直方向上，砖块的高度 8/3 英寸成为建筑整体高度取值的基本定位模度单元，由此形成了建筑在竖向上的控制①（汤凤龙，2012）[26-50]（图 6-28、图 6-29）。

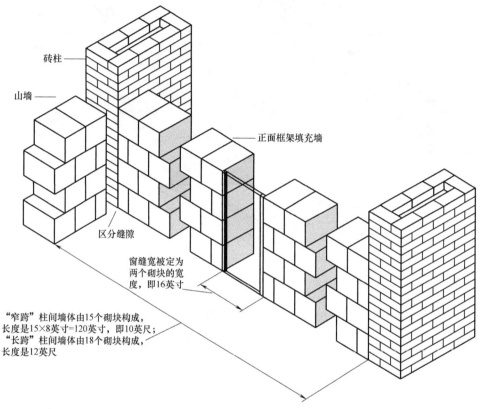

砖柱

山墙

正面框架填充墙

区分缝隙

窗缝宽被定为两个砌块的宽度，即16英寸

"窄跨"柱间墙体由15个砌块构成，长度是15×8英寸=120英寸，即10英尺；
"长跨"柱间墙体由18个砌块构成，长度是12英尺

图 6-26　论坛回顾报社大楼墙体建构及对位关系
来源：姜敏华. 路易斯·康建筑的力量 [J]. 现代装饰，2014（9）.

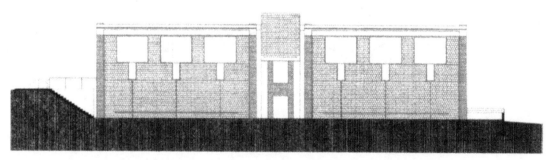

图 6-27　论坛回顾报社大楼山墙立面图
来源：原口秀昭. 路易斯·I·康的空间构成 [M]. 北京：中国建筑工业出版社，2007.

---

①　笔者对两则案例的分析参考：汤凤龙. "间隔"的秩序与"事物的区分"——路易斯·I·康 [M]. 北京：中国建筑工业出版社，2012：26-50.

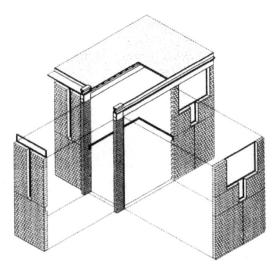

图 6-28 论坛回顾报社大楼局部剖轴测详图

来源：汤凤龙. "间隔"的秩序与"事物的区分"[M]. 北京：中国建筑工业出版社，2012.

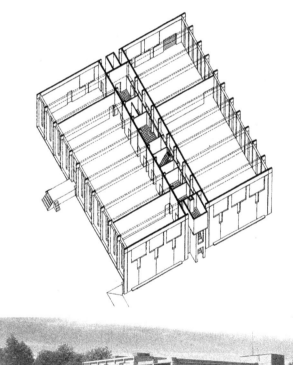

图 6-29 论坛回顾报社大楼轴测图及透视图

来源：原口秀昭. 路易斯·I·康的空间构成 [M]. 北京：中国建筑工业出版社，2007.

基于以上的分析，从微观的基元构件选定，到由基元构件拼合达到对中观的顶棚、墙体、结构柱的尺度控制，再到对宏观的空间-建造的控制，可谓构成了层级秩序化的操作手法，建筑师如若从设计阶段开始如此考虑，则能起到对最终建造过程的有效控制。

6.3 从数字设计到数字建造

6.3.1 数字设计

数字技术（Digital Technology）是一项与电子计算机相伴相生的科学技术，指借助一定的设备将各种信息，包括：图、文、声、像等，转化为电子计算机能识别的二进制数字"0"和"1"后进行运算、加工、存储、传递、传播、还原的技术（边馥苓，2011）。由于在运算、存储等环节中要借助计算机对信息进行编码、压缩、解码，因此也称为数码技术、计算机技术等（张向宁 等，2014）。而借助于这一技术手段，凭借电脑的操作平台，由操作者按照设计意图的消息、指令、信号等转化为电脑信息、数据、分析等，并凭借计算机语言生成方式、根据数字符号运算而得出结论的过程则称之为数字设计①。

当前世界范围内应用在建筑设计领域的数字技术已相对成熟，从而催生出两个层面的数字设计（李建成 等，2007），一则为应用计算机技术相关软件的辅助设计。鉴于计算机辅助设计需要等到设计成果部分或全部形成之后应用，这一层面的数字设计并非笔者探讨的重点②；笔者此处所指的能够应用于集成化建造流程中的数字设计则指借助于计算机的储存、运算能力作为建筑设计过程分析、探索的工具，将设计构思阶段、设计阶段、设计成形阶段通过计算机程序相关算法生成设计中间或最终成果的过程③。归纳当前借助于数字技术完成的设计生成方法，可表现为以下 3 种：

1. 参数化设计④（Parametric Design）

参数化设计通过计算机生成技术以可量化的参数系统来控制不可量化的参数变化，针

---

① 数字设计，是针对具有"设计"需求的行业，将数字技术应用其中进行设计创作的方式，涵盖工业、建筑、民用、艺术等多个领域。

② 这一层面指的是计算机辅助绘图，基于建筑师对建筑学相关信息的收集而体现出广义的建筑分析与表达，此类辅助设计通常在设计成果已部分或全部形成之后进行，充分体现为建筑平面及立体空间的表达，其操作过程涉及许多应用软件，对应用程序的熟悉程度直接影响设计成果的表达及其效率。该层面 CAAD 应用体现为设计者在具备一定建筑学专业知识的基础上，对相关应用程序熟练操作过程。

③ 这一层面需要建筑师在其具备专业知识的基础上，将计算机强大的储存及运行能力转化为建筑设计过程分析、探索的强大工具，程序编写是该层面不可缺少的重要组成部分。建筑师运用计算机运算的高效性能，发掘建筑设计中可以交予计算机程序实现的部分，寻求并区分程序方法与自身经验的各自优势及优化组合，深入计算机程序核心运算，探讨计算机程序相关算法等，从而导出建筑设计的中间或最终设计成果框架。该探索需要建筑学科以外更广泛的多学科支撑，它在建筑设计初始阶段已介入，建筑师不一定需要成为熟练的程序员，但必须了解程序运行机制，并提出相关建筑课题的程序化解答。建筑设计生成方法便是该层面 CAAD 研究最为重要的部分之一。建筑设计的构思阶段、设计思路成熟之时，建筑形象已经基本分明、呼之欲出。相比之下，生成方法设计所能构思的只有规则（如算法、约束等），但根据规则而生成的结果则不可预计。建筑设计生成创作可以说是有计划地随机运作，确定性与非确定性、艺术与科学的高度统一，其设计原则是理性的，而结果却更为感性。

④ 参数化设计是在变量化设计思想产生以后出现的，变量化设计一词是美国麻省理工学院 Gossard 教授最早提出，参数化设计方法是将模型中的定量信息变量化，使之成为任意调整的参数，对于变量化参数赋予不同数值，就可以得到不同大小和形状的模型。

对参数系统背后的规则、规律、法则，参数设计之意不在于具体参数的变化，而在于影响因素的系统法则。参数化软件使传统计算过程展示和结果列出均由后台处理，并直接给出与设计变量相对应的结果数列或数据集合，其结果与设计系统中的变量一一对应，这一技术使传统设计过程被颠覆，设计者从众多结果中选取参数进行设计再得出结果，变成先预设参数系统，再通过计算机生成技术得出设计结果，"本质上是要找到一种关系或规则，把影响设计的主要因素组织到一起看作参（变）量或参数，形成参数式或参数模型，并用计算机语言进行描述，通过计算机技术将参量及变量数据信息转换成图像，得到设计的雏形。参数模型给建筑设计带来了灵活性，使设计结果具有更大的可控性，当设计条件或设计想法改变时，可以修改参数模型得到新的结果；当变量大小值改变时，可以调整输入信息就可得到新的结果，使结果变得可控"①。

具体操作过程②则首先将建筑设计的全要素变成某个函数的变量，通过改变函数或者说改变算法，就能获得不同的建筑设计方案，是一个选择参数建立程序、将建筑设计问题转变为逻辑推理问题的方法，用理性思维替代主观想象进行设计，将设计师的工作从"个性挥洒"推向"有据可依"，从而重新认识设计规则，并提高运算量，这与建筑形态的美学结果无关，转而探讨思考推理过程。与基于几何体的标准软件包不同，参数化软件将尺寸规格和参数与几何学相连接，通过局部的增量调整，影响整体组配，例如，随着曲线上某一点位置的变动，整个曲线也会重新排列，借助该手法进行的设计操作更具适应性、融合性与平滑性。因此，它不仅可以用于建筑单体的建模，同时也可用于协同整个城市规划领域。正如弗兰克·盖里、扎哈·哈迪德（表6-8）以及以形式操作为特征的其他建筑师的作品一样，参数化设计不仅涉及形式生成，而且给建筑师们提供了不同于传统手法的新的有效模式，以及协调施工流程的新方式（表6-9）。还有数字化的项目，盖里科技为建筑业定制的CATIA建筑版本，该程序包的最大优势在于，允许施工团队在一个平台内沟通，对时间和成本控制更有效。

土耳其伊斯坦布尔 **Kartal-Pendik** 总体规划（2006 年）　　　　　　　表 6-8

	Maya 模型，该模型在交叉塔楼和周边街区、周边肌理间设立互通区域，从中也可看出宽度与高度间的关系

---

① 在传统设计中，将概念变成最后的设计结果，完全是靠人脑想象出来的，这些想法和思路要借助于逻辑分析，需要借助于关系的实现。而建筑师在分析和建立参数化关系及对逻辑关系进行分析时，并没有把刚开始的概念变成形象，建筑师起到的是控制作用，并最终体现于参数模型上。传统建筑设计方法是通过师徒相授的方式得以传承和发展的，是一种经验性的方法；而参数化设计方法则是将计算机中的模拟和生成科学方法引入到设计环节并强调整个设计过程的逻辑性。参数化设计的直接影响就是将作为"结果"的建筑设计转化为作为"过程"及"生成"的建筑设计，将寻求确定解答的设计流程转化为寻求开放系统的设计过程。

② 采用非线性方程组的联立求解，设定初值后用牛顿迭代法精化，这种方法的最大优点在于通用性强，约束方程的内容不限，除了几何约束以外还可以引入力学、运动学、动力学等关系，但其存在一个不可逾越的障碍——非线性方程组的行秩有可能不等于列秩，从而导致方程组无解（需要说明的是，在将来这个障碍可能随着数学方法的改进而消失）。这种方法过早地把几何约束映射为代数方程组，使问题求解的规模和速度难以得到有效控制。

	绘制书法街区图案：根据地块大小、比例和朝向，配置周边街区的不同脚本编程，脚本编程也可在街区内作任意变化(引入出入口)
	新城市景观：Kartal-Pendik 的规划结合一片开阔的采石场——它横穿城市地块，是公园体系的最大亮点
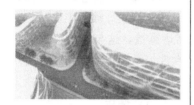	"书法街区"——建构细节：外立面的衔接体现的是在城市领域内区位的功能，外部街区被赋予了比内部更多的休闲性。当街区敞开时，公共空间就可以延伸至私人的后院，一个半私人的地带就在这里形成，成为内外过渡和衔接的地方
	交叉塔楼的闭合性：交叉塔楼造就城市制高点，此类综合性塔楼通过地面节点空间的塑造，参与营造构成街道的连续城市肌理，塑造街道的架构，将街道空间拓宽至半公共广场。同时，还能保持裙房肌理和塔楼间的整体连续性

来源：笔者自制

此外，"在参数化设计中，运用参数，设计者能够创造出无数相似的形体，而这些形体是先前所构思的因量度不同、关系不同、形体操作不同而导致的不同方案在几何上的外化"(谭峥 等，2006)。例如，加州大学洛杉矶分校的乔治·史丹利（George Stiny）利用计算机生成建筑形式的过程中得出了形状语法的结论，即通过一系列既定或推理的形状组合规则，逐一迭代，生成设计（图 6-30）（徐卫国，2006）。笔者在并行化操作模式构建章节所阐述的关于需求分析通过质量功能配置方法得到用户需求满意度之后，则可借助于参数化设计平台，建立有效的函数关系，将主观需求分析转化为定量的程序描述[①]。

2. 算法设计[②]

算法指使用程序技术解决设计问题，"尤指使用脚本语言，使设计师摆脱用户界面的

[①] 建筑设计可以看作一个复杂系统，众多外部及内在因素的综合作用决定设计结果。可以把各种影响因素看成参变量（parameter），并在对场地及建筑性能（performance）研究的基础上，找到联结各个参变量的规则，进而建立参数模型（parametric model），运用计算机软件生成建筑体量、空间、形式或结构，且可以通过改变参变量的固定值，获得多解及动态的设计方案。

[②] 通过整合多学科思维模式，借助于其他学科的技术支持，将其他学科或其他领域的算法模型与建筑学相关课题结合，进而运用模型方法探索建筑设计相关课题的解决方法。

束缚，直接通过操纵代码而非形式来进行设计。典型的算法设计通过计算机编程语言得以实现，如 Rhinoscript，MEL（Maya 内置语言），Visual Basic 或 3dMaxscript"（李飚，2012）[47]。相反，由于编程很难，Generative Components 及 Grasshopper 应用通过使用自动象形图表绕开代码，可以称之为"图形脚本形式"。由于算法模型是程序编写的核心，因此借助计算机程序工具及算法模型是算法设计实现的必要手段，如通过细胞自动机、遗传算法及多智能体复杂系统等建模手段（科茨，2012）。

　　算法生成试图寻求可以产生无穷多形式的"基因"编码，并通过计算机编程转换主观想法，从而生成丰富多彩的设计形态。计算机编码以"自组织"方式实现设计思维的变更，其进程是一个自行从简单向复杂、从粗糙向精细不断提高的过程，自发地从可知状态向概率较低的方向迁移，在"遗传""变异""优胜劣汰"机制作用下，其组织结构和运行模式不断自我完善，从而提高其环境适应能力。以瑞士联邦理工大学（ETHZ）CAAD 研究组的"X—立方体"生成案例，解释建筑设计生成方法思维模式及程序生成机制（图 6-31）。其要求学生基于遗传算法，运用程序设计语言，通过 Ma-

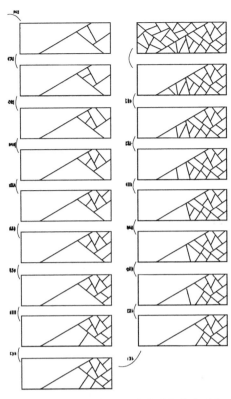

图 6-30　用形状语法生成冰裂纹窗花过程
来源：徐卫国. 非线性体：表现复杂性 [J].
世界建筑，2006（12）.

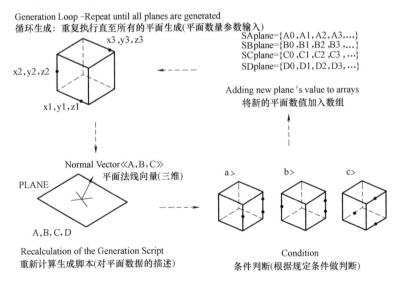

图 6-31　"X-立方体"生成案例瑞士联邦理工大学（ETHZ）
来源：李飚. 建筑生成设计——基于复杂系统的建筑设计计算机生成方法研究 [M].
南京：东南大学出版社，2012：35.

ya 软件的 MEL 脚本生成不同构建方式的"X-立方体",生成过程以立方体为基本框架,由不与立方体 6 个面平行、但与其互相交叉的不规则面自由旋转而成。对这些空间面制定如下生成规则:

(1) 面通过立方体边界上 3 个随机点定义;

(2) 3 点不能位于立方体同一面上;

(3) 不能有两点位于同一边上;

(4) 生成面在三维坐标空间任何方向的角度不能接近 90°。

通过空间自由面的旋转,彼此之间连接形成稳定的整体结构,平面交叉处为联结节点,节点是各线与立方体面的交点,和节点相关的数据存储在各数组中,这些数据的属性为:

(1) 点所在面的编号;

(2) 点的三维坐标 (x, y, z);

(3) 产生点的两两相交的线段数量。

"X-立方体"变化过程均定义为三维数据以方便形体渲染,最终的渲染和打印输出结果如图所示(李飚,2012)(图 6-32)。

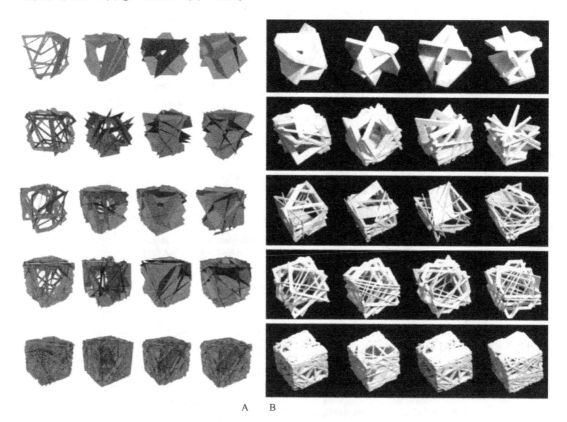

A　　B

图 6-32 "X-立方体"变化过程

来源:李飚. 建筑生成设计——基于复杂系统的建筑设计计算机生成方法研究 [M].

南京:东南大学出版社,2012:38.

目前市场上可供选择的部分建筑设计软件 表 6-9

软件制造商	软件名
Advanced Graphics Systems	VISIONAEL
Accugraph Corp.	Mountain Top
Alias Research Inc.	Alias Sonata
American Small Business Computers. Inc.	DesignCAD 2D
Amiable Technologies. Inc.	FlexiCAD
Archway Systems	PenDrafter
Ashlar Inc.	Vellum
Auto-Trol Technology Corp.	Jazzline
Auto. des. sys. Inc.	Form-Z
Autodesk Retail Products	AutoSketch(Windows)
Autodesk Retail Products	Generic CADD
Autodesk Inc.	AutoCAD
c. a. s. a. GIFTS. Inc.	GIFTS
CADAM. Inc.	IBM CAD/Plus
Cadcorp	Wincad. 3D Studio. Microstation
Cadkey. Inc.	DataCAD
CADMAX Corporation.	CADMAX
CADworks Inc.	Drawbase
Caroline Informatique	MITEL
CEDRA Corp.	The CEDRA System
Computervision	CADDS5
Computervision	CYWare
Computervision	VersaCAD
Dassault Systems of America	Professional CADAM
Data Automaion	DGS—2000
DesignCAD Inc.	DesignCAD 2D/3D Mac
Dickens Data Systems Inc.	DesignBid
Ditek International	DynaCAAD(Windows)
EDS GDS Solutions	GDS
Engineered Software	PowerDraw
Evolution Computing	EasyCAD
Evolution Computing	FastCAD
Evolution Computing	FastCAD 3D w/RenderMan
Foresight Resources Corp.	Drafix CAD Ultra
Foresight Resources Corp.	Drafix Windows CAD
Forthought. Inc.	SNAP!

续表

软件制造商	软件名
Graphsoft	ArchiCAD
Graphsoft. Inc.	MiniCAD+
IBM Corporation	Microstation
International Microcomputer Software Inc.	TurboCAD
ISICAD. Inc.	CADVANCE
MegaCADD	MegaMODEL
Modern Computer Aided Engineering Inc.	INERTIA/Insolid
Point Line U. S. A.	Point Line
Schroff	SilverScreen
Sigma Design. Inc.	ARRIS
StereoCAD. Inc.	REALTIME
STRATA. Inc.	Strata Vision 3D
Swanson Analysis Systems Inc.	ANSYS FEA
UNIC. Inc.	Architrion II
Wavefront Technologies Inc.	The Advanced Visualizer
Wiechers&Partner Datenetchnik Gmbh	LOGOCAD

来源：詹姆斯·斯蒂尔编. 当代建筑与计算机——数字设计革命中的互动 [M]. 徐怡涛，唐春燕 译. 北京：中国水利水电出版社，知识产权出版社，2004：72.

算法技术以代码的使用为基础，参数化技术是以形式处理为基础。然而，算法技术与参数化技术可以共同使用。例如，使用某一算法技术生成原始形式，然后再通过参数化技术对形式进行处理。相反，在最初生成的形式通过参数化技术模型化后，算法技术可用于优化形式或用于设计过程结束阶段的其他操作（里奇 等，2012）。

3. 数字技术与物理实体模型相结合方法

这种方法中需要配备三维扫描仪不断地将物理实体模型与数字模型转换调整，并且所用的数字软件须能将物理实体模型中精细到每一个点均数字坐标化（图 6-33）。例如，弗兰克·盖里的设计操作过程中，首先还是采用传统模式有一个构思草图的过程，之后会制作一个比较粗糙的手工模型用作设计参考，接下来将手工调整已达完美的物理实体模型用 CATIA 手持式探测仪扫描模型每一个曲面，进而将模型的复杂曲率变化再现于计算机内，然后将计算机中的模型在各个方向和角度做细微调整，提取观察点进行观察、分析。"CATIA 优于其他同类软件的原因，在于

图 6-33　用激光扫描技术做模型输入
来源：史晨鸣. 建筑学对大量性定制的回应 [M]. 南京：东南大学出版社，2010：47.

它以方程形式定义任意表面，所以建筑师和承包商可以向计算机查询表面任意一点的精确定位。它能将复杂形体生成承包商可直接使用的数据文件，能实现数据文件、预算、投标和制造的高精确性与高集成化"（安东尼·亚德斯，2008）[23]。与此同时，设计过程的手工模型需要经过制作、重新制作、拆解、再重新制作的反复过程，然后重复以上的操作直到建筑师感觉形体满意为止（安东尼·亚德斯，2008）[92]。

　　如上所述，笔者将通过三种数字设计方法建立的模型统称为参数化模型[①]，是在将前期规划、分析、构思、建筑师于用户等主观诉求等诸因素结合设计条件相融合而得出的设计结果（表6-10）。不同于传统依靠图纸传递的串行流程，集成化建造流程中可以首先将参数化模型作为基础集成平台，完成几何模型的建立，而几何模型仅仅附带了建筑的空间、形体、尺度、各构件几何样式等基本几何信息，进而为下一步将其转化成附带更多建造信息的集成建筑信息模型打下基础。此处需要强调的是，与传统串行流程中上一阶段工作完成转下一阶段不同，参数化模型平台与下一小节的集成建筑信息模型平台具有互通性，借助于数字技术与数据交换标准与接口技术，可保持两者间共同的信息交流与反馈，如参数化工具 CATIA/Maya 等与下一小节建立集成建筑信息模型的 Pro/Engineer 工具相结合可以实现数据的相互关联，一旦针对建筑某一方面作出调整，就能立刻分析出其对整体设计的冲击和影响，团队工作人员可在两者平台间协同工作，从而也保证了整个建造系统运行的并行化与集成化。

数字设计分类

表 6-10

类型	特征	示例
参数化设计	根据生成关系或规则，先预设参数系统，将影响设计的因素看作参（变）量或参数。通过计算机语言将其转化为参数模型，进而描述成图像，当设计条件或想法改变时，可修改参数模型得到新的结果。当变量大小值改变时，可调整输入信息得到新的结果	

---

　　①　如文中内容分析，参数化设计与算法设计两者间可以互通，而数字技术结合物理模型的方式在将实体模型转化成计算机中的虚拟模型后，也要借助于参数化手段或算法规则进行进一步的修正与完善，因此也涉及参数的调整与应用，为了与下一节中的集成建筑信息模型建立联系，笔者此处将数字设计生成的模型统一称为参数化模型。

续表

类型	特征	示例
算法设计	借助计算机程序工具及算法模型,使用脚本语言,如 Rhinoscript、MEL(Maya 内置语言)、Visual Basic 或 3dMaxscript 等,通过操纵代码而非形式进行设计的过程	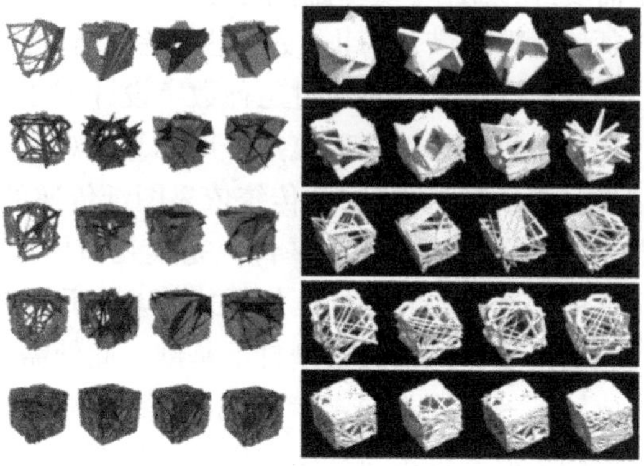
数字技术结合物理模型	配备三维扫描仪不断地将物理实体模型与数字模型转换调整,并且所用的数字设计软件须能将物理实体模型中精细到每一个点均数字坐标化	

来源:保罗·科茨. 编程·建筑 [M]. 孙澄,姜宏国,刘莹译. 北京:中国建筑工业出版社,2012. (笔者参考书中相关内容及图片绘制)

6.3.2　集成建筑信息模型

不管是当前的数字设计系统,还是工程界的 CAD/CAM 系统[①],大都采用几何建模方法。所谓几何建模方法,即物体的描述和表达是建立在几何信息和拓扑信息处理基础之上的。几何信息一般指物体在欧几里得空间中的形状、位置和大小,而拓扑信息则是物体各分量的数目及其相互间的连接关系(唐通鸣 等,2013)。几何建模技术推动了 CAD/CAM 技术的发展,而随着信息技术的发展及计算机应用领域的不断扩大,对 CAD/CAM系统提出越来越高的要求,尤其是计算机集成制造(CIMS)技术的出现,要求将建模对象的需求分析、设计开发、制造生产、质量检测、售后服务等整个生命周期的各个环节的信息有效集成起来(雷格,2007)。由于现有的 CAD 系统及数字设计系统大都建立在几何模型的基础上,即建立在对已存对象的几何数据及拓扑关系描述的基础上,这些信息无

[①]　一般计算机操作中的设计、建造环节均密切相关,因此在工程界通常将计算机辅助设计(CAD)与计算机辅助制造(CAM)看作一个整体系统,称为 CAD/CAM 系统。

明显的功能、结构和工程含义，所以若从这些信息中提取、识别工程信息是相当困难的，为此推动了特征建模技术①的发展（唐林，2006）。

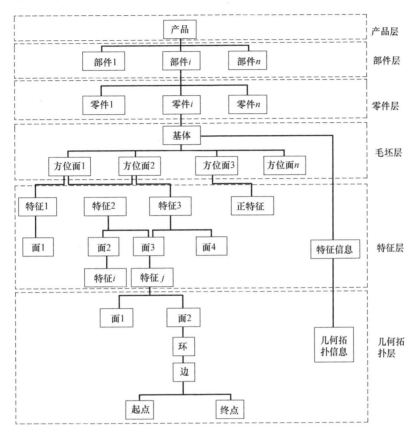

图 6-34　基于特征的集成产品数据模型层次结构示意图
来源：宁汝新. 产品开发集成技术 [M]. 北京：兵器工业出版社，2000

特征对于不同的设计阶段和应用领域有不同的定义，例如功能特征、加工特征、形状特征、精度特征等。特征作为"开发过程中各种信息的载体"（余隋怀 等，2006），除了包含零件的几何拓扑信息外，还包含了设计、制造等过程所需要的一些非几何信息，如材料信息、尺寸、形状公差信息、热处理及表面粗糙度信息和刀具信息等。因此，特征包含丰富的工程语义，是在更高层次上对几何形体上的凹腔、孔洞、槽等的集成描述（Otto et al.，2006）（图 6-34）。此外，数字技术支持下的集成产品数据模型是在特征模型的基础上更高层级的集成模型，是与产品有关的所有信息构成的逻辑单元（张旭 等，2009）。它不仅包括产品的生命周期内有关的全部信息，而且在结构上还能清楚地表达这些信息的关联，基于特征的集成产品数据模型是一种为设计、分析、加工各环节都能自动理解的全局性模型，其特征如下：

（1）数据表达完整，无冗余，无二义性；

---

① 特征的概念最早出现在 1978 年美国麻省理工学院的一篇学术论文《CAD 中基于特征的零件表示》中，随后经过几年的酝酿讨论，至 20 世纪 80 年代末有关特征建模技术得到广泛关注。

（2）建立数据之间的关联结构，当一部分数据修改时，与之相关部分数据也能相应变动；

（3）数据结构简单，便于查询、修改和扩充（图 6-35）。

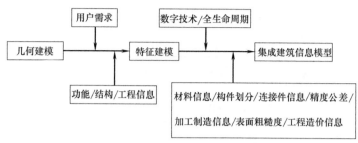

图 6-35　从几何模型到集成建筑信息模型演变
来源：笔者自绘

相应的，建筑设计与建造过程中应建立集成建筑信息模型。基于三维实体建模的 CAD 软件[①]已经比较完善，具有较强的几何拓扑处理、图形显示及自动网格划分等多项功能，在此基础上可方便地增加一些特征的描述信息[②]，建立特征库，并将几何信息与非几何信息描述在一个统一的模型中，设计时将特征库中预定义的特征实例化，并作为建模的基本单元，实现建筑信息模型的集成。此外，从加工角度看，由于特征对应着一定的加工方法，所以工艺规程制定也比较容易进行，简化了 CAPP[③] 决策逻辑，在 CAD 设计完成后，CAPP、CAM 可直接将特征设计的结果作为输入，自动生成工艺过程和数控加工程序，实现了具有统一数据库、统一界面的集成 CAD/CAPP/CAM 系统。

对于特征信息如工程含义、加工工艺等信息笔者采用与本书 6.3.5 小节中同样的方式，由通过 EXPRESS 语言转换而来的 STEP 中性文件[④]描述进集成建筑信息模型中，例如以几何公差为例的描述过程如下：

```
ENTITY geometric _ tolerance ;
Magnitude：measure with unit ;
Name：label ;
description ：text ;
toleranced shape aspect ：shape aspect ； / 具有几何公差的形面
WHERE
wrl ：magnitude1value component ＞ ＝ 0 ；
END ENTITY；
```

---

① 笔者此处所指为数字设计系统，按照工程界的界定，按照 CAD 系统代替。

② 模型特征的描述是在上一小节参数化模型的基础上，增加工程信息、工艺信息等与最终制造环节相关的信息，具体的操作方法用下文阐述的 EXPRESS 语言转译的 STEP 中性文件完成。

③ 此处的 CAPP 指计算机辅助工艺规程设计（Computer Aided Process Planning，CAPP），之后的 CAM 指计算机辅助制造（Computer Aided Manufacturing，CAM），工程界通常将设计、工艺规划、制造系统称为 CAD/CAPP/CAM 系统。

④ 采用 EXPRESS 语言转换而来的 STEP 中性文件是目前国际通用标准，是在分析了各大软件系统操作平台的基础上得到的统一规则。因此，采用 STEP 中性文件方便各个国家及地域的不同软件系统间的交流与信息反馈。

　　笔者所指的集成建筑信息模型是按照制造业中产品生产的思想，在设计的同时考虑加工制造及最终的建造环节，即在建立模型的过程中考虑怎样将其分解为可加工生产的零部件，以达到最终装配式建造，所以必然涉及模型拆解的过程。以一则建筑模型示例（图6-36），模型中 A 代表用上一小节的数字设计方法建立的几何模型，而 B 则代表应用下文提到的 Pro/Engineer 软件系统进行拆解的模型。结合"并行化操作模式"章节的研究内容，笔者所指的集成建筑信息模型应涵盖两部分内容，即三维数字化模型的生成及三维数字化模型的拆解。由于本章节重点探讨实现集成建筑信息模型的技术实现过程，因此这里不再赘述关于集成建筑信息模型内涵问题。本书采用 Pro/Engineer 软件系统①进行模型的建立与操作。

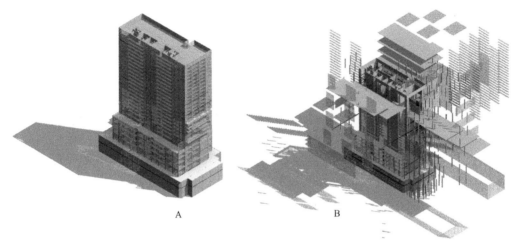

A　　　　　　　　　　　B

图 6-36　集成建筑信息模型示例
来源：笔者自绘

　　不同的跨学科团队②在 Pro/Engineer 用户界面中进入建模系统的主菜单，随后进入装配模型窗口，从窗口菜单中逐级进入定义模块、层次生成模块、参数规则生成模块、装配替换模块和装配模型管理模块，进行各阶段的协同操作③。

　　系统主菜单：Modeling

　　　　　　　　　Exchange

　　文件管理子菜单：File

　　　　　　　　　New

　　　　　　　　　Open

　　　　　　　　　Save

　　　　　　　　　Save as

---

　　① Pro/Engineer 软件系统属于国家 863 重点攻关项目"并行工程"的研究成果。其中根据模块划分方式具有定义模块、层次生成模块、参数规则生成模块、装配体替换模块、装配模型管理模块等系统，可供跨学科团队在相应的系统中协同操作。笔者此处之所以采用 Pro/Engineer 软件系统是因为其与笔者提出的将集成建筑信息模型进行层级拆解的思路符合，此软件系统正好按此思路进行设计，便于模块的划分与拆解。

　　② 跨学科团队的建立在"并行化操作"章节中详细阐述。

　　③ 以下内容的阐述参考：熊光楞. 并行工程的理论与实践 [M]. 北京：清华大学出版社，2000：107-111.

Quit

模块定义子菜单：ProductDef

Product Define

View Product

参数设计子菜单：Parameter

Add Private Parameter

Add Constraint Parameter

Parameter Design

（1）定义模块：在本书 6.3.1 节中阐述的以数字设计工具建立的三维模型基础上，对其进行工程特征、工艺特征等信息的添加，以及定义各类应用参数。

定义结构

```
StructProduct _Define _Item {
Int          Product _Id;
Char         Product _Name[20];
Char         Product _Specif[40];
Char         Product _Version[20];
Int          Parameter _Num;
Int          * Parameter _Id;
                        };
```

参数数据结构

```
StructParameter _Item {
Int          Parameter _Id;
Char         Parameter _Symbol[20];
Char         Parameter _Type[40];
Char         Parameter _Unit[20];
Int          Parameter _Rule _Id;
Float        Parameter _Value;
Float        Parameter _Tol[2];
             structParameter _Item         * Next _Item;
                        };
```

（2）层次生成模块：层次生成模块主要创建装配模型中模块—部件—组件—构件—零件的层次结构，对装配模型层次中构件、零件进行有效插入与删除，具体操作过程在"装配式建造方式"章节中阐述。

```
             StructAsmNode_Item {
Int          AsmNode_Id;
             Prohandle    AsmNode_Handle;
             char         AsmNode_Name[20];
             char         AsmNode_Specif[20];
             char         AsmNode_Type[10];
```

```
Int                Sub _AsmNode_Num;
Struct Parameter _Item                    * AsmNode _Parameter;
Struct AsmFeature_Item                    * AsmNode _Feature;
Struct AsmNode_Item                       * Parent _AsmNode;
Struct AsmNode _Item                      * Sub _AsmNode;
Struct AsmNode _Item                      * Next_AsmNode;
```

（3）参数规则生成模块：创建节点参数及其约束规则。

参数数据结构：

```
Typedef struct parameter
Int     parameter_Id;       / * Parameter Id * /
Int     parameter_Code; / * 1：reference 2：private
                                            3：equation * /
Char    parameter_Name[10];
Char    parameter_Type[20]; / * linear，radius，angle * /
Char    parameter_Unit[10];
            float    parameter_Value;
            float    parameter_Up_Tol;
            float    parameter_Low_Tol;
            float    parameter_Rule_Id;
            int      parameter_Rule_Id;
            struct   Reference_Item * Reference_Data;
            int      Reference_Num;
            struct   parameter_Item    * Next_Item;
                        }PARAMETER_ITEM;
```

规则数据结构：

```
Typedef struct parameter
            int      Rule_Id;
            int      Parameter_Id;
int     Parameter_Number;
            int      Rule_Parameter[10];
            int      Rule_Specif[20];
            Struct rule_item       * Next_item;
                        }RULE_ITEM;
```

（4）装配替换模块：

```
Typedef   struct   exchange_node {
                    int       node_Id;
                    Prohandle      part_ptr，new_ptr;
int     num_const;
                    Pro_asm_constraint * constr;
```

```
char          name[80];
char          type[10];
int           * dim_ids;
int           rel[10];
Select3d      * sel;
Struct exchange_node      * next;
Struct exchange_node      * prev;
              }exchange_node;
```

6.3.3　工艺规程规划

如上节内容所述，集成建筑信息模型在几何模型的基础上融合进工程特征、工艺信息，进而需要向生产加工阶段迈进，于是需要将几何模型划分与拆解，直至最小的加工单元，而具体的划分与拆解过程笔者将在"装配式建造方式"章节中详细阐述，此处重点探讨根据工艺规程规划方法在划分与拆解几何模型时的工艺排序问题。

所谓工艺规程，就是决定生产一种零件或产品所需要的加工操作的次序，传统方式应用工艺卡片的形式表示，卡片上列有零件加工或装配的过程及有关的机床（邹劲 等，2003）。而当代借助数字技术，工艺规程通常由计算机辅助工艺规划设计系统（CAPP）完成[1]。这包括根据零件规范、零件特性和装配结构确定加工顺序的分类方法；应用工艺模型为每个加工单元确定经济的工作环境；评价工作站和产品生命周期（CAD/CAM）[2]内工作环境对整个生产程序的生产效率及经济性的影响（李怡 等，2003）（图6-37）。

借助于制造业的制造流程，笔者以为，建筑业中也可相应引入从 CAD—CAPP—CAM 的流程系统，从而实现从设计到建造的信息集成。目前建造流程中已经较完善地完成了数字设计（此处代表工程界的 CAD 系统）的内容，数字建造（此处代表工程界的 CAM 系统）的内容也正在有效开展，而笔者引入的工艺规程规划方法（CAPP）正是将数字设计系统中的几何模型划分，生成工艺路线与加工顺序，输入进数字建造系统中，使得数控设备根据提供的工艺顺序能在材料上有效切割与加工，最终完成建筑零件的制造与装配。其中，工艺规程规划（CAPP）具备以下功能：

————————————

① 计算机辅助工艺规程设计（CAPP）是计算机集成系统（CIMS）的重要环节，是连接计算机辅助设计（CAD）和计算机辅助制造（CAM）的桥梁和纽带。

② 因为计算机操作中设计、制造和分析的密切相关性，很多 CAD 系统逐渐添加 CAM 和 CAE 的功能，所以工程界习惯上把 CAD/CAM 系统或者 CAD/CAM/CAE 仍然叫作 CAD 系统，这样就扩大了 CAD 系统的内涵。

计算机技术最早在制造业中的产品开发阶段得到了大量应用，并形成了许多计算机辅助的分散独立系统，例如计算机辅助设计（Computer Aided Design，CAD）、计算机辅助工艺规程设计（Computer Aided Process Planning，CAPP）、计算机辅助制造（Computer Aided Manufacturing，CAM）、计算机辅助质量管理（Computer Aided Quality，CAQ）等。计算机辅助设计（CAD）就是由计算机来完成产品中的计算、分析模拟、制图、编制技术文件等工作，它是利用计算机帮助设计人员进行设计的一种专门技术。计算机辅助制造（CAM），就是用计算机对生产产品的设备进行管理、控制和操纵，最后完成产品的加工制造。具体说，就是计算机根据设计出的图纸及技术文件，帮助人制定生产计划、确定零部件加工顺序、选择加工设备和刀具，并确定加工数据。然后，再将有关指令输送到各自动加工设备中进行自动加工，计算机根据各种传感设备测出的数据，监视、修改其加工过程。最后，再由计算机控制搬运机械进行运送，并控制检验机器进行必要的检验。总之，CAM 就是用计算机控制整个（或局部）加工过程，直到产品制造出来为止。

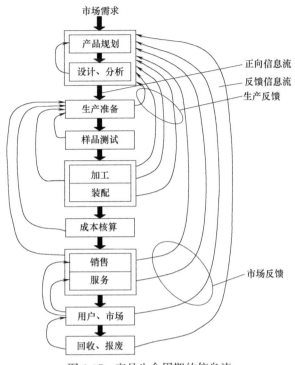

图 6-37　产品生命周期的信息流

来源：宁汝新. 产品开发集成技术［M］. 北京：兵器工业出版社，2000.

（1）CAPP 接受来自 CAD 的建筑形体几何、结构、材料信息，以及精度、粗糙度等工艺信息作为 CAPP 的原始输入。同时向 CAD 反馈建筑结构工艺性评价，提供工艺规程文件和工装设计任务书；

（2）CAPP 向 CAM 提供建筑构件加工所需的设备、工装、切削参数、装夹参数以及反映建筑构件加工过程的刀具轨迹文件，并接收 CAM 反馈的工艺修改意见；

（3）CAPP 向管理信息系统（MIS）提供工艺路线、设备、工装、工时、材料定额等信息，并接受 MIS 发出的技术准备计划、原材料库存、刀夹量具状况、设备变更等信息；

（4）CAPP 向制造自动化系统（MAS）提供各种工艺规程文件和夹具、刀具等信息，并接受由 MAS 反馈的刀具使用报告和工艺修改意见；

（5）CAPP 向计算机辅助质量管理系统（CAQ）提供工序、设备、工装等工艺数据，以生成质量控制计划和质量检测规程，同时接收 CAQ 反馈的控制数据，用以修改工艺规程（布劳斯 等，1999）。

CAPP 系统[①]（表 6-11）首先对建筑构件模型进行处理，从中提取工艺设计所需的全部信息，形成一个新的构件模型，即"建筑构件工艺模型"。对于相似性较高的构件，可判断其所属构件族，通过修改该构件族的典型工艺来完成工艺设计。对于相似性不高的零件，则进行工艺规划的重新编制，内容包括确定加工方法和加工路线，选择设备、工装、切削参数、计算工时和确定毛坯等。

---

① 迄今为止，国内外已开发的 CAPP 系统约有 200 个左右，其中有些系统已开始应用于实际生产领域，有些系统的功能正不断扩大与完善。

国内外部分 CAPP 系统简介　　　　　　　　　　表 6-11

特点 系统名称	零件类型		信息输入方式			工艺设计方式			开发单位	时间
	回转体	非回转体	CAD	交互	编码	变异式	创成式	专家系统		
AUTAP	✓	钣金件	✓	✓			✓		原联邦德国阿享工业大学	1980
GARI		平面上孔、槽		✓			✓		法国	1981
TOM		钣金件	✓					✓	日本东京大学	1982
SIPS	✓			✓				✓	美国普渡大学	1986
EXCAP-P	✓			✓				✓	英国 UMIST	1986
MAKCO-CAPP	✓	棱形体			✓		✓		美国纽约州立大学	1989
PART	✓	棱形体		✓			✓		荷兰	1990
TIPPS	✓	棱形体	✓	✓				✓	美国普渡大学	1990
BITCAPP	✓				✓	✓			北京理工大学	1987
NHCAPP	✓				✓		✓		南京航空航天大学	1988
XTDCAP	✓			✓				✓	西安交通大学	1988
STCAP	齿轮				✓	✓			同济大学	1988
BRCAPP	✓		✓	✓				✓	北京航空航天大学	1989
THCAPP		✓	IGES					✓	清华大学	1989
TDBOX-CAPP		箱体		✓				✓	天津大学	1991

来源：邹劲，刘旸. 计算机辅助船舶制造［M］. 哈尔滨：哈尔滨工程大学出版社，2003：55

　　在此基础上，在明确零件所有工艺特征和加工方法的前提下，进行工艺路线决策和特征加工过程的工序/工步排序，其目标是合理安排一系列操作，使得加工顺序满足由零件和工具确立的特征优先约束，并尽量提高加工效率，包括加工工序先后次序的确定和各工步内容顺序的确定。通常 CAPP 系统分层次、分阶段考虑各个工序的加工顺序，例如划分为粗加工、半精加工、精加工、超精加工等不同加工阶段，将主要表面的加工工序作为基本工艺路线，而将次要表面的加工工序和一些辅助工序按一定的次序安排在基本工艺路线中。然而，对于加工特征众多的复杂零件来说，特征之间的约束数量多、类型复杂，并且存在许多矛盾，采用传统 CAPP 系统的方式方法面临困难及阻力（徐正，2005）[35]。因此，笔者此处选择针对工艺约束的遗传算法来进行基于三维数字化模型的工艺路线决策，利用此方法的优点在于开展全局检索，而不只限于局部阶段的创成[①]，能在全局范围内进

───────────────

　　① CAPP 系统经过了派生式、创成式和智能式三个发展阶段。其中，派生式根据现有零件类型总结其标准工艺；创成式则可自动生成零件加工工艺规程；智能式是将人工智能技术应用于 CAPP 系统形成的专家系统，根据输入的零件信息，通过工艺设计专家系统的特征知识库及推理机自动生成工艺规程。然而，目前这三种方式均只针对提供的信息进行工艺规划，只能做到局部应用，而无法在产品（建筑）整体加工工艺中系统应用。

行合理工艺路线的确定，并能对确定的工艺路线进行优化。

基于遗传算法的工艺排序依据数学规划模型：

$$\begin{cases} \max & F=f(x) \\ \text{s. t.} & X \in R \\ & R \subseteq \Omega \end{cases} \tag{6-1}$$

式中，$X=[x_1, x_2, \cdots, x_n]^T$ 是决策自变量，可以是数字，也可以是逻辑变量；$f(X)$ 是目标函数；式 6-1 为约束条件，Ω 是问题的基本空间，R 是 Ω 的一个子集。满足约束条件的解 X 称为可行解，集合 R 表示由所有满足约束条件的解所组成的一个集合，叫作可行解集合。优化的目标是：找到一个解 X_o（x_{10}, x_{20}, $\cdots$, x_{n0}）$\in R$ 使得 $F=f(x_{10}$, x_{20}, $\cdots$, x_{n0}）达到最大（或最小，或其他目标）（Marco Frascari，2011）[37]。

以一则平面 M "刨＋粗铣＋精铣" 的加工链为例，将其分解为 "刨 M，粗铣 M，精铣 M" 三个加工单元，于是可以得到所有加工单元的集合为：

$$F=f\{x_{10}, x_{20}, \cdots, x_{n0}\}$$

工艺路线顺序必须满足一系列的约束条件，将约束条件的集合记为：

$$R=f\{r_1, r_2, \cdots, r_n\}$$

接下来，在分析约束条件和加工单元集合函数的基础上，为遗传算法（GA）方法提供全局搜索的控制策略。符合约束条件 R 的工艺顺序集极记为 Ω，工艺路线的 GA 排序可以描述为：在定义域 Ω 内找到 GA 计算过程中，适应度函数最大的特征加工单元集 $S_t=f\{f_{t1}, f_{t2}, \cdots, f_{tn}\}$，即为需要的加工工艺路线，具体的操作过程则可以通过 3D-CAPP 系统来完成（图 6-38）。首先需要从设计环节得到零件划分与拆解完成后的特征加工链，将其分解为特征加工单元，在输入遗传算法参数与约束条件后便能得到最终的排序成果。

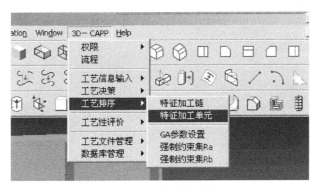

图 6-38　工艺排序菜单

来源：徐正. 三维 CAPP 中零件特征提取及基于遗传算法的工艺排序研究 [D]. 武汉：华中科技大学，2005.（笔者参考论文自制）

图 6-38 为特征加工链，零件特征以树状结构描述，子节点则对应具体的加工过程。之后在零件信息库中存入特征加工单元的相应数据（图 6-39），对应遗传算法中的参数设置，开始工艺排序（图 6-40）。

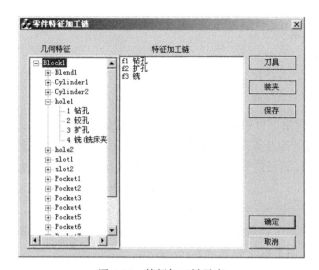

图 6-39 特征加工链示意

来源：徐正. 三维 CAPP 中零件特征提取及基于遗传算法的工艺
排序研究 [D]. 武汉：华中科技大学，2005.
（笔者参考论文自制）

图 6-40 特征加工单元

来源：徐正. 三维 CAPP 中零件特征提
取及基于遗传算法的工艺排序研究
[D]. 武汉：华中科技大学，2005.
（笔者参考论文自制）

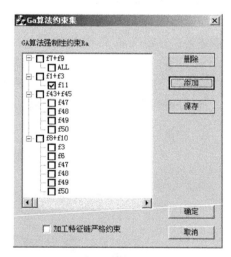

图 6-41 GA 参数设置

来源：徐正. 三维 CAPP 中零件特征提取及
基于遗传算法的工艺排序研究 [D]. 武汉：
华中科技大学，2005.（笔者参考论文自制）

图 6-42 强制约束集

来源：徐正. 三维 CAPP 中零件特征提取及基于
遗传算法的工艺排序研究 [D]. 武汉：
华中科技大学，2005.（笔者参考论文自制）

　　最后设置约束集，进一步确定遗传算法的参数，如图 6-41～图 6-43 所示，在此基础上便能得到针对零件工艺过程的算法排序，图 6-44 为排序结果。

　　在完成上述工艺排序工作之后，将工艺规程和工艺参数输入机床的数控系统[1]，数控

----

　　① 数控系统是机床的控制部分，它根据输入的零件图纸信息、工艺规程和工艺参数，按照人机交互的方式生成数控加工程序，然后程序控制信号发生器发出电脉冲信号，再经伺服驱动系统带动机床部件作相应的运动。

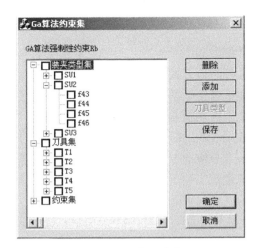

图 6-43　优化约束集

来源：徐正. 三维 CAPP 中零件特征提取及基于
遗传算法的工艺排序研究 [D]. 武汉：
华中科技大学，2005.（笔者参考论文自制）

图 6-44　排序优化结果

来源：徐正. 三维 CAPP 中零件特征提取及基
于遗传算法的工艺排序研究 [D]. 武汉：
华中科技大学，2005.（笔者参考论文自制）

系统则按照人机交互的方式生成数控加工程序[①]，然后由程序控制信号发生器发出电脉冲信号，再经伺服驱动系统带动机床部件作相应运动，控制数控机床进行加工生产[②]（图 6-45、图 6-46）。

图 6-45　工艺加工路径输入数控设备过程

来源：笔者自摄

图 6-46　数控设备根据工艺路径切割材料

来源：笔者自摄

---

①　到目前几乎所有大型 CAD/CAM 应用软件都具备数控编程功能，在使用这种系统编程时编程人员不需要编写数控源程序，只需要从 CAD 数据库中调出零件图形文件，并显示在屏幕上，采用多级功能菜单作为人机界面。一般 CAD/CAM 系统编程部分都包括下面的基本内容：查询被加工部位图形元素的几何信息；对设计信息进行工艺处理；刀具中心轨迹计算；定义刀具类型；定义刀位文件数据。对于一些功能强大的 CAD/CAM 系统，甚至还包括数据后置处理器、自动生成数控加工源程序，并进行加工模拟，用来检验数控程序的正确性。随着 CAPP 技术的发展，数控自动编程成为可能。

②　所谓数控编程是根据来自 CAD 的零件几何信息和来自 CAPP 的零件工艺信息自动或在人工干预下生成数控代码的过程。用数控语言编写的程序称为源程序，计算机接受源程序后，首先进行编译处理，再经过后置处理程序才能生成控制机床的数控程序，最后将加工指令送到机床进行加工。

6.3.4 数据标准与接口技术

数控制造技术的逐步成熟，使传统的建筑设计概念和生产建造之间的关系发生了本质的变化，并被重新定义。通过"文件到生产"的数控制造方式，在构思和建造之间建立了直接的数字联系。新的模式使建筑师重新回到与建造紧密联系的位置，描绘的数字信息可以被直接应用于制造和建造过程，直接驱动计算机控制机器（Wolfram，S.，2015）[98]。事实上，从计算机介入建筑领域之初，关于建筑集成表达的研究就已开始，只是早期的建筑集成表达技术在研究方向上存在较大的偏差，一部分建造专业领域的研究机构，从建造技术的信息需求与集成应用的角度出发，针对传统建筑工程图纸，进行了基于图形理解的信息自动识别技术研究，以及相关应用软件系统的开发（Wolfram，S.，2015）[93]①。

20世纪80年代，出现了最早的一批集成表达软件系统，包括 GDS、Sonta、Reflex、TriForma 等参数化设计软件，以及 Project Bank 等工程协作系统，与以 CAD 为代表的平面绘图软件相比，前者均具有允许不同建筑师和工程师同时在不同图纸（模型视图）上操作的优点。如英国建筑程序师艾什（Aish）研究的设计系统 RUCAPS 到美国后更名为 Sonta，允许建筑团队的所有成员在单一图纸系统（模型）内进行操作，并从中得到所需的二维图纸，由此保证了内部数据的关联性。但这些软件最终都未摆脱"夭折"的共同命运，究其原因，这些基于不同图形的分布式设计意图软件，在合作方面并不令人满意。艾什认为，"Sonta 最致命的缺陷在于：根据众多独立的可编辑信息绘图分散了设计意图，对任何理解这一数据整合概念的信息技术专家来说，这些类似设计专家的计算软件技术出现，完全是个时代错误。"（Novitski，1999）

当时的建筑领域尚处在"二维"的数字化表达阶段，从建筑师的意识到习惯，都不具备使用三维模型技术的可能性与迫切需求。但仍然有一些前瞻性的建筑实体建筑软件，如 Arris、ChiefArchitect、form-Z、Microstation TriForma、Vector Works Architect 以及 VersaCAD/3DJoy 等，开始尝试打破建筑领域基于二维绘图的传统（马履中 等，2007）。到了20世纪80年代末，Graphisoft 通过 ArchiCAD 软件推广以实现建筑图纸与实体模型、建造计划等多维建筑信息的实时关联。然而，由于不能根据制图标准的地区性差异作出及时调整等客观原因，以及与建筑师的设计习惯不符等主观因素影响，ArchiCAD 软件一直得不到很好的推广，主要在欧洲的部分国家以及中国台湾等地区应用。2003年，BIM 概念在时机成熟的条件下应运而生，由于加入了"信息建模"的概念，BIM 与时代特征以及技术趋势显得更为吻合，支持 BIM 概念的软件具有一些共同特点：均融合了高效率、高性能的模型建构能力，便捷、强大的数据文件自动创建和管理能力，以及支持网络设计的协同能力；通过 BIM 软件建立 3D 信息模型，从模型中可根据需要截取符合标准的平、立、剖面图，产生材料清单及施工详图等；支持项目的各专业工程师通过格式转换，在各自的专业应用程序中导入模型或数据库，设计及修改 3D 模型；集成大量参数化的建筑构件库，如门、窗以及结构组件等。然而，当下欧美各国针对 BIM 软件的应用中，

---

① 如美国科罗拉多大学光舞实验室推出主要应用于设计与规划的 Isovist 图形识别软件；布雷恩（W. Brain）设计了 IWCS 系统，希望根据图纸线条的粗细以及连接性来识别墙体。类似的研究，其前提都是被动地接受传统表达技术的设计范式，承认建筑平面工程图纸的既定现实，并不是致力于解决传统表达技术的本质缺陷。

在建立三维数字化模型后，又将其转化成了平、立、剖等二维图纸，用于指导施工图的绘制。诚然，应用 BIM 软件导出施工图的过程要比直接绘制更为方便与快捷，但从而也预示了 BIM 系统最大优势协同操作的平台并未完全得到开发①。

针对建筑数字化建设早期普遍存在的"信息孤岛"问题，建筑业内正在开展保证各环节信息交互通畅性的技术、方法，以及数据交互的格式标准研究。在建筑各环节间进行信息交互所必需的重要前提，是数据交换的格式标准。建筑领域的数据交换格式经历了多次变化，从最初的 DXF 到 DWG，再到如今根据 STEP 研究成果制定的 IFC 标准，已经为多维建筑信息集成表达的技术变革提供了信息交换标准的技术保证，IFC 标准的本质作用是使建筑行业的应用软件能通过数据交互，形成支持协同设计的软件应用环境，项目组成员可以通过它共享工程数据，从而有效地保证交互数据的一致性和统一管理。目前，Ar-chiCAD、Revit、Bentley、Nemetschek 等主要 BIM 应用软件开发商，已经开始以 IFC 格式为标准对建筑数据进行描述，并为系统提供标准的数据 I/O 接口，实现了不同软件间的数据交换以及协同设计目标。美国 GHAFARI 建筑设计事务所在底特律机场航站楼的设计中，应用了大量的 BIM 概念软件（表 6-12）。

美国 GHAFARI 建筑设计事务所　　　　　　　　　　　　　　　表 6-12

阶段模型	建模软件
分析、模拟软件	Navis Works，Bentley Navigator
三维智能加工建模软件	CATIA，ProE
三维结构分析、设计计算软件	RAM 和 Risa Technologies
项目协同设计软件	Bentley Project Wise
制作文本软件	PDF
其他应用软件	AutoCAD，ADT，Revit，Bentley Architecture，Bentley Structural，Bentley HVAC

来源：张弘. 七日——建筑师与信息建筑师［M］. 北京：清华大学出版社，2009：100.（笔者参考书中相关内容绘制）

而根据英国 HOK 设计事务所的伦敦设计室 CAD 技术主管沃克介绍，其在伦敦医院项目（the London Hospital Project）的设计、建造过程中共应用了十几种 BIM 概念的建模软件（表 6-13）。

英国 HOK 设计事务所　　　　　　　　　　　　　　　　　　表 6-13

阶段模型	建模软件
2D 概念功能模型	IsoVist
3D 概念设计模型	Sketchup
设计细节建模	Bentley System
有限结构元素分析模型	STAAD
钢结构装配模型	Tekla's Xsteel
协同设计模型	Navis Works
医院设备模型	Codebook
能量分析模型	Doe-2，Energy Plus
火灾安全及出入口模型	IES
成本模型	Timerline
材料规划模型	Primavera

来源：张弘. 七日——建筑师与信息建筑师［M］. 北京：清华大学出版社，2009：100.（笔者参考书中相关内容绘制）

---

① 信息内容来自在欧美等国工作多年的建筑师们亲身经历的总结。

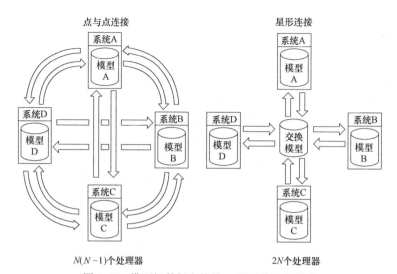

图 6-47 模型间数据交换接口的两种连接形式

来源：宁汝新. 产品开发集成技术 [M]. 北京：兵器工业出版社，2000.

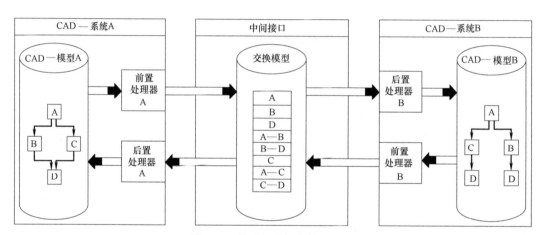

图 6-48 模型间数据交换原理图

来源：宁汝新. 产品开发集成技术 [M]. 北京：兵器工业出版社，2000.

如果没有 IFC 作为信息交互格式标准，软件间的信息交换的难度可想而知。鉴于集成的概念，要求在如下几个方面能进行数据交换：①不同设计部门之间；②设计、生产准备、制造部门之间；③不同合作企业之间；④不同时期的研制产品之间；⑤不同 CAD/CAM 系统之间；⑥同一 CAD/CAM 系统的不同版本之间。为实现上述各种要求的数据交换，可通过设置数据交换接口的方式，以便在不同的计算机内部模型之间架起桥梁。如图为数据交换接口的两种连接形式（图 6-47），一种是在专用数据交换接口的基础上实现点与点之间的连接；另一种是在与系统无关的通用数据交换接口的基础上实现星形连接。如采用通用数据交换接口时，模型之间数据交换的原理图所示，每一个 CAD 系统都需要设置一个前置处理器和一个后置处理器（图 6-48）。前置处理器负责将计算机内部模型，例如系统 A 的模型转换成交换接口的模型；后置处理器负责将交换接口的模型转换成系统 B 的模型。为了能在不同的 CAD/CAM 系统之间进行数据交换，目前世界上已研制出了多个通用数据交换接口标准，其中具代表性的典型标准是 IGES 和 STEP，笔者以 STEP 标准为例进行中性文件数据交换方法的研究[①]。

中性文件交换结构无二义性，便于软件解释的语法来描述，用交换结构描述的数据形式通过 EXPRESS[②] 语言变换而来。交换结构由两部分组成：标题段和数据段。标题段包含的信息对整个交换结构文件有用。这一段内容在每个中性文件中都有，以"HEADER"开始，以"ENDSEC"结束。每一个交换结构中都有 3 个标题变量：文件描述（file_description）、文件名称（file_name）和文件模式（file_schema）。在这 3 个标题变量之间，可以设置用户自己定义的标题元素，其出现顺序没有严格规定。文件描述指定用来建立中性文件的版本和它的内容，文件名称为中性文件提供可读信息，文件模式用 EXPRESS 表示，此模式指定在数据段中各元素的实例（Marco Frascari，2011）[21]。

数据段包括由中性文件传输的产品数据，元素实例与标题段中的 EXPRESS 模式一致，该模式控制文件交换结构，数据段以"DATA"开始，以"ENDSEC"结束。中性文件中的关键词包括标准关键词和用户定义关键词两种，简单的数据类型包括整型、实型、字符、字符串、枚举、实体名等。

一般 STEP 中性文件的结构如下：

ISO-10303-21；//指明中性文件实现方法

HEADER；//标题段开始标记

……

FILE_DESCRIPTION（……）；//文件描述

FILE_NAME（……）；//文件名称，其中还包含文件日期、作者等文件属性

FILE_SCHEMA（……）；//表明数据段中的实体模式

ENDSEC；//标题段结束标记

DATA；//数据段开始标记

……；//具体数据

ENDSEC；//数据段结束标记

END-ISO-10303-21；//中性文件结束标记

按照 STEP 中性文件的标准格式通过 EXPRESS 建模语言的映射，就能够很方便的实现应用系统之间的信息交换[③]。

下面举例说明 EXPRESS 是如何定义 STEP 数据模型的：

[①] STEP 标准是国际化标准组织制定的产品数据表达与交换的标准。2002 年 11 月，在韩国首尔举行的 ISO 国际会议上，IFC 正式被接收成为国际标准（ISO 标准）。由国际协同工作联盟（IAI）为了建筑行业制定的 IFC 标准，其目标是提供一个不依赖于任何具体系统的、适合于描述贯穿整个建筑项目生命周期内产品数据的中性机制，可以有效地支持建筑行业各个应用系统之间的数据交换和建筑物全生命周期的数据管理。

[②] EXPRESS 是一种面向对象的数据描述语言，提供的主体是模式（SCHEMA），模式内又将集成数据分类构造成实体、属性、规则、关系、函数、过程和约束。而且它提供了一种机制，可以通过添加特殊的子集来扩展 STEP 的应用协议，能够扩展的子集包括：属性、角色和约束。

[③] 关于应用 EXPRESS 语言转换 STEP 中性文件的描述参考：徐正. 三维 CAPP 中零件特征提取及基于遗传算法的工艺排序研究 [D]. 武汉：华中科技大学，2005：21-23.

```
SCHMA Picture：
    ENTITY Point；
        X；REAL；
        Y；REAL；
        Z；REAL；
    END_ENTITY；

    ENTITY Line；
        enda；Point；
        endb；Point；
    END_ENTITY；

    ENTITY Sphere；
        radius；REAL；
        center；Point；
    END_ENTITY；

    END_SCHEMA
```

6.3.5　数字建造

数字建造即是应用数控设备进行建筑构配件生产加工及装配的过程。作为集成化建造流程的末端，利用 STEP 中性文件将工艺规程划分的工艺路径及加工顺序转换进数控设备，在数控设备操控下进行具体的生产加工。当前欧美国家的数字建造技术已发展相对完备，而我国正处在探索试验阶段。比较成熟的技术包括：数控机床切割与加工、快速原型技术及工业机器人的应用。现分述如下：

1. 数控机床

数字控制是用数字化信号对机床各运动部件在加工过程中的活动进行控制的一种方法，简称数控（NC），数控机床是装备了数控系统[①]，加工活动控制采用数控技术的自动化机床[②]。该系统能够逻辑地处理具有控制编码，或其他符号编码指令规定的程序，并将其译码，从而使机床动作和加工零件。数控机床在数控系统的控制下，自动地按给定的程序进行建筑构件的加工，其可对金属、木材、工程塑料、泡沫聚苯等天然或人工合成材料进行切割、打磨、铣削等加工，并最终加工出各种形体的建筑构件。数控机床切割与加工的工作原理如下：由计算机控制数控机床（CNC）切割出模具，在模具内填充材料，材料根据模具的形态凝固并确定最终构型，待拆除模具后便生成了由填充材料构筑的建筑形体（图 6-49）。

---

① 数控系统是由程序、输入输出设备、计算机数字控制装置、可编程控制器（PC）、主轴驱动装置和进给驱动装置等组成一个系统，又称为 CNC 系统。

② 数控机床是一种去除成型的加工设备，即从毛坯中除掉多余的部分，留下需要的造型。

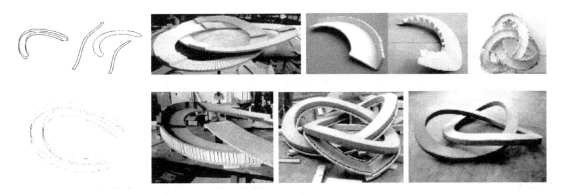

图 6-49　数控机床制作模具及建筑形体加工过程
来源：张向宁，王墨晗. 数字建筑［M］. 哈尔滨：黑龙江科学技术出版社，2014.

　　以一则实例进行阐述具体操作过程。由扎哈·哈迪德设计的广州歌剧院芭蕾舞排练厅、歌剧排练厅、乐队排练厅和贵宾厅等墙面和吊顶由于不规则曲面形态，最终由康逊公司与扎哈·哈迪德事务所合作采用数控设备加工人造石板完成了室内工程的建造。首先将电脑中的模型进行分析研究，将异形面分为双曲面、单曲面、平面等类型，接着利用 CNC 机床针对几类曲面雕刻出木质模具，由于室内墙面为满足造型和吸声要求设计了吸声孔，因此需要将 3D 模型转化成 2D 平面，在平面上精确定位后再在建筑材料人造石板上开出孔洞热弯成型，随即将人造石板通过吸塑、内外模压制出其他组件。为了实现精确的定位安装，首先将加工成型的构件稳固于模具之上并开出挂件安装定位孔，需拼接的面需要在工厂完成高精度的拼缝安装；其次将其余构件运往施工现场，利用三维定位仪在空间找到坐标定位；最后将完成的组件进行拼缝处理，完成实体制作（图 6-50～图 6-54）。

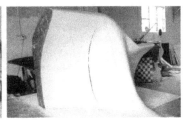

图 6-50　CNC 机床雕刻的模具　　　　图 6-51　热弯吸塑成型设备　　　　图 6-52　加工成型的曲面构件

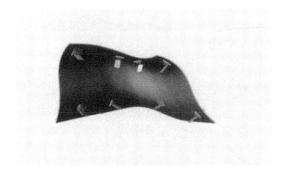

图 6-53　安装定位孔　　　　　　　　图 6-54　广州歌剧院排练厅室内

图 6-50～图 6-54 来源：彭怒，王飞，王骏阳. 建构理论与当代中国［M］. 上海：同济大学出版社，2012.

2. 快速原型技术

快速原型技术依靠快速原型制作机，可直接通过数字化模型建造实体，具体操作模式是通过逐层固化粉末或液体来实现，此过程需要逐步添加材料，即通过逐步连接原材料颗粒或层板等，或通过流体在指定位置凝固定型，逐层生成造型的断面切片，叠合而成所需要的形体，因此也称作添加建造过程[①]。一般而言，首先将三维数字化模型转化为 STEP 中性文件，接着 STL 文件被切分成水平切片，然后通过添加制作机器填充和构建每一片二维轮廓切片，在生成一套机器代码构建和填充上述轮廓切片时，每一项添加生产技术都有其独到的方式。

从 20 世纪 90 年代中叶起，为数不多的几所大学和几家公司就开始尝试将添加制作应用到建筑或施工当中。自由形式建造项目是由拉夫堡大学创新和建筑研究中心（IMCRC）发起的，经过 4 年时间开发出一台添加加工制造机器，能够用混凝土生产大型（2m×2m×2m）部件。该工艺通过一个由计算机控制的喷嘴浇筑混凝土，通过喷嘴以恒速泵送混凝土，大型计算机控制的三轴钢制龙门吊系统可以按照较高的精确度浇注该混凝土。浇注混凝土不需使用任何模板。因此，工艺在复杂的几何体中体现出前所未有的自由度，由于部件是被打印的，每个单独的打印部件可以千差万别，可以定制（图 6-55）。

图 6-55　快速原型技术的制造过程
来源：尼尔·里奇，袁烽. 建筑数字化编程［M］. 上海：同济大学出版社，2012.

为了论证上述添加生产的功能性，首先设计和建造了一个墙体构件，该构件尝试解决与添加生产相关的几何自由度（图 6-56）。墙体设计厚度不等，可优化局部荷载，构件中还有空腔，可整合内部设施网络的服务及优化和增强保温性能，自由构造工艺可以挤压出

---

① 早期的原型制作机只能用很脆的树脂和烧结尼龙来制作零部件，直到最近 10 年，ABS、碳强化聚酰胺、聚碳酸酯乃至钛和不锈钢等金属才得以用作制作材料。建筑师们采用快速原型制作技术来制作实体模型，像摩菲西斯建筑设计事务所及福斯特事务所是最初采用这一技术的先驱。

标准直径 9mm 的混凝土珠。此外，还建立起一个衍生式构件计算模型①，用以生产墙体构件②。

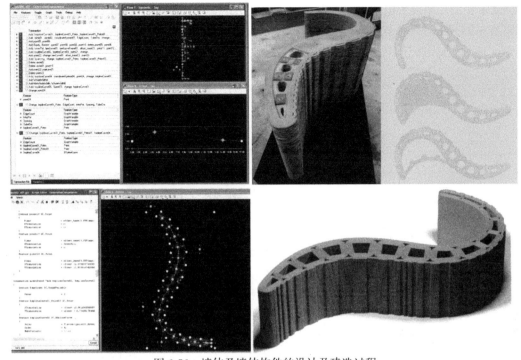

图 6-56　墙体及墙体构件的设计及建造过程

来源：尼尔·里奇，袁烽. 建筑数字化编程 [M]. 上海：同济大学出版社，2012.

3. 工业机器人

工业机器人是集机械、电子、控制、计算机、传感器、人工智能等多学科先进技术于一体的现代制造业重要的自动化装备（顾震宇，2006）[6]，实质上是一类能根据预先将程序编制在存储装置中，操作程序自动重复执行，进行完全代替人作业的自动化机器，其系统构成如图 6-57 所示。由图可知，工业机器人构成是个闭环系统，通过运动控制器、伺服

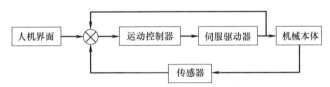

图 6-57　工业机器人系统基本构成

来源：孙英飞. 罗爱华. 我国工业机器人发展研究 [J]. 科学技术与工程，2012 (12).

---

①　衍生式构件模型是凭脑海里的刀格构建的，一套线路还不足以生成驱动混凝土打印机的 G 代码。这一 G 代码是一种广泛使用的数控编程语言，用来驱动 CNC 设备。为了生成这一混凝土压印机的 G 代码，需要编写一套单独的软件工具，将在衍生式构件中生成的线路几何转化为一套机器指令或 G 代码。从三维模型到整套制作指令不需要任何中间步骤，制作技术嵌入到三维模型和设计工艺中。

②　设计不仅要界定墙体的室外体积，而且还要界定实际工具路径。随着约束生产的条件在刀格中的编程，刀格模型已成为计算设计的驱动源。例如，挤压混凝土宽度的微小变化可轻松调整到计算机模型当中。在计算模型中生成刀格还远远不够，因为这并不能从视觉上代表设计。因此，每一个刀格都必须转化为挤压，接下来也是使用 Z-Corp 的打印机将该模型从头至尾三维打印出来。

驱动器、机器人本体、传感器等部件可以完成需要的功能。工厂生产中应用的高性能通用型工业机器人一般采用关节型的机械结构，每个关节由独立的驱动电机控制，通过计算机对驱动单元的功率放大电路进行控制，实现机器人的运动控制操作，其控制系统原理流程图如图 6-58 所示①（孙英飞 等，2012）[2912]。

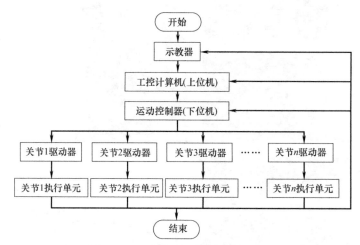

图 6-58　工业机器人控制系统原理图

来源：孙英飞，罗爱华. 我国工业机器人发展研究 [J]. 科学技术与工程，2012（12）.

工业机器人技术非常适合于传统建造工艺的转译，可以利用传统建筑材料，如砖、石、木等基本块材，在计算机中设定程序控制机器人的运动轨迹，使其按照预先设定的砌筑程序，完成建筑建造。瑞士苏黎世联邦理工学院（ETH Zürich）在教学和研究中引入了用汽车工业自动化生产线的六轴机器人，探索高度信息化的非标准建筑构件的累加式建造过程的发展和应用（图 6-59、图 6-60）。通过计算机程序计算出控制机器人运动的代码，使得机器人将砖块按照预先设定的方式以不同的角度和间距进行垒砌，从而使墙面产

图 6-59　用于数控砌墙的六轴机器人

图 6-60　机器人建造的不同墙体形态

图 6-59 和图 6-60 来源：尼尔·里奇，袁烽. 建筑数字化编程 [M]. 上海：同济大学出版社，2012.

---

①　关节型工业机器人的组成由人机界面（示教器）、伺服驱动器、运动控制器（下位机）、机器人本体等组成，通过机器人末端带不同的夹具来实现不同的功能。其中示教器是对机器人状态的监控及发出运动指令部分，是人跟机器人信息交互的唯一窗口；伺服驱动器是对伺服电机的控制，是机械手臂运动的动力源；运动控制器是各个关节的位姿运算单元，正解和逆解程序的执行、运行都在其中计算；机器人本体是执行机构，是实现需求功能的最直接部件。

生渐变与光影，这一研究成果随后被应用于瑞士 Gantenbein Vineyard 建筑立面的建造。在这一研究过程中，传统材料和建造工艺得以数字化的表现，设计不再局限于形体的生成，而是关注到建造过程的设计，建造过程整合功能的同时，也使材料的结构秩序与装饰表达之间的界限开始模糊化（图6-61）。

图 6-61　利用工业机器人垒砌墙体过程
来源：Karatani K. Transcritique：on kant and Marx［M］. Cambridge：The MIT press，2013.

　　传统建筑依赖于匠人的手工艺技艺，所蕴含和体现出来的美学，因为手工技艺的个性和强烈的地域特征以及传承性，它是自然的、人性的。工业革命开创了用工业制造工艺代替手工技艺的新时代，这也是现代建筑区别于传统建筑的显著特征之一。工业制造工艺和手工技艺相比，擅长于简单几何形体的高精度加工与平直、光洁、准确复制，近代大工业生产体系，使人们体验到流水线上的标准化和可复制性以及机械加工的精确性所带来的另一种美学——"机器美学"，这种美学相对而言是"无个性"的、机械的。当前的数字化技术则使得在工业制造的精确与高效中具有更大的自由度，"柔性制造""个性生产"，有可能在工业制造中体现个性化的技艺，即它既依赖于机械的加工，又更依赖于人的设计创意；既有加工的精确，又具有形式的多样。从传统机械加工的平直、光洁到计算机控制下的自由形状和复杂曲面，这呈现了一种新的美学方向（里奇 等，2012）[53]。而数字建造中的工业机器人技术是这一新方向最直接的诠释者，通过建造的过程既体现了传统手工艺建造中对于细部的刻画，又通过计算机程序操作体现出了建造的精准性，从而能在整体层面上传达出一种建造的精致性①。

上述 3 种数字建造技术可根据模型要求单独使用，也可混合使用（表 6-14）。

数字建造技术分类   表 6-14

类型	特征	示例
数控机床技术	由计算机控制数控机床（CNC）切割出模具，在模具内填充材料。材料根据模具的形态凝固并确定最终构型，待拆除模具后便生成了由填充材料构筑的建筑形体	
快速原型技术	通过逐层固化粉末或液体实现，此过程需要逐步添加材料，即通过逐步连接原材料颗粒或层板等，或通过流体在指定位置凝固定型，逐层生成造型的断面切片，叠合而成所需要的形体	

---

① 中国的先锋建筑师同样对这一模式具有自己的实践与探索，同济大学袁烽设计的绸墙——上海五维空间厂房改造设计便是这方面的例证。首先利用传统建筑材料粉煤灰制作出基本建筑单元，通过数字软件提取出曲面扫掠过的多根结构骨架线，使得曲面形式通过相互交错的直线得以概括，再将直线进行等分以实现直线间的曲面拟合，等分的距离控制在木模板可拟合的尺寸之内，这样数字化放样就转化为手工可控制的形态，再根据这样的直线拟合关系制作1：1的木骨架模具，在这一骨架基础上蒙上细分后的木模板，由此形成一个完整的空间曲面模板构架。将事先制好的材料单元顺次填入木模具之中，材料单元顺次扭转一定角度在整体上便呈现出一定韵律变化的纹理效果。遗憾的是由于国内施工工艺限制，未能应用到如 ETH 研究的工业机器人技术，可能在每个材料单元旋转角度的控制上缺乏完备的精准性，然而建造中充满了手工艺匠人的技艺印痕，也使最终建造的效果别具一格。

类型	特征	示例
工业机器人技术	根据预先将程序编制在存储装置中,操作程序自动重复执行,进行完全代替人作业。工业机器人技术适合于传统建造工艺的转译	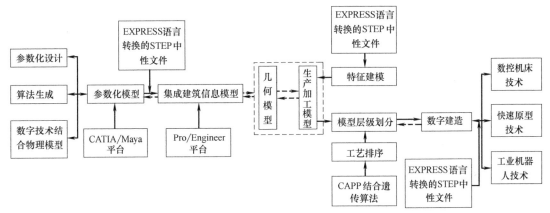

来源：笔者自绘

　　至此，通过数字建造技术的应用完成了虚拟模型到建筑实物的生产加工的转换，在充当整个集成化建造流程末端的同时，也使得集成化建造流程得以完备。集成化建造流程借助于数据交换标准与接口技术使得集成建筑信息模型可以实现在各个应用端口间的流转，在实现信息集成的同时，也保证了操作的协同（图6-62）。

图 6-62　集成化建造流程归纳
来源：笔者自绘

6.4　本章小结

　　本章首先回顾了传统建造方式的变迁历程，总结归纳出自人类历史之初到当代社会发展演变出的杆件接合、单元砌筑、先"框架"后"填充"、表皮承重四种建造类型，并阐述了每种建造类型的特征、力学本质、传力特性及具体的建造逻辑。在此基础上，针对传统建造方式及其流程，总结提取出两种从设计出发控制最终建造结果的方法，即网格控制与秩序组构。在当下部分应用传统建造流程的运作模式和以二维图纸作为从设计到建造传递媒介的表达过程中，此两种方法可作为控制的具体操作方式，从而使得设计阶段对建造过程有所指涉，为建造高完成度及高品质的建筑打下基础。

　　此外，针对世界范围内应用已相对成熟的数字设计及部分数字建造技术，借助制造领域的工艺规程与数据交换技术，提出了划分建筑模块及层级拆解的建模方式，完成从数字设计系统中几何模型到数控设备中加工生产模型间的转变路径，建立了集成化建造流程的技术体系，使得传统意义上的、基于普适层面的设计阶段与建造阶段分离现状得以改观，为最终构建并行化建筑运作模式提供了技术依据。

第7章

材料集成——低碳新材料技术

7.1 传统材料技术回顾

7.1.1 低技生态技术

传统自然材料不仅具有良好的经济效益，其环境效益也不可忽视。自然材料取材方便，减少运输环节，节约能源消耗，不仅施工阶段的造价有所降低，也可以减少使用过程中的维护费用，并且传统自然材料一般都具有适合于地方气候的热工性能[①]。此外，传统自然材料在我国传统地方建筑中也得到了广泛运用。自然条件和经济条件的限制使大量民居选择适宜经济的当地材料和坚固精简的构造方式，这些地方材料是天然的或经过煅烧，至今仍然是广大乡村住宅建设的重要材料来源[②]（胡冬香 等，2007）。

木材因为其易于加工、构造方式灵活的特征在中国传统地方建筑中广受应用。土作为存量丰富的建材资源，因为垛泥、打坯、夯土、挖土窑等加工技术而建造出如窑洞、圆形土楼等建筑样式。石材也是易得的地方建材，川藏地区的居民熟练地掌握了砌筑石墙的技术，碉楼的主要承重和屋面材料为石材，分隔材料多为木材和青稞草，其是成功运用地方材料的典范。印度当代一些建筑师如柯里亚、里瓦尔、多什等在设计中经常运用当地盛产的红砂岩，不仅取得了较好的环境效益和经济效益，建筑也显现出独特的气质。竹材作为建筑材料有很好的柔韧性和轻便性，利于抗震，同时竹材及竹篱笆有良好的透气性，适宜于潮湿气候条件，南美建筑师西蒙·维列（Simon Velez）利用"螺栓加水泥"固定竹材的方式，做出悬挑 8m 和跨度 18m 的竹结构，实现了竹构建筑在跨度上的突破（陈晓扬 等，2007）[43-45]。

低技生态手法是建立在自然材料基础上的手工艺建造方式，特殊的构造方式需要结合特定地区的特定材料，通过能工巧匠的长期实践才能实现。"回顾工业化生产体系诞生之前的传统建造，人类为了达到保温、隔热、通风等一些能为自身提供舒适环境的目的，受当时生产力发展水平的限制，工匠只能通过传统的低技术手段巧妙的设计，以使最大限度

[①] 爱斯基摩人的冰屋适合严寒的气候，北方游牧民族用皮毛制作的帐篷防风透气适合于草原气候，热带雨林地带的人用竹子搭建透气防潮的房屋。

[②] 黄河中游早期气候温暖湿润，森林茂盛，自古就以木材为主要建材。因此，发展了成熟的木构建筑技术，而一些地方民居则根据地方条件的不同，采用木、砖、石、竹、芦苇、畜牧副产品等地方材料。

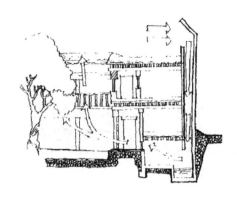

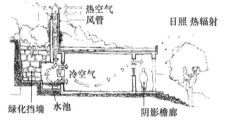

图 7-1 拔高墙体形成的捕风构造

来源：胡冬香，邓其生. 中国传统建筑孕育着"生态优化"理念 [J]. 建筑师，2007（3）：95-98.

地利用'自然能源'来满足建筑使用者的舒适性要求，由此而诞生了朴素的建造生态观"（毛刚，1998）。

传统低技建造通过手工艺技术和细部构造来实现，通过一些巧妙的构造做法，在有限的物质和技术条件下实现良好的微气候调节是低技建造普遍采用的方式。自然通风是由建筑室内外的温度差引起的热压或风压而促使空气流动进而使室内外空气相互交换，以达到通风换气的目的，与机械通风相比，自然通风没有能耗，没有污染，环保、经济，并能改善室内热环境，在传统民居建造过程中多有考虑。传统民居在有意无意中都充分利用了上述原理，大到村落中建筑的总体布局，小到风眼，民居的开窗比例等细部无不体现着其对自然通风的改善。而其中，热压通风在天井空间、巷道空间中比较常见，其形成需要借助于群体聚落建筑的相互遮阴来完成，因而没有风压通风借助砌筑捕风构造直接捕获自然风来得直接，且后者能加速风的流动，通风效果更为理想（孙大章，2004）（图 7-1、图 7-2）。

"建筑围护构造中，外墙的热传导是最多的部位。对比研究高新技术材料以提高围护结构的性能，从原生性较强的传统建筑中寻找答案，研究传统低技建造中围护结构的生态做法，如何减少或防止热传导及提高其保温性能，则更能将成果尽快转化为现实效益，从经济上也更具有优势。"（毛刚 等，1998）笔者通过大量民居实例的研究发现，建造外围护结构过程中引入空气夹层，使原本单层的外墙转化成内、中、外三层，空气层充当中间夹层的方式是提高外墙保温隔热的良好方法，各地民居建筑中都以不同的方式采用。江南传统民居的外墙一般采用空斗墙，

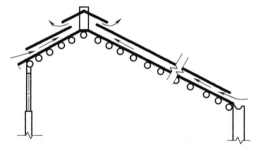

图 7-2 双层瓦屋面构造

来源：孙大章. 中国民居研究 [M]. 北京：中国建筑工业出版社，2004.

所用的薄片砖，砖厚仅为砖长的 1/10，其建造方法是将砖竖起砌筑，砖的侧面着地，墙的外侧一块，内侧一块，在两块砖的端部，再砌一块竖放的砖，然后再接两块横摆的砖，一内一外，如此重复，做成一排，两层砖间自然留出空气间层。砌好后以同样方式错位砌筑第二排，五排左右，须将砖平置砌一排，以加强墙的坚固性。空斗内可填碎砖瓦片及灰土，亦可不填，则能达到较好的防寒隔热效果（陈杰 等，2013）（图 7-3）。

此外，在空斗墙内多做吸壁橙板，吸壁橙板上油桐油或贴墙纸，这样则更加降低其热传导性能。并且，吸壁橙板的引入使其与空斗墙之间形成一层空气夹层，空气夹层与阁楼

的气窗相连，夏季夜晚的室内热量通过气窗可以很快散掉。以此来调节室内温度，其效果与如今的240mm实心墙相比，生态效果十分明显。从构造类别来看，与现代建筑相比，这种木构体系没有构造柱与圈梁所形成的"热桥效应"，对保温隔热显然十分有利（陈曦 等，2013）。

7.1.2 能源密集型技术

自工业革命以来，建筑材料的生产与应用从传统采集各个地域自然材料如木材、竹材、石材等逐渐转向了通过机械设备制造工业化材料，如混凝土、钢材、铁等。工业化材料的生产与应用过程中，需要以燃烧化石能源如煤、石油、天然气等方式而获得能量及动力，久而久之，化石燃料的使用面临枯竭，建立在化石能源基础上的经济模式面临崩溃。不仅如此，燃烧煤炭、石油、天然气在推动人类工业化进程的同时，也造成了越来越严重的环境污染，如仅就生产和使用建筑材料就已向大气中排放了大量的二氧化碳，从而导致地球温度灾难性转变，继而造成对未来生命毁灭性的打击。对于建筑行业的二氧化碳排放，除了日常使用的能源以外，大部分来自建材生产过程，建筑物中大量使用的钢筋、水泥、玻璃、砖等建筑材料，均是生产过程中需要消耗大量能源的建筑材料[①]。建筑材料生产过程及建筑建造过程造成地球温室效应的气体，资源消耗（包括化石燃料、矿物资源、水资源等）、施工过程产生的噪声、震动、粉尘和废弃物均会造成环境负荷（罗智星 等，2011）。

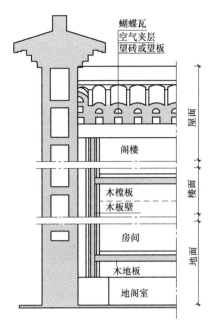

图7-3 江南民居空斗墙砌筑
来源：毛刚，段敬阳. 结合气候的设计思路 [J]. 世界建筑，2008（1）.

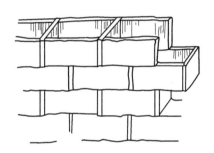

此外，自现代主义以来，工业化机械建造中现场建造过程产生的材料分层砌筑现象只是在西方发达国家或日本等一些工业化程度较高的国家得以改观，而在大量的工业化完成度不高的国家如中国、印度、埃及等中仍然存在。材料分层砌筑过程中会导致以下缺点出现：结构层、粘结层、保温层、饰面层、装饰层依次叠加，材料运输、施工工艺、人员劳动耗费严重；分层砌筑存在脱落危险，并会出现由于内部黏合程度不高而造成渗水渗漏现象；施工过程容易混入劣质保温材料、胶粘剂和其他性能低下的安装辅料；现场施工工序繁杂，施工周期长，任何一个环节出现问题均会影响整个系统出现重大质量问题；保温材料属易燃物质，施工现场大面积裸露会给施工过程带来安全隐患（图7-4）。

---

① 在中国台湾地区，建筑材料碳排放约占全生命周期碳排放的9.15%～22.22%；在日本，此比例为15.67%～22.69%。

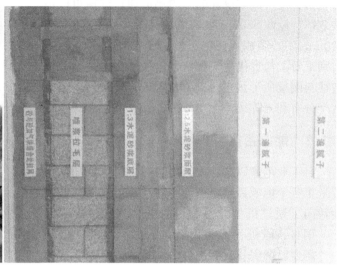

图 7-4　材料分层砌筑现象
来源：笔者自摄

工业革命的到来，使机械的自然观代替了朴素的自然观，主体与客体开始分离，人类将自己置身于自然的对立面，将自然视为客体进行征服。这种自然观强调人对自然的主体统治地位，将自然视为可量化分解的对象，在认识对象时强调可抽象性、可计算性和可替代性，其在客观上刺激了现代工业技术的勃兴。现代工业技术属于能源密集型技术，以很高的资源投入来得到高产出，但是由于许多资源的消耗根本未计入生产成本中，所以尽管微观层面上的效率可观，但是站在全球的角度来看其效益是很低的。经过工业革命，技术获得了飞跃式发展，人类逐渐获得了支配和控制自然的能力，摆脱了对自然的屈就和顺从地位。建筑的建造活动中，建筑技术的目的是营造人工环境，快速大量的建设人工环境被视为人类征服自然环境的成功标志，建设效率的提高归功于机械设备、框架结构、钢铁结构等建筑技术的发明和应用（卫东风，2009）[94-99]。

19 世纪以前，建筑技术的进步相当缓慢，建筑材料不外乎几千年沿用下来的土、木、砖、瓦、灰、砂、石，设计也一直凭借经验。由于建筑材料性能与科学技术水平限制，房屋层数很少，房屋的静空跨度有限，在古代建筑房屋中已采用多种多样的结构形式，像梁柱、穹顶、拱券、悬索、木屋架、木或石的框架。蒸汽机结束了几千年来人类对自然力——蓄力、风力、水力和人力的依赖，结束了设立工厂的地理限制，使人类第一次获得了足以改造整个世界的能源和力量，奠定了人类生产从工具向机器的转变，蒸汽机创造的动力，可生产出大规模建造建筑的材料如钢铁、水泥、砖等，能够将大量材料远距离运输[①]。蒸汽机和煤炭获得了大量廉价能源后，不再受制于人体能力的限制，深加工的建筑材料也可以变得廉价易得。例如用机器粉碎坚硬的原土，并用煤炭来高温烧制，大大提高了砖、瓦的产量和质量，搬运和施工都比较容易。采用工业建筑材料（如水泥、玻璃、钢材等），改变建筑的基本结构（如钢筋混凝土结构、钢结构、悬索结构等）及建造方法

---

① 例如，造砖在蒸汽动力发明之前一直价格不菲，而蒸汽机发明后，烧制砖成为 18 世纪后英国最主要的住宅建筑材料，甚至砖造的住宅也影响了英国的建筑风格。

（如采用大量预制件、现场组装等），这些做法使得建筑营造，从传统的以工匠技巧为基础的手工艺转变成以结构力学、工程理论为基础的工业化、标准化生产，建造过程本身成为技术过程，成为工程科学管理的过程①（图 7-5）。

蒸汽挖掘机

埃菲尔铁塔建造时使用的蒸汽起重机

19 世纪欧洲蒸汽动力驱动的起重和挖掘设备

工业化时代的起重设备

图 7-5 化石能源动力促动下的建造过程

来源：克里斯·奥克雷德. 顶天立地的建筑［M］. 长春：长春出版社，1998.

建筑材料与其潜在的性能从最开始形成了建筑物定形的基点。较早历史时期在石料、木材和砖方面的技术、19 世纪出现的在钢铁和混凝土方面的技术，以及近年来在玻璃和塑料方面的技术都大大影响了建筑物的外观②。然而，材料科学已有了飞跃式发展，传统材料已不断被完善，发展了许多新型材料和材料组合。现在，新的制作和联结方法同样影响着建筑师的设计作品。钢材有热轧和冷轧、焊接或弯曲等制备工艺，铝材被锻压成铝板铸件，玻璃板以不同的连续自动的方法被生产，并且制成不同的玻璃合成物，塑料构件被挤压和加热成型，新的密封剂和扣件被发明出来，混凝土和预应力钢筋混凝土的发明为制造、建造和以新兴技术为基础的设计开辟了新的前景③。

石材、砖的自然资源储藏丰富，尽管其地理位置的分布不均衡，但制备时的能量需要有限。玻璃和黏合材料（水泥、石灰和石膏）却不尽然，水泥类产品不仅需要大量的能源，而且会排放出大量的二氧化碳，玻璃制品虽然说可以在合理的成本上被循环利用，但仍然要消耗大量能源。钢筋混凝土结构的能源成分随着钢筋的强度而增加，材料的提取或挖掘会对自然环境产生不好的影响。铁和一些其他金属（铜、铅等）在古代就已经被使用在建筑上，但其广泛使用还是当下。矿石的采掘要先于金属提炼和合成，采矿会引起对自然环境的破坏。金属的制造（冶金等）需要大量的能源，其加工也会引起许多污染，防止

① 工业革命和技术革命给建筑的营造提供了新的手段，现代主义建筑强调建筑随时代的发展而变化，现代建筑应同工业化时代条件相适应。

② 传统的建筑材料（如木材、石料和砖）也运用在新建筑中。实际上，个体建筑师和建筑师团体都对这些传统材料情有独钟。

③ 对混凝土和其他材料来说，预制方法又为建筑提供了新的发展机会。有多种多样的组件可以被预制：墙板（筑成一个整体或由多种成分组装为整体）、容积式单位个体（模块或盒子）、地板、顶棚和屋顶嵌板、公共清洁场所（厕所、淋浴房、厨房）、隔墙等。装配方法必须精选，例如钢筋混凝土嵌板就包括了水平位置和垂直位置的两种独立的浇筑，或者是整体浇筑。此外，预制组件的设计必须解决新的问题，如工厂、公路、铁路以及施工场地的运输。

或减少腐蚀是许多金属（钢等）存在的问题。用于人工合成材料的原材料石油，目前只有一小部分用于合成材料制造。塑料的制造、使用和破坏（或再循环使用人工合成材料）在技术上复杂且昂贵，同时也增加了污染①。

建筑材料的选择与制备经过了传统自然材料与低技术生态手段到工业化材料与利用化石能源的转变过程。低技术手段下的自然材料创造了低能耗、生态效应，尽管材料制备与加工的精准性尚有欠缺，但利用传统手工艺建造一定程度上也达到了舒适度的要求。回顾工业化材料的利用过程，尽管其制备过程的部分或全部机械化使得人类获益，但同时也带来了能源消耗与环境污染，人类在享受便捷、舒适的同时不得不为生存担忧。因此，配合并行化操作模式，笔者以为，首先继承传统低技术手段获取自然能源的方式，使自然能源成为机械化制备材料的能源供给，从而为化石能源消耗提供补充成为首要考虑因素；其次，面对现场建造过程中材料分层砌筑现象，应用当下的机械化及集成化工艺制备高效集成的材料成为解决工业化材料高能耗模式的途径（表7-1）。

综上所述，一种基于可再生能源供能模式下的集成材料体系的出现成为未来建造中首要考虑的因素（Braham，2013）。可再生能源提供动力、工厂化生产、集成预制，不仅有效减少环境负荷，而且也给建造过程带来高效、低成本的收益。在笔者所探讨的并行化操作模式及最终的装配式建造方式中，将应用集成材料作为材料供应端口。集成化建造流程中所应用的数字技术及加工工艺可以完成在集成材料上的加工与切割，制备零件、构件及模块，最终实现建造现场的组合与拼装（Moe，2013）。

在低碳技术应用于材料制备过程中，可以从建筑物外部环境和条件获得可再生能源，从而为材料工艺加工过程中提供动力支持，以代替化石能源的消耗。此外，笔者尝试从低碳建筑技术体系中归纳出环保材料与节材技术的内容，以作为材料制备的总体原则（图7-6）。

低碳材料制备总体原则   表 7-1

绿色环保材料与技术	使用地方性建筑材料、设备与技术	使用当地生产的三大建筑材料（钢、水泥、木材）
		使用当地出产的石材等天然装饰材料
		使用当地生产的防火、防水的建筑功能材料
		使用当地生产的建筑设备
	使用绿色环保材料	使用经济林出产的木材
		使用由经济林木加工的制品
		使用无化学添加剂的环保建材
		使用无污染（或二次污染）的绿色建材
		使用无放射性的建材

① 聚乙烯和聚丙烯很适应再循环，聚氯乙烯对环境会产生负面影响。在泡沫聚苯乙烯以及冷却冷藏物质的生产中，氯氟化碳物质（该物质会引起臭氧层的减少）的使用正逐渐地被其他替代品所代替。

续表

	采用高性能混凝土、高强度钢	使用高标号混凝土
		使用高强度钢材
		高结构性能的特殊型材
节材技术	使用可再循环材料	使用可再生建筑材料
		使用可循环使用建筑材料
		使用二次回收、加工方便和能耗低的材料
	采用新型墙体材料	使用功能复合型墙体材料
		使用环保、节材型墙体材料
		使用轻质、高强的建筑材料
	采用节约材料的新工艺、新技术	采用节材、省时的施工工艺
		采用性能优越的新技术产品、新设备

来源：李兵. 低碳建筑技术体系与碳排放测算方法研究 [D]. 武汉：华中科技大学，2012：62-66.（笔者参考论文中"低碳建筑技术体系"相关内容绘制）

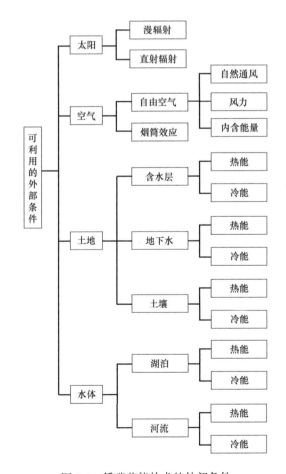

图 7-6　低碳节能技术的外部条件

来源：李兵. 低碳建筑技术体系与碳排放测算方法研究 [D]. 武汉：华中科技大学，2012.

7.2 集成材料制备过程

传统施工过程中，建筑材料均是逐层砌筑，例如传统工业化机械建造中最常见到的材料做法便是结构层、粘结层、保温层、饰面层、装饰层这样的逐层砌筑工艺。不仅材料运输、施工工艺、人员劳动等耗费不菲，而且施工效果不一定理想，时间长久之后，分层砌筑的材料存在脱落危险，并存在由于内部黏合程度不高等原因造成的渗水渗漏现象。例如，在当前的现场施工过程中，尤其在严寒地区、寒冷地区或夏热冬冷地区，经常会涉及外墙保温系统的施工做法，而其中应用最多的则是用膨胀聚苯板抹灰外墙保温系统和胶粉聚苯颗粒外墙外保温系统。此两种做法中的各个工序均需要在工地现场施工，主体承重结构完成后方可进行，并且一道工序完成后另一道工序才能开始，其中必然会埋下隐患的伏笔。其一，施工过程中容易混入劣质保温材料、胶粘剂和其他性能低下的安装辅料；其二，现场施工的工序繁杂，施工周期长，任何一个环节出现纰漏均会影响整个系统出现重大质量问题；其三，保温材料属易燃物质，在未做外墙装饰面层时，保温材料大面积裸露，将给施工过程带来重大安全隐患。

经过上述分析，笔者以下阐述的集成材料制备过程便可避免以上问题。面对比较成熟的工厂机械化操作，可将混凝土、玻璃纤维、钢材、塑料等利用预制方式形成模块式集成材料及半成品构件，其中用到叠层实体制造工艺，能够形成结构层、保温层、保护层、隔汽层、饰面层等一体化的块材或部品。当然，模块式集成材料或半成品构件需要设置特有的连接方式，以满足模块材料之间或构件之间的相互连接，如四边卡托、设置锚固件等方式，进而利用干挂等方式固定于墙体之上。打印集成则是利用三维打印特有的技术工艺如D-shape成型工艺、轮廓工艺、激光烧结工艺，将粉末材料粘结、制作成集成材料的手段，其中满足结构、保温、隔汽、饰面等属性要求，是比模块式集成材料或半成品构件更加高度集成的集成方式。在实际建造中，跨学科团队可根据建造技术选择性的应用，如选择数控机床技术切割、加工，则原材料应为集成材料，切割、加工成型的模块、构件仍为集成材料模块或构件，若需要整块墙体或整体建筑均为集成化建造，则可考虑应用三维打印工艺。

7.2.1 预制集成

1. 模块式集成材料

为了避免上述问题的产生，参考国内外建筑行业的施工要求及技术规范，结合工厂制造生产，某些生产企业向市场推出了集保温隔热、防火、防水和装饰为一体的绿色环保节能新型建材——外墙保温装饰一体化成品板（图7-7）。其中"以保温装饰板为核心构造材料，四边卡托加粘结结构，由粘结层、保温装饰板、专用锚固连接件、防水透气塞、密封材料、密封胶互相结合组成，即将独立板块大小的保温装饰板通过粘结+锚固或干挂等方式，装配固定于墙面上，通过锚固连接件锁紧、板间缝隙嵌实并密封，在建筑墙体上形成装饰性完美、高强耐久的装配式成品一体化板，从而实现建筑墙体系统节能保温、隔热、防火、装饰一体多重功效"（李维涛 等，2015）。在万科中粮假日风景D1、D8号工业化住宅楼（图7-8）的建造中运用了这种模块式集成材料，"预制外墙由3个层次构造，内侧为受力层，中间是带阻热性能的玻璃纤维连接件，外层是 50mm 厚清水混凝土保护层，同时也是装饰层"（樊则森，2012）[63]。

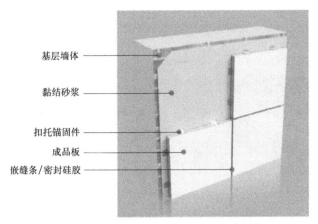

基层墙体
黏结砂浆
扣托锚固件
成品板
嵌缝条/密封硅胶

图 7-7　外墙保温装饰一体化成品板系统

来源：李维涛，王玮. 水泥纤维外墙保温装饰一体板的特点及应用 [J]. 河南建材，2015（4）：99.

图 7-8　万科中粮假日风景 D1、D8 号楼模块式集成材料

来源：万科中粮假日风景（万恒家园二期）项目 D1、D8 工业化住宅楼 [J]. 混凝土世界，2013（3）：64.

　　模块式集成材料尤其在工业化住宅中应用较多。随着建筑工业化的发展，建筑业与制造业越来越显示出相互结合特点，工业化住宅体系由通用模块（结构支撑部分）和可变模块（填充体部分）组成，"其与荷兰建筑师尼古拉斯·约翰·哈布瑞肯提出大众（集合）住宅的设计理论不谋而合，认为工业化住宅体系由支撑体'S（skeleton）'和填充体'I（infill）'组成"，其中通用模块相对较固定，多采用预制混凝土或钢结构体系，工厂标准工业化手段获得；而可变模块则往往体现个性控制范围，局部创新尝试往往在这类模块中应用较多，如日本基于 SI 理论基础的 NEXT21 实验住宅（图 7-9）（王先逵，2008）。"工业化住宅系统由具有独立功能的一些模块①构成，这些模块（结构模块、围护模块、设备

---

　　① 所谓模块就是可组合成系统的，具有某种确定功能和接口结构的通用独立单元。

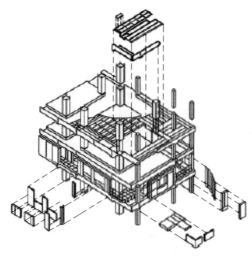

图7-9　日本NEXT21住宅支撑体和填充体

来源：胡向磊，王琳. 工业化住宅中的模块技术应用 [J]. 建筑科学，2012，28（9）：75-78.

模块和装饰模块）通常是住宅构件等基本元素的集合体。模块组合过程产生大量的组合接口，这些接口应从系统最优出发[①]，用简单实用的方法协调被组合的各种工业化部品"（胡向磊 等，2008）。

模块式集成材料多见于产业化住宅墙体中，利用工厂机械化预制方式，可避免传统湿作业施工方式中各层级材料的固定和连接问题，将结构墙体、保温层、保护层、隔汽层、饰面层等进行精密组装加工，通过工业化生产充分发挥各种材料的物理性能，生成各种性能优良的集成墙体，满足墙体保温隔热等整体生态技术要求。其中，结构墙体与保温层的集成可分为：墙体自保温、墙体外保温、墙体内保温和墙体夹心保温4种（表7-2）。

墙体与保温层集成示意　　　　　　　　表7-2

	墙体种类	特征	图示
墙体自保温	加气混凝土砌块、空气砖、混凝土空气砌块和盲孔复合保温隔热砌块	墙体内部有许多封闭小孔，热导率相对较小，具有良好的保温性能，不需要另外附加保温隔热材料	
墙体外保温	抹灰型	聚苯颗粒作轻骨料，加上胶凝材料，按配合比加水进行混合搅拌后进行工厂机械化墙体抹灰	墙体 / 界面剂 / 聚苯颗粒保温层 / 抗裂砂浆 / 耐碱玻纤网格 / 抗裂砂浆 / 柔性耐水腻子 / 饰面层

① 如最简单的可变模块要实现与通用模块的连接，则应该解决两者模块间连接界面的问题。工业化系统集成是将住宅一体化产品的组成要素融合、协调，并使该一体化产品性能最优。这一技术管理过程由多种不同技术复合而成，如设计技术、制造技术、施工技术等。因此，接口显示了重要作用。

续表

	墙体种类	特征	图示
墙体外保温	粘贴型	利用机械化加工方式,在外墙外侧采用聚合物砂浆粘贴自熄型聚苯板、挤塑型聚苯板、膨胀珍珠岩板等	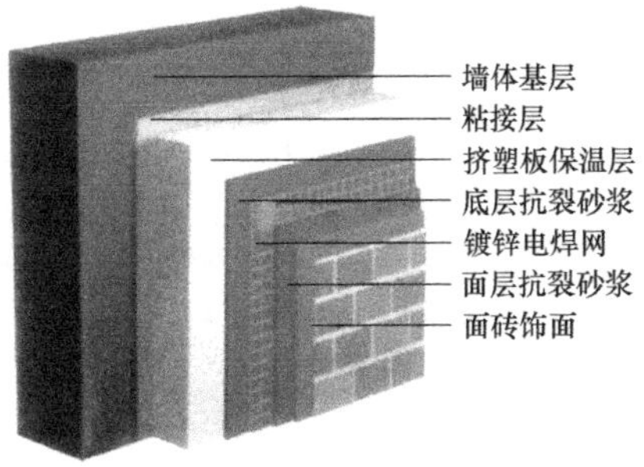 墙体基层 粘接层 挤塑板保温层 底层抗裂砂浆 镀锌电焊网 面层抗裂砂浆 面砖饰面
	现浇型	工厂化浇灌外墙混凝土时将聚苯板放在外模板内侧,并加适当数量的钢筋栓与聚苯板连接	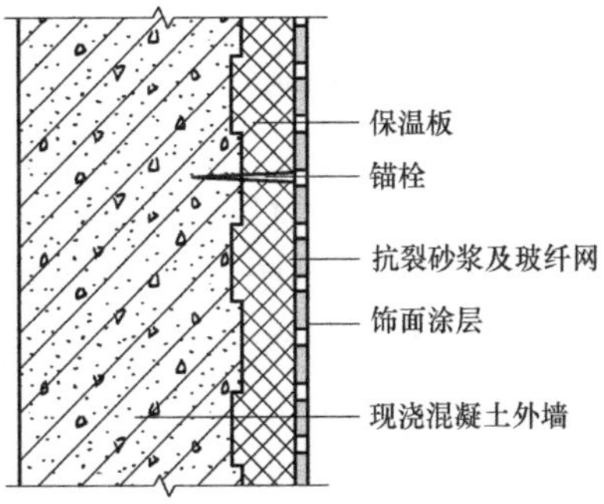 保温板 锚栓 抗裂砂浆及玻纤网 饰面涂层 现浇混凝土外墙
	悬挂型	采用工业化预留固定构件的整体加工方式,利用拉结钢筋或螺栓将预制保温板悬挂于外墙	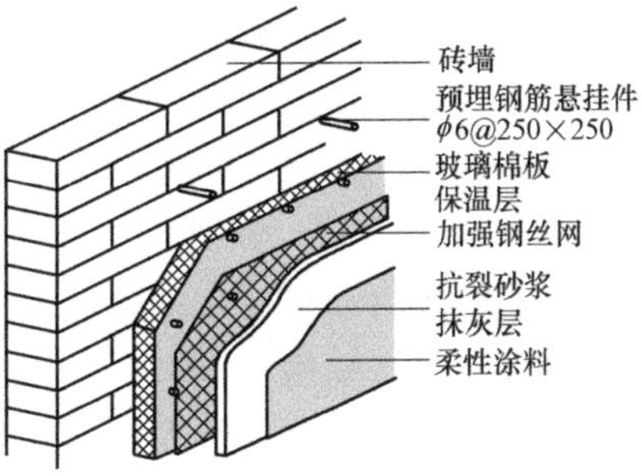 砖墙 预埋钢筋悬挂件 φ6@250×250 玻璃棉板 保温层 加强钢丝网 抗裂砂浆 抹灰层 柔性涂料
墙体内保温	抹保温砂浆型	墙体结构内侧附加保温隔热层,由保温隔热板和空气间层组成	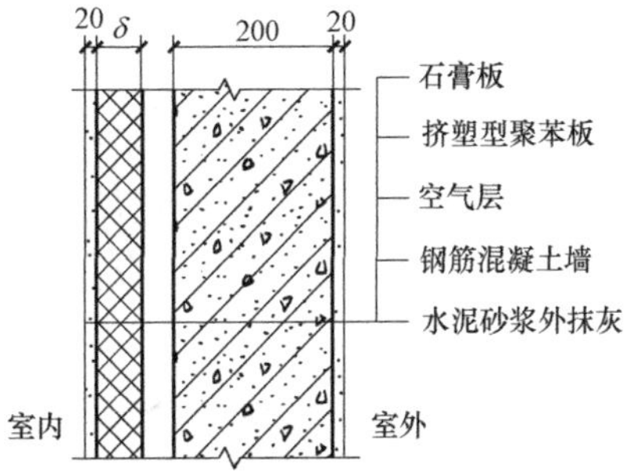 20 δ　200　20 石膏板 挤塑型聚苯板 空气层 钢筋混凝土墙 水泥砂浆外抹灰 室内　室外
	粘贴型		
	龙骨内填型		

续表

墙体种类		特征	图示
墙体夹心保温	保温材料内填型	将保温材料置于墙体中间，内外侧墙体均可采用传统黏土、砖、混凝土空心砌块等材料	抹灰层 现浇混凝土墙 聚苯板保温层 现浇混凝土墙 连接件 外装饰面层
	空气间层型		

来源：柴成荣. 我国产业化住宅墙体的生态技术框架研究 [D]. 上海：上海交通大学，2011：44-48.（笔者参考论文中相关内容绘制）

　　结合以上阐述的模块式集成材料基础，笔者接下来以山东建筑大学开发的外墙预制保温条板为例，重点探讨模块式集成材料的连接方式。山东建筑大学土木工程学院开发研制的外墙预制保温条板（HRP）属于模块式集成材料类型，符合节材、节水、节能、低碳和保护环境等国家技术经济政策，适用于装配整体式建筑体系，采用装配式工艺，将HRP外墙条板通过预埋件与梁、柱、板锚固在一起，以实现材料集成与建筑结构体系的一体化（表7-3）。"采用双侧钢筋网和热断桥连接件作为骨架。钢丝编织焊接而成的钢丝网片放置于细石混凝土内外两侧，用于与其他层级材料的连接。在此基础上，为保证细石混凝土面层与钢筋混凝土面层的连接，并为防止出现热断桥，采用一定锚固构造形式的热断桥连接杆；两侧浇注强度不低于C40的专用纤维混凝土（或砂浆），其可将面板断面从50mm减至30mm，减轻自重的同时还能保持设计要求的强度和抗裂性能；中间填充做防火封闭的聚苯板（EPS）、挤塑板（XPS）、改性酚醛树脂（PF）、聚氨酯发泡（PU）等保温材料，工厂内全自动机械化生产，板外层喷涂真石漆或氟碳漆类外墙涂料作为饰面层，双侧构建榫卯式防水结构"（郭庆亮，2013）[71-77]。在密闭的模腔内压力注浆后养护成型，尺寸设计以方便模车制造为前提（图7-10～图7-12）。

图 7-10　HRP外墙条板生产线工艺流程图

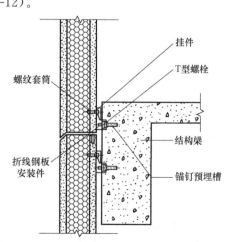

图 7-11　HRP外墙条板与结构梁连接示意图

　　HRP外墙条板由山东建筑大学发起，选择德州市平原县某工厂进行了试制试验，根据工厂内全自动机械化生产的要求，采用自动化控制系统，分为装模系统、搅拌注浆系统、养护系统和拆模系统、生产中各个系统位置固定不变，依靠自动化控制系统操作模车在预定轨道上行走完成整个生产流程工艺（图7-13）。

图7-12　HRP外墙条板安装示意图

图7-10～图7-12来源：郭庆亮. 高效节能精装
一体化外墙预制保温条板的研制 ［D］.
济南：山东建筑大学，2013：71-77.

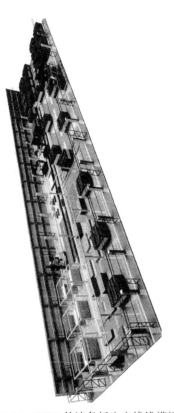

图7-13　HRP外墙条板生产线线模拟
来源：同图7-12

HRP外墙条板各工艺阶段操作步骤及要点　　　　　　　　　　表7-3

序号	阶段	工序	工作要点
1	芯模组装阶段	1. 取EPS板	尺寸校准
		2. 芯板钻孔	
		3. 粘防火板	
		4. 加工注浆口	
		5. 插连接杆	
		6. 取钢丝网片	尺寸校准
		7. 绑钢丝网	定位测量
		8. 安装预埋件	
		9. 铝合金边条刷脱模剂	注意与脱模后进行对比

续表

序号	阶段	工序	工作要点
1	芯模组装阶段	10. 芯模总装	
		11. 模车刷脱模剂	
		12. 装模到位	
		13. 加压合模	记录油压缸压力值;测模抢隔板间距,测 5 个点
2	搅拌注浆阶段	1. 物料称量	
		2. 上料	
		3. 加水搅拌	
		4. 出浆	
		5. 加压	
		6. 注浆	记录压力值,观察漏点、模枪尺寸量测
		7. 冒出浆料计量	
		8. 排气	
3	检测留样	留样	留 4 锥模测流动度,留 1 锥模测凝结时间,留 27 组试块测强度
4	余浆清洗	1. 余浆处理	装花砖模
		2. 清洗	
5	养护阶段	墙板养护	记录好温湿度
6	拆模阶段	墙板拆模	注意观察墙板外观
7	特殊情况	事故排浆	加水搅拌开始,30min 未注浆的,应在 5min 之内及时排掉并清洗储浆罐

来源:郭庆亮. 高效节能精装一体化外墙预制保温条板的研制 [D]. 济南:山东建筑大学,2013:71-77. (笔者参考论文中相关内容整理)

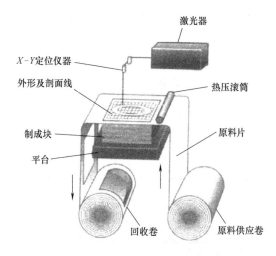

图 7-14 叠层实体制造工艺的成型原理
来源:杨继全,戴宁,候丽雅. 三维打印设计与
制造 [M]. 北京:科学出版社,2013.

基于以上分析,模块式材料制备过程中可利用制造业中的叠层实体制造法完成材料的叠合过程,从而为传统材料的集成提供工具与技术,叠层实体制造法可以实现将结构层、玻璃纤维保护层、聚苯板保温层、混凝土饰面层叠合压制集成。叠层实体制造法(Laminated Object Manufacturing,LOM)又名分层(或层压)实体制造。"其主要特点是根据数字化模型各层切片的平面几何信息对建筑材料进行分层实体切割。如图 7-14 所示的装置有箔材存储和传送机构,工作时激光头进行 X-Y 切割运动,将铺在工作台上的一层箔材切成最下一层切片的平面轮廓。随后工作台下降一层高度，建筑材料送进机构又将新的一层材料铺上并加热压辊碾压使其牢固地粘在已经成型的原始材料上，激光头再次进行切割运动切出第二层平面轮廓，如此重复直至整个三维材料制作完成"（张世琪 等，2003）[396]。图 7-15 展示了加工材料的具体过程。

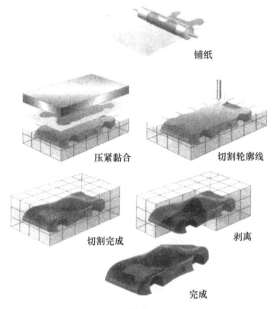

铺纸

压紧黏合　　　　切割轮廓线

切割完成　　　　剥离

完成

图 7-15　叠层实体制造工艺成型过程
来源：杨继全，戴宁，候丽雅. 三维打印设计与制造［M］. 北京：科学出版社，2013.

2. 半成品构件集成

全球化的制造方式使得建造方式也受到影响①。在传统的做法中，建筑物都是使用当地经济所能负担的建材和方法，在现场进行设计与建造，然而由于分工变得更加精细，建筑师超越工艺师的工作形态，可在不同地域进行设计工作，并透过交易方式获得其他地区的建材和组件，而不需在当地自行制造。随着工业革命的发展，许多建筑师得以开发国内与国际的业务，由专业工厂负责制造建材与组件，然后透过道路、铁路及海路运输系统分送世界各地。随着计算机与电信革命的发展，跨国设计与营造团队得以有效建立，美国洛杉矶的建筑师可与位于芝加哥与伦敦的工程顾问、东京的总承包商以及遍布全球的组价制造商，共同在上海建造一栋新的建筑物②。

集成化之后，制造商承担了一部分建筑设计工作，建筑师作为概念与构思提供者的作用得到加强，并且建筑师多以可组装部件形式进行半成品设计。在威廉·艾尔索普（William Alsop）设计的位于德国杜塞尔多夫的港口大厦上，可以看到半成品自由组合的影

---

① 虽然一部电脑上印的是一家硅谷公司的名称，但产品的装配生产线其实是在台湾进行的，要是打开外壳就会发现，标示在每个组件上的工厂名称及所在地竟是散布于全球，同样的，像主板这种次组件也是在许多不同的地区组装完成的。另外，各种软件的设计也是来自加利福尼亚州的库佩蒂诺、西雅图、剑桥、悉尼及其他更多地区，而软硬件组件及子系统的设计与整合工作，则是在无数个多半不知名的地方进行的，它们上头印的是品牌名称，而非工艺师的署名，无法说出这是谁或是在哪里制作的，它真正是一项全球的产品。

② 这样的团队极具竞争力，因为它能突破地域的限制，将最顶尖的专业技术聚集在一起，进入全球最具吸引力的劳动市场，并使用高度专业化的制造技术与机械设备。

子，建筑立面纷繁复杂的图案中包含着若干构图"模块"，即整个立面的半成品部件，立面的设计过程实质就是自由组合构图模块。Stanley Davis 在 1987 年就未来的产品设计提出过富有远见的设想，认为为了满足顾客对多样化产品的需求，制造商可以提供众多可组合的部件，即半成品，而顾客根据自己的喜好组合这些部件，完成最终设计。这种设想当下正被逐渐实现，如可自由选择配件的个人计算机、可组装的家具、提供多种配置和内装的汽车菜单式室内装修、一体成型可装卸的卫生间、模块化的建筑细部、没有隔墙的公寓、单元可移动住宅……出于效率和多样化的考虑，今后的建筑师会花费更多时间来设计这些半成品（史晨鸣，2010）[97]。

　　Kaufmann96 建筑师事务所设计的"Su-Si"和"Fred"可移动建筑是一种典型的半成品设计。首先，建筑功能可以选择，可作为住宅、办公室、工作室等，根据客户的需要而定，根据不同功能，配以不同的可选择设备；其次，建筑的体量可选择，"Su-Si"的面积从 $30m^2$ 到 $50m^2$ 不等，"Fred"从 $9m^2$ 到 $18m^2$ 不等；再次，建筑的材料也是可选择的，制造商提供多种木材和金属材质；最后，建筑内部装修也有若干种选择，建筑的制造过程非常高效，建筑主体结构在工厂的制造时间仅为 5 周，内部设备与装修的安装，"Su-Si"为 5h，"Fred"仅为 2h。功能、尺寸、材料、装修这些元素都是半成品，设计最终定稿权交给了客户。

　　此外，纳士塔（RASTRA）（图 7-16）作为一种新型墙体材料，是由聚苯乙烯、水泥、添加剂和水，采用工厂高度自动化专用设备铸压而成的带横竖孔槽的板材构件①。纳士塔墙体则由单体、双体和边端几类标准纳士塔构件按照设计图纸要求，在施工现场或在工厂中采用泡沫型胶粘剂拼接而成。整个墙体内部充满了上下左右都能互相贯通的孔槽，孔槽内通过浇灌一定强度的混凝土或穿插钢筋后再浇灌混凝土，经过一定时间的凝结，就能满足墙体的使用要求②。构件的工地搬运、吊装、装配仅需使用轻型卷扬机或起重机，单一构件则由人工摆放，施工周期短、速度快、适用于产业化生产，而且墙体材料自重量轻，可以减少基础的承受荷载，节省住宅基础投资。纳士塔建筑体系与施工相结合，采用

(a) 施工现场　　　　　　　　　(b) 工厂预制　　　　　　　　　(c) 构件骨架

图 7-16　纳士塔墙体

来源：柴成荣. 我国产业化住宅墙体的生态技术框架研究 [D]. 上海：上海交通大学，2011：55.

---

　　① 纳士塔建筑体系是指住宅墙、楼板、屋盖及地基均由纳士塔构件支撑起来的建筑体系，作为一种全新、独特的住宅体系，具有保温、隔热、耐火、隔声、轻质等优点。
　　② 住宅的楼板和屋盖也可以通过采用纳士塔构件黏结组合而成。

墙体的产业化整体预制，或采用工业化生产纳士塔构件进行现场快速装配施工，并通过构件内部横、竖向贯通的孔槽布置管线通道和进行墙体加固，保持墙体与管线设备的整体性，满足墙体的可变性设计要求。其从建筑设计、建筑施工、建材生产等多方面改变了传统住宅建筑业的技术施工方法，强有力地推进住宅产业化发展，在欧美国家尤其普及（图7-17）。

图 7-17　美国纽约使用"纳士塔"的高层建筑

来源：http://www.digital-doa.com/jsipprell/archives/materials/

前述 SI 住宅体系[①]（图 7-18），内部分隔墙、各类管线、地板、厨卫等填充体，通过标准化、系列化的工厂化生产，形成模块式半成品构件，进而进行现场组装。其中，墙板上下两端设置升降脚，可以通过升降脚的调节使墙板与上下楼板充分挤压固定，然后利用墙板端部预留的保温隔热层及面层与楼板进行搭接，并用特制封条进行固定密封，而墙板之间依靠凹槽来卡住，以满足墙体保温隔热、隔声等各项使用需求。为了保证 SI 住宅的整体性能，要求对墙体各构造进行集成化设计，如将墙体结构支撑体、空气间层、保温隔热层、防水层、装饰面层等进行高度集成，在工厂进行机械化组装，并通过墙体预埋管线通道方式解决建筑对水、电等系统接口的要求，通过预留检修口方式满足日后的维修改造要求，现场施工内容也就简化成填充板墙的现场拼接，以及各类接头的安装连接[②]（图7-19）。

---

① 作为一种结构支撑体和填充体完全分离方式施工的住宅体系。其中 S 是指 Skeleton，即住宅躯体、支撑体，包括承重结构中的柱、梁、楼板及承重墙，共用的生活管线、共用设备、共用楼梯等；I 是指 Infill，即住宅填充体，包括设备管线和户内装修等，其支撑体部分满足了住宅的大空间和可变性要求。住宅内部的分隔墙、各类管线、地板、厨卫等内部填充体，通过标准化、系列化的工业化生产，可以减少现场作业，确保产品质量，减少环境污染，避免传统住宅二次装修带来的浪费，并随着住户的生活方式以及生活习惯变化而进行改变，能很好地满足住宅的动态设计要求，并满足不同时期、不同家庭、不同需求的住宅要求。

② 产业化住宅墙体的结构体系创新，在工厂化预制墙体时便根据管线布置要求，在墙体中布置相应的管线通道，并在管线通道中布置相应的管线，能在不破坏墙体结构的同时满足管线的更换改造要求。当垂直预埋管线埋设于钢筋混凝土柱或者钢筋混凝土剪力墙中时，仅需将线路套管改为钢管，并与结构钢筋绑扎固定，防止在浇筑振捣混凝土时偏位。由于电气管线直径较小，对混凝土墙、柱影响不大，可根据需要灵活布置。

图 7-18　SI 住宅施工现场图及结构示意图
来源：http://www.digital-doa.com/jsipprell/archives/materials/

图 7-19　工业化的管线预埋墙体
来源：柴成荣. 我国产业化住宅墙体的生态技术
框架研究［D］. 上海：上海交通大学，2011：58.

7.2.2　打印集成

三维打印①（Three Dimension Printing，3DP）或称为三维印刷、粉末材料选择性黏结，采用粉末材料成型，如陶瓷粉末、金属粉末。材料粉末通过喷头用胶粘剂（如硅胶）将构件的界面"印刷"在材料粉末上的过程，有别于传统机械加工"去除材料"的减法方式，是一种利用"材料堆积"的加法加工原理进行三维实体制作。它将复杂的计算机三维模型"切"成一系列设定好厚度的切片层，从而变为简单的二维模型进行打印，逐层叠加，并使用液态连接体将铺有粉末的各层固化以创建三维实体。

3D 打印机依托三维数字模型，待三维数字模型建立好后，将胶体或粉末等"打印材

①　三维打印最早由美国麻省理工学院（MIT）于 1993 年开发。

料"装入打印机，再将打印机与计算机相连接，就可以通过计算机控制将"打印材料"和三维立体模型一层层叠加，最终将计算机上的蓝图变成实物。3D打印设备处于工作状态时，塑性模型材料细丝与可溶性支撑材料被加热至半液体状态，通过挤压头输出，精确地沉积成极细微的分层。分层厚度范围在0.005～0.013英寸（即0.127～0.33mm），印刷头只沿水平方向或垂直方向移动，模型与支撑材料将自低而上构造，压盘根据实际情况上下移动（李艳，2014）（图7-20）。

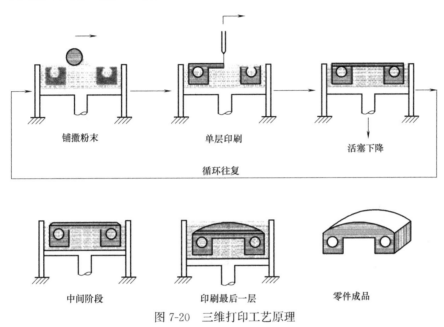

铺撒粉末   单层印刷   活塞下降

循环往复

中间阶段   印刷最后一层   零件成品

图7-20 三维打印工艺原理

来源：宋靖华，胡欣. 3D建筑打印研究综述［J］. 华中建筑，2015（2）：7-10.

三维打印快速成型机的成型源头为喷头，喷头可以做X-Y平面运动，工作台作Z方向的垂直运动，喷头吐出熔化的热塑性材料、蜡或胶粘剂等，主要有三维喷涂黏结（也称粉末材料选择性黏结）和喷墨式三维打印两类。三维喷涂黏结采用的原材料包括陶瓷、金属、塑料的粉末，也可以直接逐层喷陶瓷粉浆，技术关键是配制合乎要求的胶粘剂。首先，铺设粉末或薄层基底（如纸张），利用喷嘴将液态胶粘剂喷在预先铺好粉层或薄层上的特定区域，上一层黏结完毕后，成型缸下降一个距离供粉缸上升一高度，推出若干粉末，并被铺粉辊推到成型缸，铺平并被压实，喷头在计算机控制下，按照下一截面的成型数据有选择地喷射胶粘剂建造层面，铺粉辊铺粉时多余的粉末被集粉装置收集。如此周而复始地送粉、铺粉和喷射胶粘剂，最终完成一个三维粉体的黏结。喷墨式三维打印机采用多个喷嘴，如美国Stratasys公司推出Dimension系列打印机，能完成设计方案的三维打印，材料为ABSplus塑料，所制作出的模型强度更高（王细洋，2010）[72]（图7-21、图7-22）。

3D打印技术需要数字技术的支持，首先需要通过计算机完成三维信息模型的建立，其次需要将三维信息模型转换成3D打印机可以识别的制造工序，其中涉及三维信息模型到工程加工数据的转换，应用前述"集成化建造流程"章节中所阐述的数据接口技术，"无须机械加工或任何模具，就能直接从计算机图形数据中生成任何形状的实体，从而极

图 7-21　美国 Z 公司的 Z406 成型机　　　　　图 7-22　DimensionBST1200es 三维打印机

来源：杨继全，戴宁，候丽雅. 三维打印设计与制造 [M]. 北京：科学出版社，2013.

大地缩短产品的研制周期，提高生产率和降低生产成本，并且有更高的打印精度。"（王子明 等，2015）当前的快速成型技术分为 3DP 技术、FDM 熔融层积成型技术、SLA 立体平版印刷技术、SLS 选区激光烧结、LOM 分层实体制造技术。3D 打印材料可分为液体材料、粉末材料、丝状材料、块状材料等，按照化学性能分类可分为高分子材料（如树脂、石蜡等）、金属材料（如铝、钛合金）、无机非金属材料（如石膏、陶瓷等）及其复合材料（表 7-4）。

3D 打印技术与材料类型

表 7-4

类型	工艺	材料	代表公司
挤压	熔融沉积(FDM)	蜡、ABS 塑料、聚碳酸酯、尼龙、食材	Stratasys(美国)
线	电子束自由成形(EBF)	钛合金、不锈钢	Arcam(瑞士)
粉末	直接金属激光烧结(DMLS)	镍基、钴基、铁基合金、碳化物复合材料、金属合金粉末	EOS(德国)
	电子束熔化成型(EBM)	金属合金粉末	Arcam(瑞士)
	选择性激光熔化成型(SLM)	热塑性树脂粉末	ConceptLasers(德国)
	选择性热烧结(SHS)		—
	选择性激光烧结(SLS)	金属粉末、陶瓷粉末	北京隆源自动成型有限公司
喷射胶粘剂	三维打印(3DP)	石膏、水泥基复合材料	3D Systems(美国)
层压	分层实体制造(LOM)	纸、金属薄膜、塑料薄膜	Helisys(美国)
光聚合	立体平版印刷(SLS)	光硬化树脂	3D Systems(美国)
	数字光处理(DLP)	光硬化树脂	EnvisionTec(德国)

来源：王子明，刘玮. 3D 打印技术及其在建筑领域的应用 [J]. 混凝土世界，2015（1）：53.

　　尽管制造业领域的三维打印技术已发展的较为成熟，但建造领域的发展仍相对滞后，并且能直接应用于建造中的三维打印并不多见，需要建筑师及工艺规划师根据具体的建造过程结合制造领域中的打印技术选择性的开发应用，笔者以下所探讨的 3 种打印工艺属于结合建造过程应用相对完备的技术，主要包括 D 型工艺（D-Shape）、轮廓工艺（Contour Crafting）和混凝土打印（Concrete Printing）（表 7-5）。

应用于建筑领域的 3D 打印技术工艺 表 7-5

	轮廓工艺	混凝土打印	D 型工艺
工艺	挤压成型	挤压成型	3D 打印
是否使用模板	否	否	否
使用材料	使用砂浆制作轮廓，胶凝材料作为填充	高性能打印混凝土	含有氧化镁的粉末
胶粘剂	不需要	不需要	氯化镁水溶液
喷嘴直径	15mm	9～20mm	0.15mm
喷嘴数量	1	1	6300
单层厚度	13mm	6～25mm	4～6mm
抗压强度	未知	100～110MPa	235～242MPa
抗折强度	未知	12～13MPa	14～19MPa

来源：丁烈云，徐捷. 建筑 3D 打印数字建造技术研究应用综述［J］. 土木工程与管理学报，2015（9）.（笔者根据论文中相关内容整理）

1. D-shape 成型工艺

D-shape 成型工艺由意大利发明家恩里克·迪尼发明，以细骨料和胶凝料为打印材料。D-shape 工艺打印机的底部有数百个喷嘴，可喷射出镁质胶粘物，在胶粘物上喷撒砂子可逐渐铸成石质固体，通过一层层胶粘物和砂子的结合，最终形成石质建筑物。工作状态下，D-shape 打印机沿着水平轴梁和 4 个垂直柱往返移动，打印机喷头每打印一层时仅形成 5～10mm 的厚度，打印机操作可由电脑 CAD-CAM 制图软件操控，建造完毕后建筑体的质地类似于大理石，比混凝土的强度更高，并且不需要内置铁管进行加固。事实上这种方法类似于选择性粉末沉积，打印所使用的材料为氯氧镁水泥（图 7-23）。目前，这种打印机已成功建造出内曲线、分割体、导管和中空柱等建筑结构。2013 年 1 月，荷兰建筑师杨亚普·勒伊塞纳尔斯（Janjaap Ruijssenaars）与意大利发明家恩里科·迪尼（Enrico Dini，D-Shape 3D 打印机发明人）合作，打印出一些包含砂子和无机胶粘剂的 6m×9m 的建筑框架，利用砂和无机物先对建筑物框架进行逐块打印，随后进行组装，之后再用纤维增强水泥材料对框架进行填充，最终的成品建筑采用单流设计，由上下两层构成，命名为"Landscape House"，以模拟莫比乌斯环（图 7-24）。

2. 轮廓工艺

"轮廓工艺"是由美国南加州大学工业与系统工程教授比洛克·霍什内维斯提出的。与 D-shape 成型工艺不同的是，轮廓工艺的材料都是从喷嘴中挤出的，喷嘴会根据设计图的指示，在指定地点喷出混凝土材料。然后，喷嘴两侧附带的刮铲会自动伸出，规整混凝

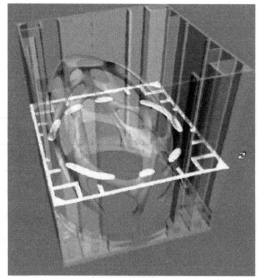

石质建筑物之一 石质建筑物之二

石质建筑物之三 石质建筑物之四

图 7-23 D-shape 打印的镁质胶粘物与石砂集成材料

来源：比洛克·霍什纳维斯. 机器人登陆月球建造建筑 [J]. 城市建筑，2012 (7).

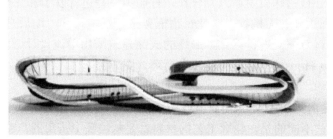

图 7-24 D-shape 成型工艺完成的 Landscape House

来源：肖绪文，田伟. 3D 打印技术在建筑领域的应用 [J]. 施工技术，2015 (5).

土形状①（图7-25）。这样一层层的建筑材料砌上去就形成了外墙，再扣上屋顶，一座建筑则完成了建造。轮廓工艺的特点在于不需要使用模具，打印机打印出来的建筑物轮廓将成为建筑物的一部分，研发者认为这样将大大提升建造效率。混凝土打印由英国拉夫堡大学建筑工程学院提出，该技术与轮廓工艺相似，使用喷嘴挤压出混凝土通过层叠法建造构件。该团队研发出一种适合3D打印的聚丙烯纤维混凝土，并测试了这种混凝土的密度、抗压、抗折强度，层间的粘结强度等物理性质，证实该混凝土可以用于混凝土打印技术。

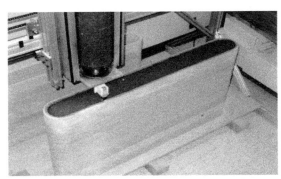

图7-25 操作中的轮廓工艺机械，以及典型的2.5D和3D造型，混凝土填充
来源：王子明，刘玮. 3D打印技术及其在建筑领域的应用 [J]. 混凝土世界，2015（1）：53.

"利用轮廓工艺，无须模具，建造的结构在建设过程中可以自我支承。快速凝固的水泥可以在浇灌之后迅速实现自我支承，在以化学方法控制的时间内迅速获得完全的支承力。当然，如果需要另外支承，同样可以采用轮廓工艺进行制造，无须模具的轮廓工艺表现出比其他建造方法更大的优势②。首先，大大提高了成本效益，避免了建造模具所需的材料和劳动力方面的开支；其次，带来巨大的环境效益，在传统的建造方法中，建造模具使用的材料通常在使用后被丢弃；再次，大大减少了施工时间，使用该技术不仅节省了建造模具的时间，而且快速凝固水泥的使用大大提高了施工速度③"（霍什内维斯 等，2012）[40]。

目前轮廓工艺有两种打印方法：一种是利用一台大型机器人逐层打印，然后将每一层叠加起来从而构筑整栋房屋，这种方法的缺点是需要大型场地的预备及一台超大型的机器人④（图7-26）；另一种方法是采用多个工业机器人协同工作，此方法的优点是便于运输、安装，可进行并行化施工。利用轮廓工艺建造过程中，总工程量可以通过机器人打印路径

---

① 与传统手工工艺的操作方法类似，这些泥铲就像两个坚实的平表面，可以使每层的外表面和上表面平整顺滑，形状精确。侧面的泥铲能够调节角度，从而形成非正交的表面。轮廓工艺是一种混合技术，包括构建物体外框的过程，以及向内核中浇筑或灌注挤出的材料进行填充的过程，外框一旦形成，内核就立刻填充好。

② 构筑外表面和填充内核可以使用更多不同的材料，陶瓷以及土砖的使用已经得到了开发，使用其他复合材料也很有可能。而且，还可以利用轮廓工艺的喷嘴混合能够发生化学反应的多种材料，挤出后立刻反应固化。每种材料的相对用量可以通过电脑控制调整，这就可以使用于施工的材料根据不同区域而变化。

③ 可以构建单曲面和双曲面，而且由于电脑建模控制并直接投入建造，更能保证施工的精确性。甚至，在每个施工单元中引入个体变化的潜力，可以开发出更多的形式。从结构的角度看，这种方法比较鼓励在构建过程中能够自承重的结构形式。

④ 喷嘴悬挂在吊臂或者龙门吊车上，龙门吊车可以架在两道平行的轨道上，能在一次运行中建造一栋或一群房子。将轮廓工艺机器以及用来运输和就位支承梁的机械臂组合起来，并配上其他的部件，就可以建造较大的建筑，比如公寓、医院、学校和政府办公楼等，可以将上方的龙门吊车平台延伸至结构的全宽度，然后使用轨道上的吊臂来定位喷嘴，以及将结构构件或设备吊装就位。

计算，先将整体建筑分解为若干层，每一层转化为由顶点和边线组成的模块，逐层叠加完成最终建造过程（宋靖华，2015）[9]（图7-27）。在供应低造价住房、在地震或其他自然灾害地区快速建造应急安置住所等方面发挥着重要的社会作用。

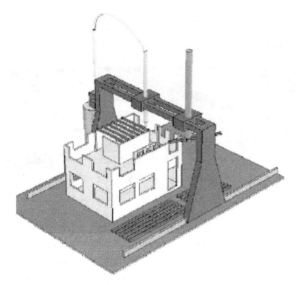

图 7-26　轮廓工艺大型龙门机器人施工方案

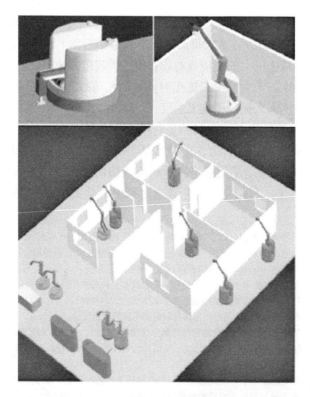

图 7-27　多台移动机器人协同施工

图 7-25、图 7-26 来源：宋靖华，胡欣. 3D 建筑打印研究综述 [J]. 华中建筑，2015（2）：7-10.

3. 激光烧结工艺

激光烧结的成型过程是：由三维数字化模型各层切片的平面几何信息生成 X-Y 激光扫描器在每层粉末上的数控运动指令，铺粉器将粉末一层一层撒在工作台上，再用滚筒将粉末滚平、压实，每层粉末的厚度均对应于三维数字化模型的切片厚度。各层铺粉被二氧化碳激光器选择性烧结到基体上，而未被激光扫描、烧结的粉末仍留在原处起支撑作用，直至烧结出整个模型（杨继全 等，2013）。激光烧结工艺以一定的扫描速度和能量作用于粉末材料，原材料选择广泛，多余材料易于情理。英国 Softkill Design 建筑工作室利用激光烧结生物塑料，并不断添加金属材料的方式制作出 Proto House 1：33 的房子模型，整体建筑共分 30 节段进行场外打印，在施工现场，应用尼龙搭扣进行固定，此模型

图 7-28　激光烧结工艺生物塑料模型
来源：尼尔·里奇，袁烽. 建筑数字化
建造 [M]. 上海：同济大学出版社，2012：53.

的建成将有利于 3D 打印技术在大批量民用住宅中的建造应用（图 7-28）。

至此，笔者完成了集成材料制备过程的阐述。在集成化建造流程的技术平台上，跨学科团队配以并行化操作模式，将集成材料作为供应端口，最终能够完成分布式环境下的装配式建造过程。

7.3　本章小结

本章首先回顾了手工艺建造模式下利用传统自然材料与低碳生态手法创造低能耗、生态效应材料体系的过程。其次，反思了工业化材料制备过程中利用化石能源供能模式下机械工具的同时产生能源消耗与环境污染。再次，在吸取前两种材料制备方式优点的基础上，笔者提出了利用可再生能源供能模式制备集成材料的方式，借助制造领域中的叠层实体制造法制备模块式集成材料及半成品构件，利用三维打印技术中的 D-shape 成型工艺、轮廓工艺、激光烧结工艺制备粉末集成材料，从而形成低碳集成材料体系，进而能够改观施工现场传统化石能源供能模式下的材料分层砌筑现象。此外，集成材料将作为并行化建筑运作模式的材料供应端口，为最终构建分布式环境下的装配式建造方式提供材料支撑。

第8章
组织模式集成——并行化操作模式

8.1 传统运作模式解析

8.1.1 前工业化时期的并行化操作雏形

前工业化时期的建造过程基本上是在施工现场完成，整个建造系统对外界来讲相对封闭。业主通过雇佣方式将独立的工匠个体聚集成一个团队，或者由工匠头总承包再组织其他工种（姜涌 等，2009）。团队中经验最丰富的匠师通常成为协作的核心[①]，精通并掌握着建造过程所有环节，兼顾设计者与承建人的角色，负责与建筑拥有决定权的一切主顾沟通，准备材料、组织施工、调动工匠、绘制图纸、制作模型（崔晋余，2004）[50]。建造过程被分解为多种程序和步骤，分解的内容则有施工过程的分解、材料制备的分解、构件加工的分解，进而形成不同的分工，如测量规划、场地平整、材料加工、材料移动、材料连接、构件加工、构件连接等。而这样的过程是在同一位匠师的现场指挥下完成，各个工种之间协同配合（张家骥，2012）（图8-1）。

传统建造过程中将设计与施工蕴含一体，设计过程通常是在建造过程中完成的，不知不觉中将设计融入了建造之中。如我国传统建造中的"立样"则为营建第一步，即设计阶段，通常表达设计意图和提供直观形象，同时提供了明确的比例尺度供施工参考，通常画在地上或墙上就能指导建造[②]。"假如将建筑工程看作是一个整体，中国传统的精神重点就落在施工而不是落在设计上面，或者可以这样说，古代的看法是：'设计'不过是为施工服务，而不是施工目的在于实现'设计'"[35]（李允鉌，2005）[424]。此外，在中国古代传统建造中，上到宫殿、庙宇，下到民宅的建筑形制没有太大区别，只是在规模和装饰程度上有所差异，因而世代的建造中不会过多地在建筑形式上花心思，而是越来越注重木框架建造体系的探索（傅熹年，2011），"大概，中国建筑发展木结构体系的主要原因就是在

[①] 这样的称呼在各个国家出现了不同的情况。古希腊、古罗马出现了"arkhitekton"的称呼，前缀"arkhi—"表"主要的"，"tekton（builder）"表建造者，即"主匠"；中世纪的欧洲称之为"大匠、匠师"（master craftsman/master builder/master mason），这时候的大匠主要从石匠中产生，日本称之为"栋梁"。中国传统建筑多是木结构，木工占有主导地位，木工巧匠则成为建造过程中的总负责人，民间常称之为"把作师傅""作头""墨师"等，官方称"大匠""都作头""都料匠"等。

[②] "样"的形式可以是图，即样图，是设计图兼施工图，民间称为"起屋样""下水卦""点高尺"，也可以是模型，用木材做成的称"木样"，用草纸板按比例热压制成的称"烫样"。

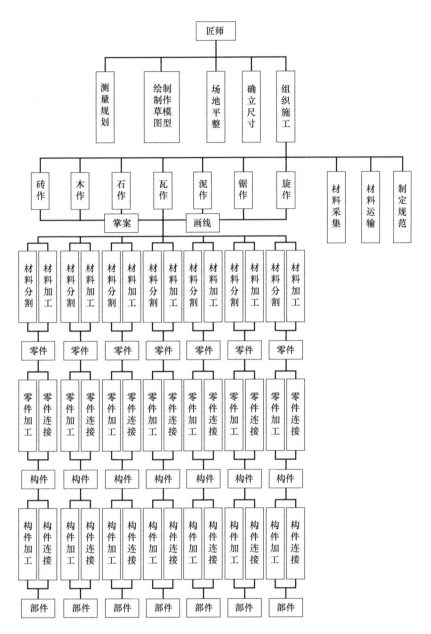

图 8-1　中国传统建造运作模式

来源：笔者自绘

技术上突破了木结构不足以构成重大建筑物要求的局限，在设计思想上确认这种建筑结构形式是最合理和最完美的形式"（李允鉌，2005）[31][①]。匠师根据施工程序将施工过程分解

_____

　　[①]　这一点上，西方建筑则稍有不同。西方工匠中的匠师还有一项职能，就是发挥自身的创造才能，在重大工程中有所创新，如伯鲁乃列斯基在佛罗伦萨圣玛利亚大教堂建造中设计了穹顶形式、双层拱结构及一种无须拱架的建造方法，还制造出标准化的预制石块，设计出一种"运输船型"及一种"起重器械"。

为很多步骤，步骤再分解为很多工序，工序再分解为很多工种，每个工种同时进行、相互协作，最后拼装成整体建筑[①]。

传统建造中主要依照自然资源和自然材料，因而会出现依据材料性质划分工种的方式。如西方中世纪以大规模的教堂建设为代表的建造活动中就将工种划分为石匠、木匠、铁匠、焊接匠、彩画匠、玻璃匠等。而中国古代的《考工记》中记载的按照不同材料划分为六大工种：攻木之工（治木）；攻金之工（青铜铸造）；攻皮之工（鞣皮制革）；设色之工（调色、绘画、染羽）；刮摩之工（治玉、石）；抟埴之工（制陶器）。每一大类的工种中又会根据具体的目标再细分出多个工种，如："攻木之工：轮、舆、弓、庐、匠、车、梓；攻金之工：筑、冶、凫、栗、段、桃；攻皮之工：函、鲍、韦、裘、韗；设色之工：画、钟、筐、荒；刮摩之工：玉、榔、雕、矢、磬；抟埴之工：陶、瓬。"（戴吾三，2003）[23] 建造过程同样按照不同材料划分进行分工，如瓦、泥、石、木等工种。瓦工又分为"泥水"和"细作"，泥水主要从事房屋的维护，如打柱、铺石条、砌墙、抹灰、铺望砖、上瓦、做檐口、做屋脊、封火墙等。"砖细"是把砖块当木头来加工，主要是做磨砖、对缝等细活，诸如门宕、窗宕、贴面、漏窗、砖雕额枋、砖雕围墙、砖细坐凳、栏杆，以及砖塔、砖幢、无梁殿等宗教建筑。石匠则在西方教堂建筑建造中分为切割、打磨、雕刻等不同工艺的匠人。而中国传统建筑以木建筑为主，分为大木作和小木作。

此外，在笔者看来，中国传统建筑的每一部分均进行了拆解式加工，即将整个部件拆解成构件，构件再拆解成零件，直到最细小的单元。材料加工工匠负责加工最细小的零件单元，构件连接工匠则负责将每一个零件单元连接成构件，构件再连接成部件。以斗拱为例，"斗拱结构上有4种重要分件：略似弓形，位置与建筑物表面平行的叫拱；形式与拱相同，方向与拱成正角（即与建筑物表面成正角）的叫作翘；翘之向外一段特别加长，斜向下垂的叫作昂；在拱与翘（或昂）的相交处，在拱的两端，介于上下层的拱间，有斗形立方块叫作升；在翘（或昂）的两端，介于上下两层翘（或昂）间的斗形方块叫作斗"（梁思成，1981）[21-22]（图 8-2）。

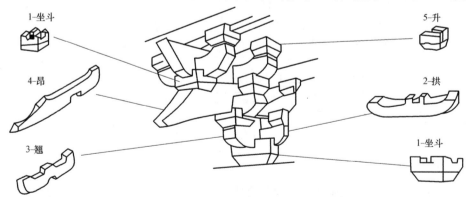

图 8-2　斗拱组成
来源：梁思成. 清式营造则例 [M]. 北京：中国建筑工业出版社，1981：21.

[①] 当然，此处的"拼装"之意多指向我国传统木建造体系，而西方的石砌建筑某种程度上也可视为自然材料经过加工、制备后的一种拼装建造。

如图示，一攒斗拱被分解成了坐斗、正心瓜拱、曹升子、单材瓜拱、三才升、单材瓜拱、单材万拱、十八斗、厢拱、翘、昂、耍头、撑头，分别由不同的工匠进行加工，加工好的零件再交由连接工匠组装成构件，最终由各级构件拼装成一组完整的斗拱（图 8-3～图 8-7）。

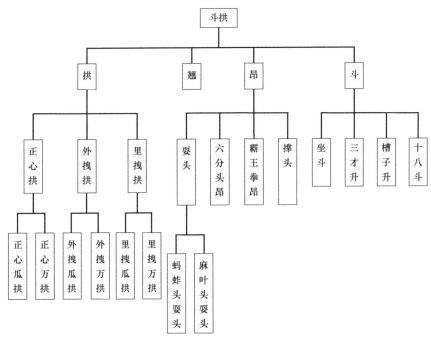

图 8-3　斗拱拆分构件

来源：笔者自绘

笔者以为，前工业化时期的传统建造中，尤其体现在中国木构件建筑中，已经出现了并行化操作的雏形，其必备的 3 个要素如下：

（1）出现协调整个建造过程的匠师这种角色的人；

（2）以工种划分的协作团队；

（3）各个团队在同一控制物上操作（模型）。

模型的制作相当于建立了一个成型的建筑，建造团队依此研究如何将其变成实物并得以实施，相当于当下在计算机中进行虚拟设计的模型生成过程，而当下的虚拟建造及现场装配过程在传统建造中则成为实际的现场建造过程（冯江 等，2008）。而工业化时期的建筑运作流程是将建筑设计独立出来，将整体的建造过程分成了设计和施工两个过程，由于施工过程以设计过程产生的图纸为依据，终将一体化过程肢解。施工过程要等到设计过程完成后再进行，图纸成为中间媒介，施工过程依据图纸进行。

传统建造工具如图 8-8 所示，运行过程如图 8-9～图 8-29 所示。[①]

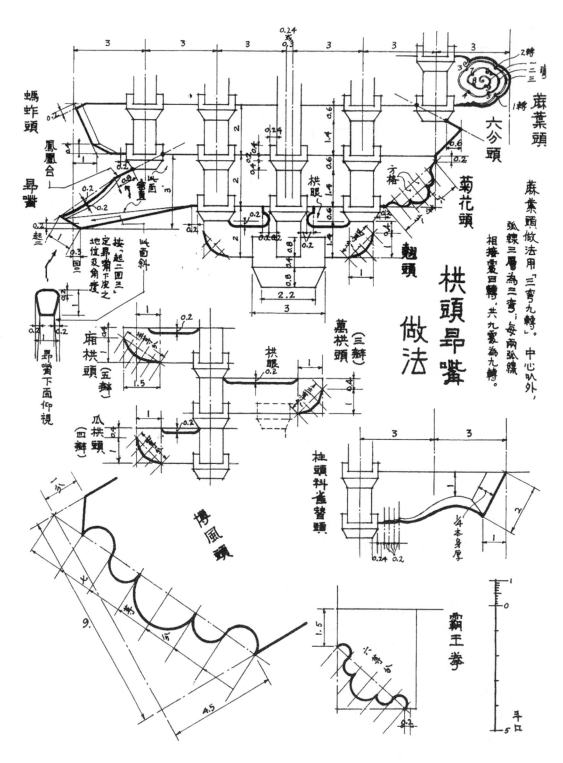

图 8-4 斗拱昂的分类制作

来源：梁思成. 清式营造则例 [M]. 北京：中国建筑工业出版社，1981：23.

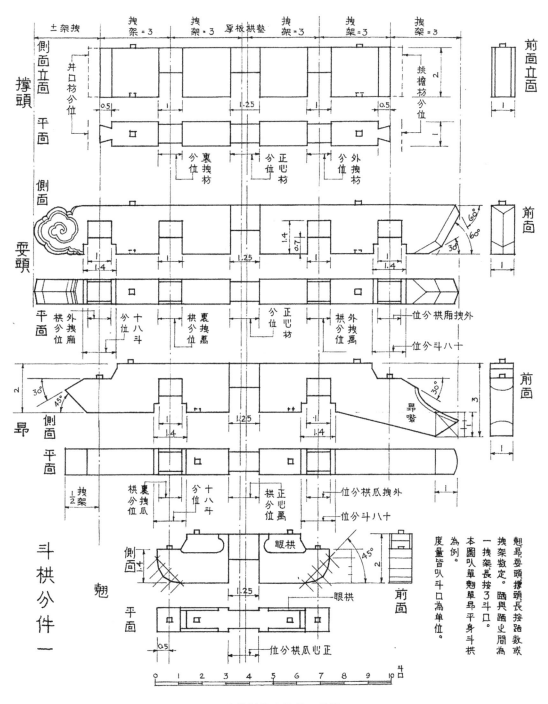

图 8-5 斗拱拆分成构件、零件（一）

来源：梁思成. 清式营造则例［M］. 北京：中国建筑工业出版社，1981：109.

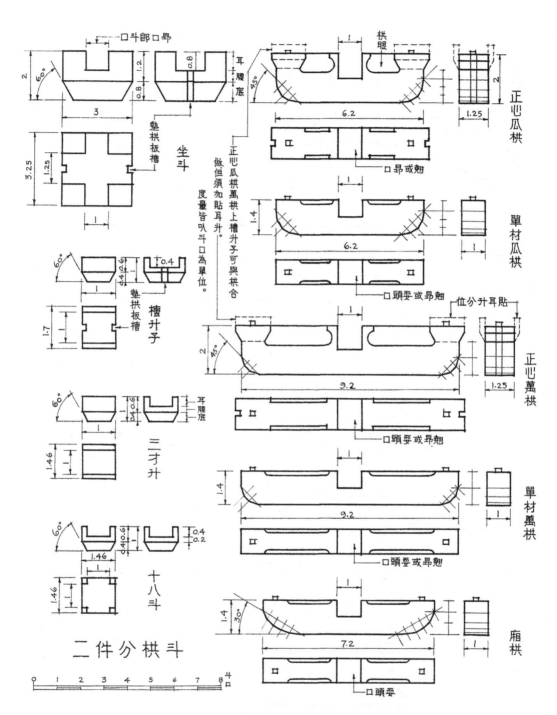

图 8-6 斗拱拆分成构件、零件（二）

来源：梁思成. 清式营造则例［M］. 北京：中国建筑工业出版社，1981：110.

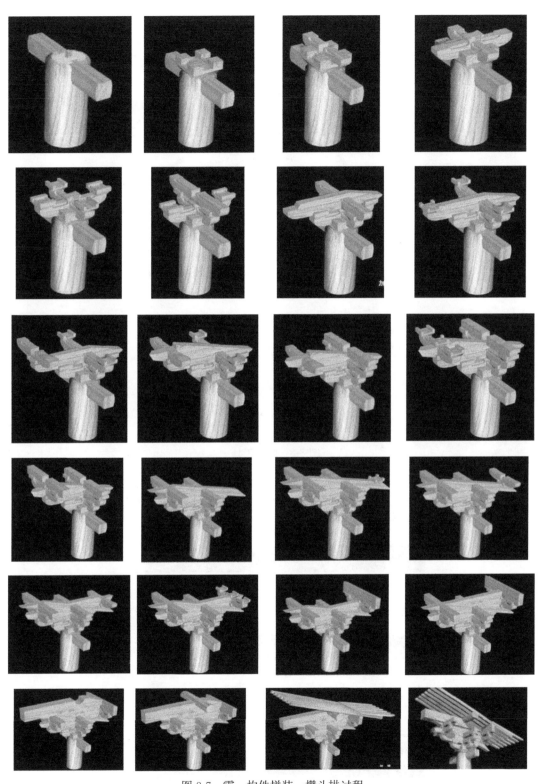

图 8-7　零、构件拼装—攒斗拱过程

来源：笔者根据 http://www.ddove.com/htmldata/20140618/8ba319eed73472df.html 中图片整理

图 8-8　匠之工具

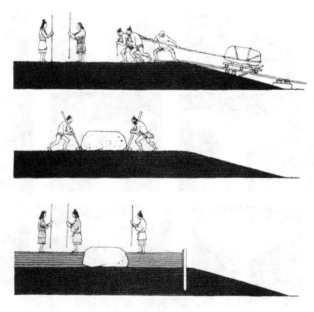

图 8-9　搬运柱顶石

图 8-10　水平尺固定高度

图 8-11　伐木

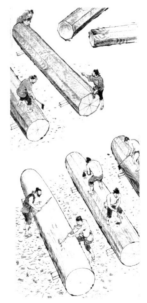

图 8-12　柱子制作

图 8-13　立柱

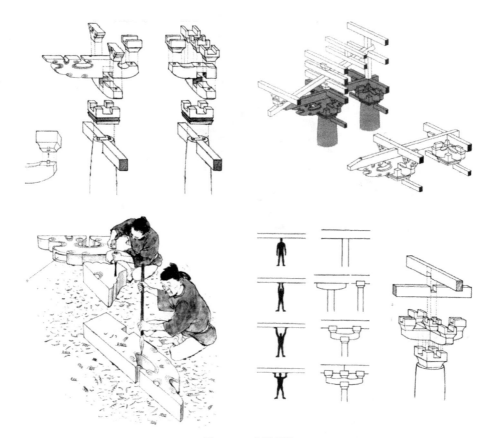

图 8-14　斗拱制作

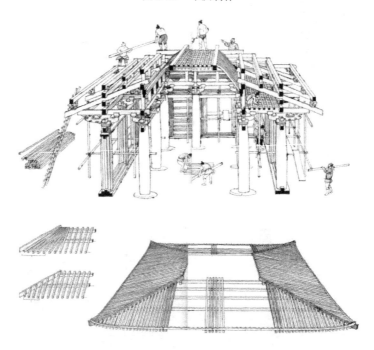

图 8-15　大木作构架

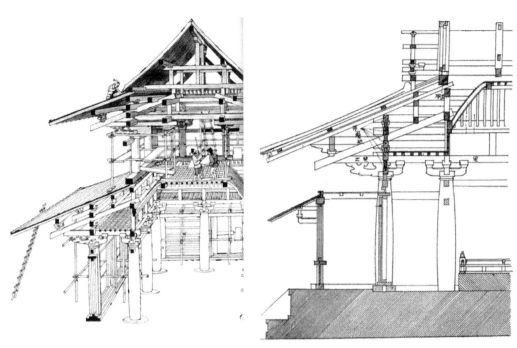

图 8-16　大木作构架

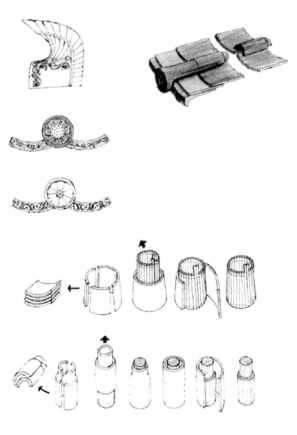

图 8-17　瓦作

图 8-18　烧瓦

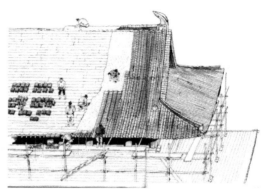

图 8-19　盖瓦

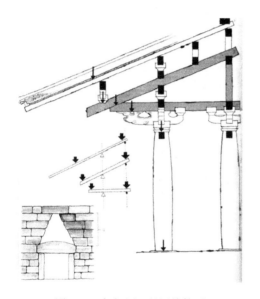

图 8-20　杠杆原理的屋檐体系

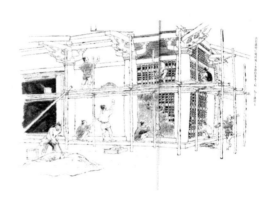

图 8-21　泥墙制作

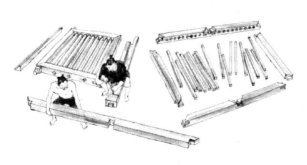

图 8-22　小木作木窗

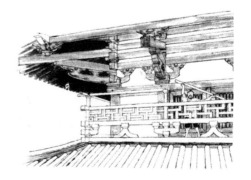

图 8-23　格子高栏制作

图 8-24 装门

图 8-25 采石

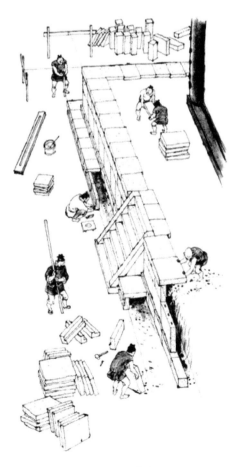

图 8-26 制作台基

图 8-27 彩绘

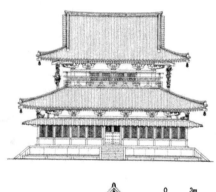

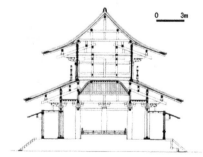

图 8-28 造像

图 8-29 建筑完成后的金堂立面剖面

8.1.2 文艺复兴至工业革命时期的"串-并"行方式

笔者此处之所以将这段时期的建筑运作模式称为"串-并"行方式,是因为其在发展过程中处于一种举棋不定的态势,并非纯粹的串行模式,也并非完全的并行方式,而是在串行中蕴含着并行化的操作特征。

随着科技的进步，生产力的发展，建设规模的日益扩大，新兴的城市贵族和商人开始鼓励多种新颖建筑样式的出现，而传统工匠的技艺大多来源于实践，其在理论修养、识字绘图方面表现欠缺。与此同时，知识分子因为所受教育的影响，其在建筑理论层级的修养与建树占有很大优势[①]。此外，西方的建筑教育在文艺复兴之后逐渐走向专业化。1671年，法国设立的皇家建筑学院用于挑选上层社会的子弟成为宫廷建筑师为国王服务，建筑师的职业身份确立，建筑设计职业化，并且建筑设计刻意追寻与强调建筑中艺术表达的成分，以迎合与满足皇家贵族对于个人喜好的倾向及形式风格的偏爱，此时期的建筑师通常以艺术家或艺术鉴赏者的角色风靡于社会上层阶级中。建筑设计的职业化使得建筑师与传统工匠阶层分离，并且与客户进行协商和谈判，领导和控制建造活动，有权利挑选工匠和监督工匠进行建造活动。这一时期建筑师的角色相当于传统建造中匠师的角色，总揽全局（图 8-30）。

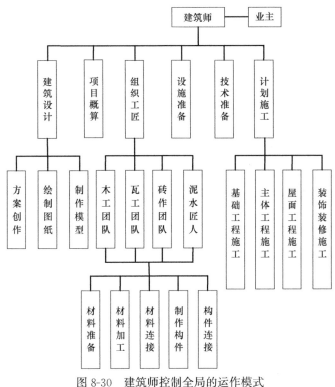

图 8-30 建筑师控制全局的运作模式
来源：笔者自绘

而伴随着建造过程商品属性的突出，工程招标制度开始确立，建筑业的专业化分工加

---

① 知识分子包括皇帝、官宦、贵族、宗教人士、风水先生、文人画家等受过文化教育的人士。西方历史上许多著名的建筑师，如伊姆霍特普（Imhotep）、阿尔伯蒂、达芬奇等都属于知识精英阶层。中国古代也有许多文人型建筑师，如北魏时期的蒋少游，魏晋时期的民间文人建筑师王椿、冯亮，隋朝的宇文恺，唐朝的阎立德，宋朝的李诫，明朝的计成、蒯祥，清朝的李渔、姚承祖、样式雷家族等，甚至有很多皇帝、王侯、大臣也亲身参与设计。知识分子的学识和修养常常决定了建筑设计的成败。

强，出现了发展商、总承包人、建造商等专业人员，从而将建筑师的职权范围加以分离。总承包的方式以总承包人作为业主代理，全面负责工程项目从设计到施工的全过程，其有利于业主对全局的掌控，也便于各个团队工匠间的相互竞争。这一时期，营造商扮演前工业化时期匠师的角色，不仅组织管理建造过程，也为业主提供设计（图 8-31）。然而，营造商承办的建造制度下，工艺与技术通常规格固定，建筑形式大同小异，创新的能力与愿望较弱，无法迎合新兴资产阶级对于建筑形式变化和个性的追求。于是，受过建筑教育的专业建筑师得到青睐，建筑师以图纸设计的方式专门从事建筑设计服务，营造商则成为依据图纸负责组建现场建造的施工者，业主与营造商之间出现了中间角色——建筑师，使得建筑运作流程一体化的过程被打破，建筑设计与施工建造完全分离。另一方面，建筑设计行业内部分工也在加强，土木工程师、设备工程师、建筑估价员已作为独立职业而相继出现。随着廉价纸张的应用，制图技术的提升，尺度标准化、制图规范的确立，图纸媒介的作用被进一步放大，逐渐成为业主与建造者之间的契约，并且逐渐使建筑师从施工现场解放出来，对建造过程的控制逐渐变为对图纸精确度的控制。可以说在工业革命之后，现代意义上的建筑师地位得以确立[①]。

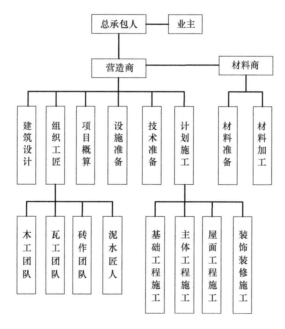

图 8-31　营造商控制全局的运作模式
来源：笔者自绘

　　显然，最初的"业主-建筑师"和"业主-营造商"的两种运作模式具备了并行化操作的特征，而自从三方关系从"业主-建筑师"和"业主-营造商"之间转化成"业主-建筑师-营造商"的关系，则使得运作模式转变成了串行方式，但所幸的是，建筑师以业主代

---

　　① 　1791 年第一个建筑师俱乐部在英国成立，1799 年德国建筑师俱乐部在柏林成立，1834 年英国皇家建筑师协会（RIBA）在伦敦成立，1840 年法国法兰西建筑师协会成立，1857 年美国建筑师协会（AIA）成立，1928 年国际建筑师协会成立，以上团体的建立均标志着现代意义上的建筑师身份的确立。

理人的身份从原来专职设计走向了负责工程全面工作的角色，在熟练掌握建筑技术、通晓建造全过程各个环节的基础上，还需要协调各个专业团队（图 8-32）。这一点对当代西方建筑师的执业范围产生了深远影响。

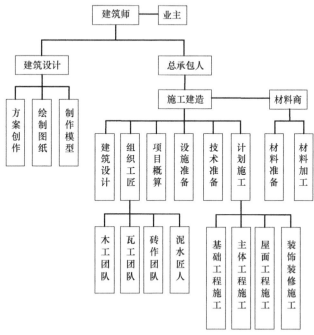

图 8-32　建筑师执业范围扩展

来源：笔者自绘

8.1.3　当代西方发达国家的矩阵型模式

在当代建筑生产、建造活动中，与传统工匠体系不同的建筑师作为第三方加入到业主-承建商的关系中，从而构成了业主-建筑师-承建商的基本关系。而从建筑生产全过程来看，则将建筑设计阶段与建造阶段进行分离。西方发达国家及日本建筑生产的全过程也可概括性地分为策划、设计、施工三大阶段（姜涌，2007）[31]。而与我国的运作流程不同的是，不是等设计阶段的任务全部完成之后才由业主组织招投标工作，最后由中标的承建单位组织施工与分包，而是在设计阶段就由设计机构与业主一起组织施工的招投标工作，可谓设计阶段与施工阶段穿插进行，这得益于国外发达国家中建筑机构的组织模式及建筑师的职能服务范围的广延（布劳恩，2006）。

"国外的大型设计机构通常按职能分为经营、建筑设计、建筑技术（结构与设备）、总务四大传统部门，同时根据业务需要设置相应的规划设计部门、室内设计部门、质量控制与 IT 技术支持部门、项目全程管理与策划部门等。各专业技术领域采用专业部（相当于国内的专业室）体制，同时形成相对稳定的专业小组和专业金字塔，有利于专业分工和专业内协调、研讨和提高，如美国的 HOK 设计公司、日本的日建设计公司等。"（段勇等，2007）（图 8-33、图 8-34）此外，一些个人建筑事务所或者建筑师工作室，多倾向于实践创作，而不将业务的主攻范围放在营利和营销上，因而其组织结构相对比较简单，事务所的组织上更多强调明星建筑师（总建筑师）的领衔效应，项目由总建筑师整体控制，并需要外部专业机构的配合。

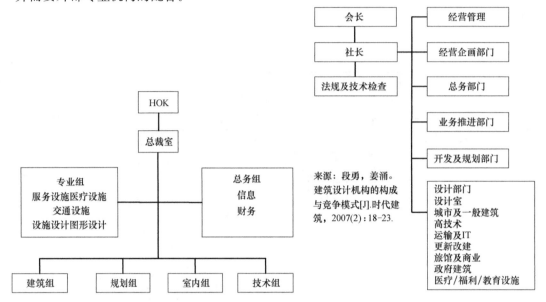

图 8-33 美国 HOK 设计公司的组织结构
来源：段勇，姜涌. 建筑设计机构的构成与竞争模式 [J].
时代建筑，2007（2）.（笔者根据论文中相关内容绘制）

图 8-34 日本日建公司的组织结构
来源：笔者自绘

发达国家中，尤其是大型和较大型规模化的设计机构，在运作模式中均会根据项目整体运营情况，以设计机构各部门的技术人员为基础，形成横跨于各个专业技术部门的层级化运作团队，即"建筑项目的经营负责人—项目经理领导下的技术负责人—项目建筑师"，首先会在设计机构中形成，即所谓的矩阵式管理模式（图 8-35～图 8 37，表 8-1、表 8-2）。

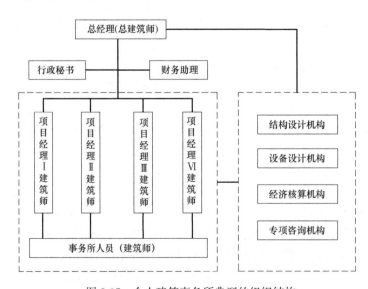

图 8-35 个人建筑事务所典型的组织结构
来源：李涵，任丽杭. 浅议美国建筑事务所经营管理模式 [J]. 世界建筑，2006（3）.

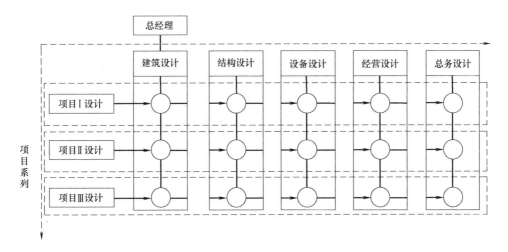

图 8-36 大型设计机构典型的矩阵式管理模式

来源：姜涌. 设计事务所的两种模式：组织事务所与建筑家工作室［J］. 世界建筑，2004（11）.

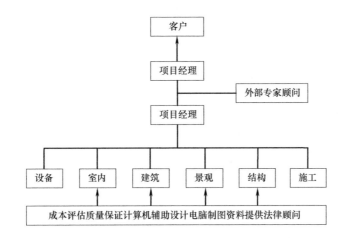

图 8-37 日本久米公司的项目管理模式

来源：姜涌. 设计事务所的两种模式：组织事务所与建筑家工作室［J］. 世界建筑，2004（11）.

美国 AIA 约定的建筑师职业分级   表 8-1

AIA 定义	职能定义
总裁	所有者、合伙人、董事
总监 经理	总经理、部门经理、项目经理 项目负责人(项目建筑师 PA、项目工程师 PE)
技术 1 级	高级专业职员、一般有专业执照、高级专家、项目组长高级设计师、高级绘图员、高级设计规程师、高级现场经理
技术 2 级	中级技术职员、一般无专业执照、与技术 1 级相应的中级职位 行政部门经理
技术 3 级	初级技术职员、无专业执照、与技术 2 级相应的初级职位 秘书及行政职员、办公助理

来源：姜涌. 建筑师职能体系与建造实践［M］. 北京：清华大学出版社，2005

日本大型设计公司的职位等级 表 8-2

总部	分部	办事处、事务所	职能定义
总裁、董事长			公司的代表
本部长、董事 总辖技师长(总工程师) 总辖计划长、总辖业务长 统括部长 副统括部长、中心主任、理事	分部长 副分部长 理事	所长 理事	董事会成员、负责全公司的管理与经营 高级管理人员、负责整个部门的管理与经营
部长、副理事	部长、分部次长、副理事	部长、次长、副理事	中高级管理人员并参与经营
副部长	副部长、分部长代理	副部长、所长代理	作为上一层级的助手参与管理与经营
主席课长	主席课长	主席课长	项目负责人、作为公司代表与业主等沟通
课长	课长	课长	设计小组的主管、日常业务的总负责
课长代理	课长代理	课长代理	高级专业职员、设计的中坚力量、有专业执照
主任 一般职员	主任 一般职员	主任 一般职员	有一定经验的中级技术职员 初级技术职员、无专业执照

来源：姜涌. 建筑师职能体系与建造实践 [M]. 北京：清华大学出版社，2005.

在此基础上，与我国建筑师的执业范围不同的是，西方发达国家及日本等国的建筑师涉猎项目全程，执业范围相对广泛，讲求服务的全程化。建筑师的职业服务不仅涵盖了建筑设计的过程，而且贯穿了整个建筑生产的过程，强调建筑师在地段、造价、时间限制下的设计实现，通过设计团队和现场团队的通力配合实现项目的整体控制和全程管理，这种模式强调建筑师执业的"服务"特性，向客户提供项目运行全程范围的综合服务，从场地规划、项目策划、编制项目任务书、可行性研究、招投标代理、造价咨询、建筑设计、室内设计、设备选择、内部管理机构设置、设计监理等过程进行服务（表 8-3）。项目前期代表业主与政府部门交涉，设计阶段完成项目设计与咨询服务，施工期间作为业主代表进行监管，是建造项目全程的设计者和监管者，其中监管者的角色也必须由设计方中的建筑师来承担，其具体业务如下："①为正确传达设计意图，与乙方进行洽商，必要时制作说明图纸等文件交付乙方；②为使工程顺利进行，根据工程表的施工进度在必要时依据设计图纸制成的详细设计图交付乙方；③对乙方提出的施工计划进行审阅，必要时对乙方提出建议；④审核并承认乙方根据设计图纸制成的施工图纸（指实测图、加工图等）、模型等与设计图纸文件的一致性；⑤根据设计图纸文件对施工进行指示，施工到场检查，对施工材料、建筑设备机械及装饰材料样本的检查、审核与确认；⑥确认施工与设计图、说明图、详细图、施工图、规程等是否与合同一致。"（姜勇，2005）[62]

西方发达国家建筑师除设计、监管外的执业范围 表 8-3

	完成角色	内容	主管职能部门
前期建筑计划	建筑事务所与开发商	提案预申请会议、正式提案申请、提案审查、公众听证会、最后决定	市政工程、市政规划、法规、区域规划、环境、历史保护

	完成角色	内容	主管职能部门
控制项目造价	建筑师事务所	要求建筑师不但了解各种建筑部品构件及当地的施工市场价格,更要在工程的每个阶段与估价顾问公司、施工厂商及材料供应商密切配合	—
帮助客户申请建筑许可证	建筑师 客户	举行听证会、遵循联邦、州、郡、居住区级别设计规范	政府职能部门
后期评估	建筑师 客户施工方	满足各项设计条款、一定的法律法规、技术条件、运营达标	政府职能部门

来源：姜涌. 建筑师职业实务与实践——国际化的职业建筑师［M］. 北京：机械工业出版社，2007.

而随着建筑师角色的日益广延与执业范围的进一步扩大，西方发达国家建筑运作流程中的项目全程管理（Project Management，PM）无疑给整个运作流程实行并行化操作打下了坚实的基础（表8-4）[①]（姜涌，2004）[76]。

建筑运作流程中各方的作用　　　　　　　　　　表8-4

建筑运作的各个阶段	业主	设计者	建设者	监理者	PMr(职业代理人)
策划	项目开发的目标及构想;开发全过程的计划制定;投资计划及可行性研究;项目组织及资金的筹措;设计者的选用				资源的整合与利用的提案;项目全程计划(目标、时间、预算)的制定;项目可行性的研讨;设计条件的整理及设计委托任务的制定;信息及文档管理体系的构筑;设计者及其他专业咨询者的提案及选定
设计 包括: 方案设计 扩初设计 施工图(生产)设计	设计委托书的制定;设计内容及图纸的确认;设计费用支出及设计资料验收	设计条件的确认;设计计划组织、时间、成本;方案、扩初、施工图设计的完成;各阶段建筑设计概审及修改;材料及厂商的建议;优化设计的研讨;工程概预算的制定;与行政部门及居民沟通的协助			项目实施进程的维护和各方面的协调;设计内容的研讨和检查;设计预算的检验和确认;设计优化的促进;与行政主管部门、居民的沟通与协调;工程招标的准备及计划制定

① PM（项目全程管理）是指从一个项目的概念构想阶段开始到实施完成、运营维护的全过程中，在目标进度、造价、品质、信息、维护等全领域中为达成投资者利益最大化而所做的计划、协调、控制的全部工作及其技术。

续表

建筑运作的各个阶段	业主	设计者	建设者	监理者	PMr(职业代理人)
工程招投标	施工者的选定;监理者的选定;施工及监理计划的接收;工程造价预算及标书的接收;总造价及施工者的确定;施工合同的签订	招投标图纸资料的完成;图纸资料的解释与答疑;工程造价预算的审定;施工计划的审定;施工技术及优化工艺的技术校定;施工合同签订的技术咨询	施工预算的制定;施工计划的研讨;技术优化与材料、厂商的提案;施工合同的签订	监理技术和预算的制定;技术优化建议及提案的提出;监理合同的签订	施工者的推荐及协助选定;招投标各项关联业务的实施;招标计划及进度管理;招标工程造价的检查;施工技术及优化工艺的综合评价及建议;信息文档管理;施工方式、管理方法的提案;施工合同签订的咨询服务
施工	材料和专业厂商的认定;设计变更、洽商的确认和同意;竣工建筑的接收和检验;工程费用的支付	设计说明及技术交底;设计及施工监理;施工图纸及施工计划的确认;工艺技术的质量管理;设计变更及现场洽商的促成;竣工检查的实施;参与竣工交接	综合施工图纸的消化和补充;施工计划制定;材料和专业厂商的配合;工程施工;工地安全管理;设计变更及洽商的对应;设备安装及调试;竣工交接	施工监理;施工图纸、施工计划、施工内容的确认;施工质量管理;设计变更及洽商的承认;竣工检查和交接	各种会议及协调的主持;施工调节;各厂商间的协调及文档管理;质量管理的监督与指导;设计变更的建议、查定及确认;施工进度及完成金额的检查;竣工检查及交接的指导与确认
运营及维护	使用初期问题的检查;运营维护管理;维护改修计划的制定及委托	使用后可逆的检查及问题处理指示;维修改修设计;维修改修监理	使用后问题的调查与处理;维修改修施工		使用初期检查的实施和处理的指导、确认;PM报告的促成;全寿命成本的评价与建议;长期维修及更新计划制定及管理建议;各种项目实施记录的整理和保存

来源: 姜涌. 项目全程管理——建筑师业务的新领域 [J]. 建筑学报, 2004 (5): 78.

建筑运作流程的几种主要方式　　　　　　　　　　　表 8-5

分类	工作方式	概要	优点	缺点
业主直营制	投资、设计和施工的直接运营	业主自行项目策划及管理,设计和施工管理。由业主直接向各专业厂商发包并监管,协调整个过程	投资、设计、施工管理的一贯使项目控制性好,能充分体现投资意图、保障利益的最大化	业主需要庞大的机构和各专业人员的配套,管理和运营成本巨大,不利于专业化
设计施工分离制	定额承包;单价总量;实费清算,总额封顶、差额奖励	策划、设计与施工分阶段由不同的设计、施工者根据要求完成,业主负责项目的协调与管理。在设计文件基本完成的基础上,以时间和费用的总量固定,实际费用清算、差额补偿等方式控制总成本。招投标建筑生产中最常用的方式	依据建筑生产流程的自然分段,根据不同项目要求采用不同的方式可规避风险。各阶段的招投标评价容易、对应的企业明确,专业可互相监督和分阶段调控	设计文件完成度要求高,各阶段的重复浪费和矛盾较多,各阶段目标与项目总目标的协调工作量大,各专业的综合优势无法发挥

分类	工作方式	概要	优点	缺点
设计施工一贯制	设计施工一体方案设计＋施工图;设计与施工总承包	策划和协调、控制由业主完成。建筑生产（设计,特别是施工图设计与施工）由一家企业完成。业主对建筑生产的实际过程基本不介入	业主的管理负担小,各阶段的招投标、磨合成本小。可交叉作业,节约时间和金钱成本,容易发挥技术的综合优势和同一企业的管理优势	要求承包企业有设计、施工及管理的专业人才和技术。控制实力,生产企业的风险大,业主的投资风险大,需要诚信企业及信赖关系。建筑企业的利益与业主利益可能矛盾。建筑成品与预期差别可能较大
PM制	PM作为独立代理人;PM作为业主的一员;PM作为设计者的一员	策划、设计与施工阶段由专业PM代业主完成。在生产全程中协调控制,PM可采用纯代理的方式,亦可与业主、设计者相结合	业主业务量小,专业技术要求最少,业主的投资门槛低。专业的PM使生产全程目标统一、协调一致,便于建筑投资的公开化和利用社会资源	PM的专业水准要求高,与现有建设体制中的监理角色有部分重复并可取代。需法规的明确化

来源:李涵,任丽杭.浅议美国建筑事务所经营管理模式［J］.世界建筑,2006（3）.

结合以上业主直营、设计施工分离、设计施工一体、项目全程管理几种类型的运作流程（表 8-5），鉴于职业建筑师建造活动全程参与的执业范围，使得建筑师协助业主在建筑生产的全过程中将前期设计咨询、策划分析、建筑设计与后期招标投标、现场施工、监督管理、运营维护等阶段可分为横向阶段与纵向阶段穿插进行，因而形成矩阵型运作模式（图 8-38）。

8.1.4　当代中国的串行运作模式

我国在经过计划经济到市场经济的过渡后，伴随私营房地产开发的兴起及国家计划调控的减弱，逐步形成了一套基本建设程序（项林，2012）（图 8-39）。大体分为：决策分析阶段（工程建设前期）、工程建设准备阶段、工程建设实施阶段、工程验收与保修阶段、生产与使用阶段。摒弃掉了传统工匠营建体系的当代中国建筑运作模式，也是在业主、承建商的两方关系中插入了建筑师的第三方关系，于是也形成了建筑生产全过程的以下几个阶段：①策划阶段；②设计—包括方案设计、扩初设计、生产设计（施工图设计）；③工程招投标；④施工；⑤运营及维护。然而，在与西方发达国家及日本的运作体系比较中，又有其不同于前者的一面，其中涉及设计机构的执业状态、建筑师的职能范围等方面（彭尚银 等，2006）。

国内设计机构目前广泛采用两种组织模式，即综合设计所与专业设计所。其中综合设计所模式中，不同专业如设计、结构、设备等的技术人员归同一设计所统一领导与协调，根据不同的项目在本设计所内组建项目团队（图 8-40）。此种模式接近于传统企业组织结构模式中的事业部制，以直线职能划分，项目运作过程可以在同一综合所内完成，不需要外部专业介入。专业设计所模式中，相同或相近专业的技术人员从属于同一设计所，类似于传统企业组织结构中的矩阵制或项目团队制，由生产经营部门依据项目实际情况从不同专业所抽调技术人员组成项目团队，统一受项目负责人领导，相互协调共同参与完成项目的设计与运作。从中华人民共和国成立初期到21世纪初，我国大型建筑设计院的组织机

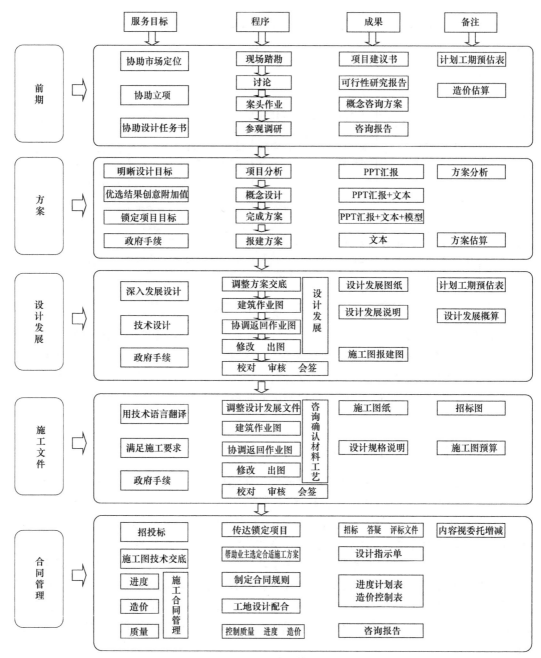

图 8-38　矩阵运作模式

来源：段勇，姜涌. 建筑设计机构的构成与竞争模式 [J]. 时代建筑，2007（2）：22.

构以综合设计所为主，并且各个综合所以独立单位承接项目生产。然而，当前的设计院内部组织结构依照市场的细分均开始走专业化组织模式的发展道路。

专业所没有单独完成项目的能力，类似于前述国外大型设计机构矩阵式的运作模式，需要与别的设计机构配合才能完成项目运作，而综合所是将矩阵制中的横向项目组整合成实体团队，具有独立经营和完成项目设计的能力。专业所（院）如五合国际建筑设计集团、中国建筑设计研究院（原建设部建筑设计院）（图 8-41、图 8-42）；综合所（院）如

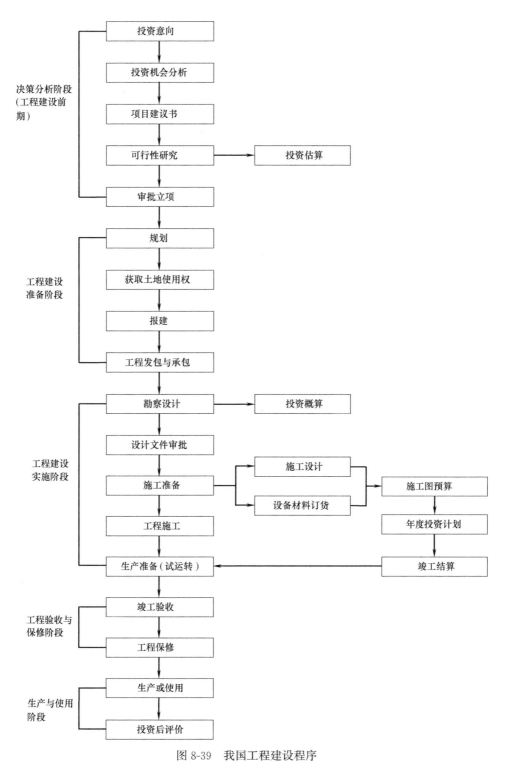

图 8-39　我国工程建设程序

来源：姜涌. 建筑师职能体系与建造实践 [M]. 北京：清华大学出版社，2005：98.

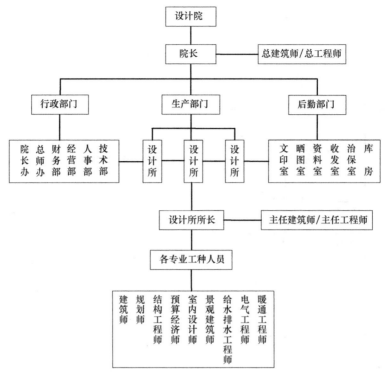

图 8-40　传统综合设计院组织结构图

来源：王立昕. 一个中国建筑师在英国事务所的生活 [J]. 建筑创作，2014 (12).

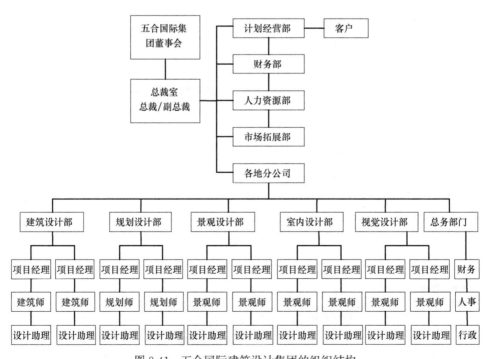

图 8-41　五合国际建筑设计集团的组织结构

来源：笔者根据五合国际建筑设计集团网站资料整理

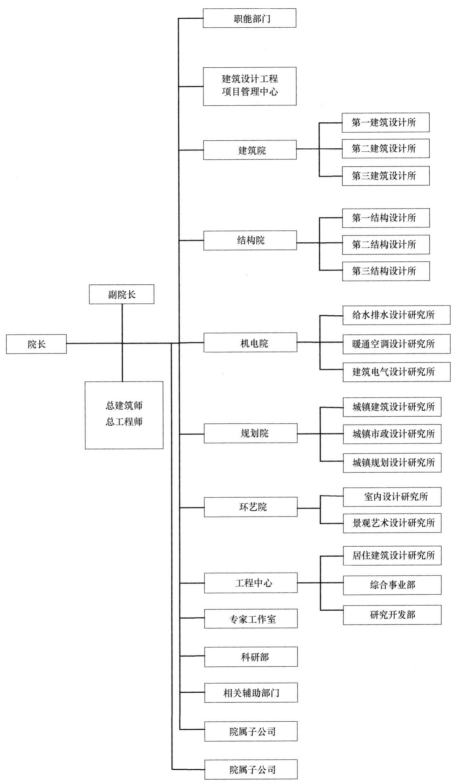

图 8-42 中国建筑设计研究院的组织结构
来源：笔者根据中国建筑设计研究院网站资料整理

北京市建筑设计研究院、清华大学建筑设计研究院等（图 8-43、图 8-44）。伴随建筑类型多样化及建筑市场的细分化、境外设计机构竞争压力及国内传统设计组织结构延存的僵局，我国设计机构越来越趋向于专业化的发展模式。然而，不论是综合设计室模式还是专业设计室模式，均是针对操作人员的划分与归类，不是以项目组织最专业的跨学科多工种团队，而是以划分好的设计室去承接不同的项目，导致只能参与项目全过程的一个部分，终使项目从设计到建造的一体化过程被肢解。

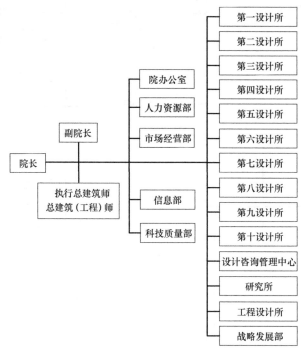

图 8-43　北京市建筑设计研究院的组织结构
来源：笔者根据北京市建筑设计研究院组织机构资料整理

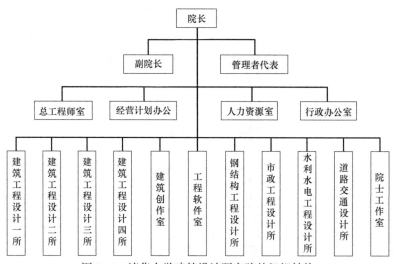

图 8-44　清华大学建筑设计研究院的组织结构
来源：笔者根据清华大学建筑设计研究院组织机构资料整理

　　此外，根据现有法规和建造惯例①，我国建筑师的业务领域一般情况下限于纸面设计部分，即"'方案阶段——扩初阶段——施工图阶段'。在此基础上，前期准备阶段、施工图设计后的配合施工阶段及回访总阶段也有涉及，而前期设计条件与行政主管部门的交涉和确认、后期施工招投标、合同管理和施工监理等阶段却被切除，不包含在建筑师的标准服务范围之内，这是中国建筑设计体制有别于国际通行的职业设计体制的最大差异"（姜勇，2005）[56]。国际通行的建筑师在施工现场的控制与管理则由中国的监理工程师代为执行，于是职业建筑师的职能被划分为建筑师＋监理工程师，监理工程师负责监督建筑师及承包商。与此同时，由于监理职能从建筑师手中剥离造成了建筑师脱离施工现场，只能部分涉及对材料、造价、施工的管控。

　　基于以上的分析，在中国当代建筑运作体系中，由于建筑师的职能范围限制，设计阶段与建造阶段部分处在脱节状态，因而导致运作流程的串行方式，即"前期调研分析—方案设计—扩大初步设计—施工图设计—施工建造"，串行模式和组织通常是递阶结构，将整个建筑运作流程划分为很多阶段，各阶段的工作按顺序进行，一个阶段的工作完成后，下一个阶段的工作才开始，各个阶段依次排列（图 8-45）。方案创作阶段，设计人员完成从概念草图到方案雏形再到成熟方案的过程，其中经历平、立、剖面图及造型的反复推敲与处理。完成这一阶段后，方案交由施工图设计团队开始方案扩大初步设计及施工图设计，施工图完成后由施工团队完成施工建造，最终至工程完成验收。在这种模式中，各个工作环节部分分离，方案设计、施工图设计及施工建造仅从本环节的所需和优化出发，彼此之间缺乏完善系统的沟通和信息交流，部分的考虑从设计到建造以至建筑运营、维护、修补到报废整个生命周期中的各种因素。方案创作阶段的建筑师往往更偏向于平、立、剖面图、空间的创造及造型的处理，部分的顾及建造细部的创新设计。施工图设计阶段，施工图设计人员多以施工图标准图集作参考，且与方案设计人员缺乏有效沟通，为了达到与标准图集的一致，修改方案结构、空间、造型的举动时而发生，导致创作之初的初衷变样。建造阶段，多以监理公司的技术人员作为技术指导进行现场协调。

　　这样方案设计中的问题也许到了施工图设计阶段才会暴露，而现场施工的过程中也许又会发现方案设计阶段或施工图设计中的很多问题。在项目设计和施工的各个阶段，产生许多反馈信息，许多内容使相关过程发生冲突，于是就会形成设计—建造—修改设计—重新建造的大循环，导致工程周期较长，开发成本过高及质量无法保证等问题，加之我国施工技术人员的操作技能只是部分得到提高，因而基于社会层面的建造精致性在我国当下的建造模式中有待进一步完善。

8.1.5　国内低效运行的 BIM 系统

　　传统建模软件以建立计算机内虚拟几何模型见长，具体表现在建筑造型及内、外空间，以及建筑构件和立面轮廓等方面。此外，关于建筑的工程特征、造价要求、材料特质等属性则无法达到要求。这样的模型缺乏支持概预算、建筑施工等一系列建筑设计后续工

---

　　①　如住房城乡建设部颁布的《建筑工程设计文件编制深度规定》，国务院颁布的《中华人民共和国注册建筑师条例》及其《中华人民共和国注册建筑师实施细则》，住房城乡建设部和国家工商行政管理局监制的《建设工程设计合同》，北京市规划委员会制定、北京市工商行政管理局监制的《北京市建设工程合同》等。

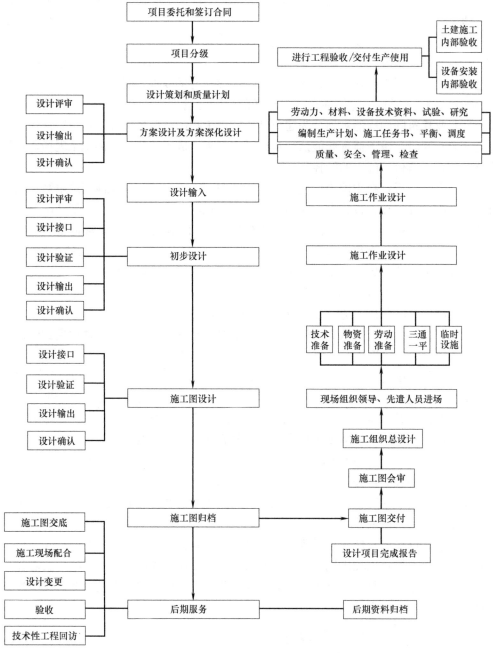

图 8-45　当代中国建筑运作流程
来源：笔者自绘

序的能力，因为一个真正能用于施工的设计需要提供大量的信息，如设计中的墙体除了确定其高度、厚度、具体位置等几何信息外，还需确定其所用材质、建造工艺、连接方式、传热系数等信息。随着建筑设计的一系列后续工序的展开，附加在墙体上的信息会越来越多，例如墙体材料的价格以及供应商、施工责任人、施工质量等级等，把这些信息保存下来将有利于日后建筑物的维护工作，也有利于建筑物的整个生命周期管理。

　　与传统建模软件不同，BIM 建模工具中操作对象转向了具体建筑构件，如墙、门、窗等，设计过程由原来的修改点、线、面等几何图元转变成了调整一系列建筑构件参数，这样生成的各种图纸都是相互关联的，同时这种关联互动是实时的，这就从根本上避免了不同视图之间出现的不一致现象。建筑信息模型为建筑工程全生命周期的管理提供了有力的支持。建筑信息模型支持 XML 对实现在建筑设计过程，甚至在整个建筑工程生命周期中的计算机支持协同工作具有十分重要的意义，使身处异地的设计人员都能够通过网络在同一个建筑模型上展开协同设计。在整个建筑工程的建设过程中，参与工程的不同角色如土建施工工程师、监理工程师、机电安装工程师、材料供应商等，可以通过网络在以建筑信息模型为支撑的协同工作平台上进行各种调配与交流，保证工程高效并顺利地进行（尼尔·里奇 等，2012）[27]（图 8-46）。在 Revit Building 中，建立起模型的同时也建成了这个模型的数据库，所有构件的所有信息都以数字化的形式保存在这个数据库中，设计中的所有图纸将直接从建筑模型生成，图纸上的信息直接与数据库双向关联。族是 Revit 建模软件中关于构件分类的特有属性，类似几何图形的编组。以窗为例，固定窗与双扇左右推拉窗的几何图形并不相同，因此被划分为不同的族（柏慕培训，2008）。而固定窗虽然可以有不同的高度和宽度，但其几何图形是类似的，所以属于同一个族。由此可知构件的分类最后是归结到"族"的划分上，Revit Building 的基本图元共有 3 种：模型图元、视图图元、注释符号图元（李建成 等，2007）。

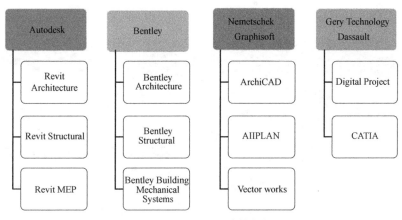

图 8-46　BIM 核心建模软件

来源：何关培. BIM 和 BIM 相关软件［J］. 土木建筑工程信息技术，2010（4）：111.

　　然而，目前我国建筑行业内，只是在设计和施工阶段应用 BIM，从设计到建造整个流程改变上却少见实例。目前 BIM 在我国多为 BIM 软件的推广，如我国 BIM 应用中多采用 Revit 平台。Revit 平台集成了 Revit Architecture、Revit MEP 及 Revit Structure 等多个应用平台，而多数建筑设计企业并未因 BIM 的出现改变设计模式，只是选取 Revit 平台中的某个应用平台，如选择 Revit Architecture 来完成建筑设计的任务或选取 Revit Structure 来完成施工图到结构图的绘制（李建成 等，2006）。此外，BIM 系统的产生基于协同工作模式，旨在建立设计与建造一体化的运作流程，以改变传统串行流程的弊端。然而，我国建筑业信息化中目前完成的技术信息化与管理信息化之间仍然缺乏系统的关联，即使作为技术信息化平台的 CAD（计算机辅助设计）与 CAE（计算机辅助工程）之间，也缺乏有效的联系。以下是笔者针对 BIM 应用总结的具体问题：

（1）设计院存在资质问题，也即在其承担大型建筑工程中负有法律责任的效应。BIM
系统不可能轻易在设计院体制内进行推广，因为设计院讲求产值效应，应用 BIM 系统也
许可以省掉很多麻烦，提高了效率，但是一定程度上也降低了产值。BIM 系统在前期阶
段需要大量的投入，需要建立大型服务器，依托服务器完成设计、结构、设备之间的协
同，而一般的设计院或应用 BIM 的单位由于资金问题，常常会陷入困境。BIM 系统需要
设计机构与生产厂家、施工单位、运营商形成良好的配合，要实现一种基于社会层面上的
建造系统，而目前我国的基础条件不够完善，无法彻底达到。只有一些大的商业房地产公
司，比如万达、万科也许有机会去尝试，一是有资本在 BIM 运营上投入；二是不存在产
值之争；三是也能跟厂家建立联系。

（2）BIM 的优势体现在施工图设计和工程管理，对于实体建筑的建造问题仍然采用
将信息模型转化为施工图的方式。尽管 Revit 可以胜任平、立、剖面施工图的出图，但其
在细节标注上仍有一定的欠缺，而传统 CAD 绘制中可以达到线脚、分缝的精确绘制与标
注，并可以通过填充图案以满足施工中对材质的要求。而 Revit 中如若采用建立族来实
现，则势必会影响工期及增大模型量。因此，一般采用"模型线"的功能完成立面装修分
块（方丰阳，2013）[26]（图 8-47～图 8-49）。

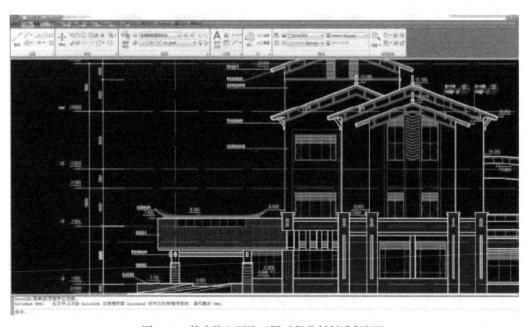

图 8-47　某建筑立面施工图对部分材料进行标注
来源：方丰阳. Autodesk RevitArchitectue 与 AutoCAD 在室内设计中的运用比较 [J]. 建筑设计管理，2013（1）：26.

（3）BIM 系统中以应用 Revit 较为普及，在方案初创时期的模型建立中应用较多，比
较直观。然而由于当下施工工艺的限制，传统运作模式不能快速得以改观，BIM 系统建
立的模型在后期会转化成施工图，从方案设计到施工图设计这一过程深化中带来了便利，
但并未改变传统图纸传递的运作流程。

（4）BIM 模型以建筑构件为基础，将构件拼装组合成整体模型。然而，以 BIM 系统

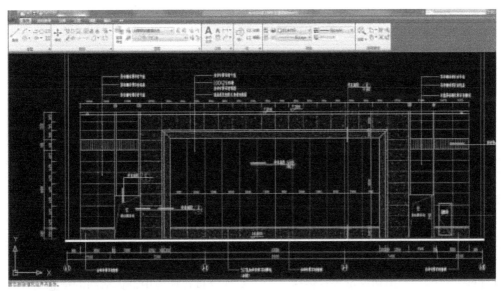

图 8-48　室内立面施工图对立面每一块砖的具体尺寸、位置、分缝、材料进行详细说明

来源：方丰阳. Autodesk RevitArchitectue 与 AutoCAD 在室内设计中的运用比较 [J]. 建筑设计管理，2013（1）：26.

在原建筑 Revit 模型的墙体上建立 30mm 装修层（同 CAD 平面图

在此装修层上用"模型线"功能完成立面装修分块，如干挂石材分块、玻化砖分块、软包等（有起伏变化的需另建立体块）

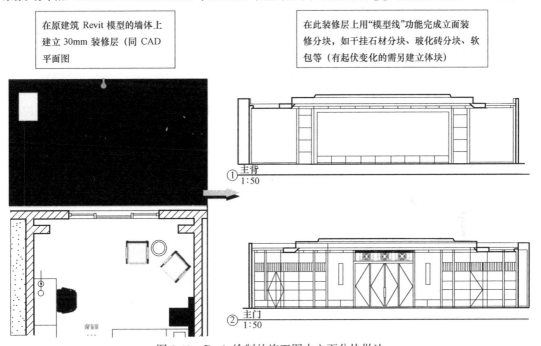

图 8-49　Revit 绘制的施工图中立面分块做法

来源：方丰阳 . Autodesk RevitArchitectue 与 AutoCAD 在室内设计中的运用比较 [J]. 建筑设计管理，2013（1）：26.

中常用的软件 Revit 为例，Revit 族库中的构件都是基于时下常见的、一般类型建筑的构配件，如门、窗、梁、板、柱、楼梯等，可直接引用。如若遇到一些新型建筑类型、建筑形式或建筑构配件，则必须通过设计者自己设计完成；BIM 模型包含了全部设计信息，各相关专业围绕信息模型进行工作，各个专业、各个阶段的工作人员从信息模型中提取各自需要的信息，进行深化与拓延，并将成果反馈到模型中，使得模型不断完善，BIM 的工作方式就是在不断完善信息模型，在建筑设计阶段应用的意义较大，更注重项目方案的从无到有的过程，以及在建立模型中的深化过程。

8.2 并行化操作模式构建

基于以上种种现状，转译制造业领域先进的生产模式以解决建筑业发展的滞后已成必然。这其中并行工程针对产品串行开发模式而提出，成长于现代计算机制造系统基础之上，涵盖了协同设计与集成制造的内容，更易于解决当下建筑运作流程的弊端，是集信息、人、管理为一体的操作模式。因此，转译并行工程操作模式应用于建筑领域将给"设计-建造"系统带来革新。

首先，组织模式上与传统串行方式不同，由项目负责人根据具体项目目标与任务合理优化组建多工种、跨学科开发团队；其次，基于广义特征建立产品生命周期内的集成产品信息模型（PIM），包括产品开发中的全部特征信息，如用户要求、产品功能、设计、制造、材料、装配、费用和评价等；最后，为了实现分布式环境中群体活动的信息交换与共享，支持多工种跨学科团队的协同工作，以及在统一信息平台下实现不同历史时期和不同需求发展起来的孤立信息系统的集成而建立了产品数据管理系统（PDM）（Cori et al.，2004）。针对以上 3 种优势，笔者试图对其在建造领域进行转译，以优化现存建造系统的僵局。

8.2.1 需求分析

建筑建造不同于产品制造的突出特点在于其针对具体项目开发过程的唯一性，这种唯一性决定了每一个项目都必须经过策划——设计——施工的建筑生产过程。而"每一个建造过程是一个建筑产品制造和相应服务的提供过程，从项目管理系统角度可以归结成一个需求发现和满足、问题发现和解决的过程。建造的全过程是一个空间环境的求解过程，也是建筑需求、业主目标、资源限制中需求平衡和共赢的过程"（陈泳金，2012）[28]，因此，针对项目开发的前期需求分析显得越发弥足珍贵。在当代建筑运作模式中，世界范围内针对项目开发的前期策划工作已经较为成熟，不光体现在西方发达国家及日本，也反映在我国等发展中国家或地区的建筑生产体系中。如"协助客户对建筑产品进行市场定位及投资机会分析；调研环境条件及规划要求，协调组织可行性研究"（保罗·拉索，1988）[187]；针对拟建项目进行现场踏勘；针对拟建项目进行场地、功能、典型案例等的分析等。

然而，在以上项目前期策划过程中，建筑师较多地以满足业主及实现设计理想的方式来进行项目运作，往往以为业主获利为基本出发点，而较少顾及建筑建成后使用者的使用状态及心理，往往使得有些建筑的使用评价未尽人意，而此时已无法再去修改或重新设计。因此，笔者以为，类似于新产品开发前针对用户需求进行需求分析，建筑项目开发前期针对特定人群及用户的需求进行需求分析十分必要。在项目前期策划阶段纳入用户需求分析可以在现有设计条件基础上进一步补充与完善项目开发的可行性与完整性，其也为项目开发团队提供了设计依据，从而使传统意义上的仅针对场地、材料等物质性限定条件的基础上加入了用户体验的需求满意度，使得项目开发过程更加合理，也使得建筑生产体系更加完善（Yu et al.，2006）。以下提供针对用户进行需求调查的程序及基本方法（表8-6、表8-7）。

用户需求调查的程序　　　　　　　　　　　　　　表 8-6

确定调查的目标		调查之前应根据已有资料进行初步分析,拟定调查提纲,确定调查范围以及索取资料的对象
确定调查的项目和时间		调查项目应简单明了,不能太少,也不能太多。太少可能达不到调查的目的,太多会浪费人力或物力。确定调查项目时,应考虑被调查者能否回答所调查的问题,调查时间不宜太长
确定调查表格和回答方式	自由回答	表上没有给定可选答案,被调查者可自由发表自己意见
	两项选择法	一般采用"是"或"否","有"或"无"进行回答,优点是能够得到明确答案,缺点是无法表现出程度差别
	多项选择法	事先拟定几个答案,被调查者可以从中选择一个或数个回答
	顺位题	被调查者在若干供选择的项目中,根据自己的观点按重要程度排出顺序,即对调查表中列出的答案定出先后顺序
	程度评定题	要求被调查者表明个人对某个问题的爱好或认识程度
整理、分析调查结果,撰写调查报告		整理、分析调查得到的市场信息,可以获得显性需求。整理调查资料之前应对所有资料进行分类和逻辑检查,剔除其中的虚假因素,然后再汇总、列表,写出调查报告

来源：笔者自制

用户需求调查的基本方法　　　　　　　　　　　表 8-7

询问法	通过访问调查者收集所需的信息,访问形式主要有:面谈访问调查;邮寄询问调查;电话询问调查;网上询问调查	调查技巧	二项选择法	被调查问答的项目有两个,被调查者可任选其一
			多项选择法	事先拟定两个以上的答案,被调查者可以任选其中一项或几项
			自由问答法	根据调查项目提出的问题自由回答
			顺位法	列举若干个问题,请被调查者按照要求排出顺序
观察法	参与性观察			由调查员或通过仪器在现场直接观察被调查对象的行为
	非参与性观察			观察用户使用产品时的操作程序和习惯,可以收集改进产品所需的资料

来源：笔者自制

此外，需求预测主要是预测产品的发展方向，通过调查得到的众多市场信息中往往还隐藏着许多潜在的需求信息，即隐性需求。这类需求可以通过预测获取，即科学分析调查得到的信息获取隐性需求。需求预测方法分为两大类：定性预测法和定量预测法。定性预测法是根据经验和现有的市场调查资料对现象作出判断和估计；定量预测法则以市场调查资料为基础，运用数学方法或统计方法推算出相关的数据资料，并以此为依据进行预测（Xiong，2000）[8-9]（表 8-8）。

需求预测法　　　　　　　　　　　　　　　　　表 8-8

	德尔斐法	拟定调查表,选择调查对象,"征询——答复——反馈——再征询",撰写调查报告
	焦点讨论法	召集 4～6 人一起,集中讨论某种商品或服务需求问题,每人各抒己见,相互讨论、分析、质疑和补充,最后找出问题的中心(焦点)。通过讨论,大家集中出一条意见,再根据这条意见做出比较完整的预测结论
定性预测法	主观概率法	根据经验对未来事物发生的可能性进行主观估计,用这种方法估计事物发生的可能性称为主观概率
	前景分析法	从已知各种相关市场因素之间的变化推断预测目标的发展趋势,这种预测方法首要的是找到与预测目标有关的因素
	历史对比法	分析和预测目标相似的已有事物,并由此推断预测目标的未来发展趋势

定量预测法	以收集到的市场调查信息资料为基础,运用数学方法或统计方法,对信息资料进行整理、计算、分析和推断,将一系列定性问题转化成定量问题,得到预测结果	时间序列预测法		时间序列预测法是将调查得到的资料按时间顺序排列,组成一组变动的观察值数列,并用曲线图描绘该数列,分析此数列曲线,找出变化规律,由此推测发展趋势
		因果关系预测法	回归分析法	一种数理统计方法,在大量统计数据基础上,通过对预测目标诸影响因素的分析,找出各影响因素之间的统计规律,并由此建立回归方程,根据自变量的取值,预测因变量的值
			先行后行分析法	由婴儿出生率预测婴儿用品需求情况就是一种先行后行需求预测方法
			投入产出法	根据各个生产部门产品生产与消耗的数量关系,以及各个部门之间直接与间接的联系进行需求预测

来源:笔者自制

最后,根据调查、分析获得的资料和数据拟定建筑产品设计纲要及设计任务书。其中设计任务书是设计、制造、试验和鉴定的依据,其各项设计要求应视具体项目而定。有些设计要求可以参照国际标准、国家标准、行业标准或专业标准确定,有些设计要求可以通过统计法、类比法、估算法或试验法确定,还有一些则可以通过直接计算确定设计要求。笔者下一小节中通过并行工程中的质量功能配置方法(QFD),针对用户需求满意度进行需求分析及数据征集,并利用 Kano 模型将需求满意度进行调整,优化出反映建筑本身的最佳满意度,以应用于项目开发中。

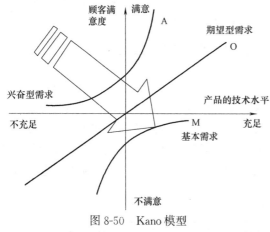

图 8-50　Kano 模型

来源:毛熔波. 基于 Kano 模型与 QFD 集成的住宅产品
设计方法研究 [D] 重庆:重庆大学,2008.

8.2.2　质量功能配置(QFD)

"成功的产品族的获得需要对客户的需求进行系统的分析。质量功能配置(QFD)[①] 能系统地将客户主观的需求转化为产品族设计的详细说明以及资源的优选,使设计人员能够利用它来进行产品设计"(毛熔波,2008)[②]。同样的思路也适合应用在建筑设计上。项目开发之初,开发团队应该就业主与使用者的主观需求进行征集,从而将主观需求转化为一种函数关系(程序)输入到信息模型中给设计提供一种参考。目前建筑

[①]　QFD 技术由日本质量专家水野滋和赤尾羊二于 20 世纪 60 年代末发明,并应用于三菱重工业的船舶设计和制造中。随后日本其他企业相继采用该方法,大大提高了企业的竞争力。

[②]　其基本原理是采用系统化、规范化的方法调查和分析顾客需求,并将这些需求转换为产品特征、零部件特征、工艺特征、质量与生产计划等技术需求信息,使企业设计和制造的产品能真正地满足顾客需求。其实施方法一般分为两个步骤:一是顾客需求的提取;二是顾客需求的瀑布式分解。要求产品开发直接面向客户需求,在产品设计阶段考虑工艺和制造问题。客户需求所用的语言通常是定性的、模糊的,产品特征的工程语言则是量化的、准确的。在产品族规划中采用 QFD 技术,以产品规划质量屋作为工具,将客户需求转化为产品工程特征(或设计要求),通过质量屋可以确定设计过程中哪些产品质量特征对于客户需求满足是重要的以及重要程度。

行业这种在项目之前征集业主与使用者主观意见的方式不多见，大多数情况下不会征集意见，导致设计出来的建筑只能成为建筑师个人能力的标榜，成了"形式"的附庸者。有些国家性或政府级的项目，会象征性地采集民意，也只是在方案诞生之后供民意选择，使用者只有选择权，只能选这个或那个，而失去了参与设计的权利[①]。

　　质量功能配置过程中所面临的一个重大的挑战就是难以获取、理解及组织顾客的质量需求。执行 QFD 关键的起点就是顾客质量需求的输入，如果这个起点不能准确地反映顾客的需求，那么制造出的产品将会失去市场。为此，笔者采用 Kano 顾客满意模型进行用户需求度的求解[②]。Kano 模型是由日本卡诺（Noritaki Kano）博士提出的，该模型按照顾客的感受和满足需求程度将产品或服务因素分为 3 种类型：必备的需求因素；单向的需求因素；吸引的需求因素（图 8-50）。这 3 种需求根据绩效指标分类就是基本需求、期望型需求和兴奋型需求[③]。

　　在此基础上，笔者针对 2015 年位于陕西省西安市碑林区南关正街 17 号院拟建的商业办公综合体项目，就其区位周围已有城市综合体、商业办公楼类型建筑进行了顾客重要度与满意度的调查分析，要求顾客用直接等级标度评定法[④]。共发放问卷 60 份，回收 58 份，有效问卷 51 份。经统计后，得到顾客重要度与满意度测评结果（表 8-9）。

---

　　① "建筑师做设计老有一种隔靴搔痒的感觉，并不是真正意义上的在设计。如果谈设计的话，还得把设计这个概念作一个界定，到底什么是设计？设计其实不是艺术，设计实际是一场阴谋。当建筑沦落成设计之后，包括艺术堕落成设计之后，就出现好几个分离：第一个分离是设计者和现场的分离。以前建筑师做建筑的话，他一定会在现场，一定到现场去工作的；第二个是设计者和使用者之间是分离的。大家只是通过设计品这样一个中介来交换，设计的作用就是由少数人可以控制一种产品，或者一种东西的发布来控制这么大的一个社会，可以通过设计这样一个中介物把整个社会权利控制在少部分人手中，这部分人可能是政治家，也可能是资本家"（周榕，2015）。

　　② 为了在 QFD 的产品规划矩阵中体现顾客需求的细微差别，大量研究者通过研究提出把顾客满意度的 Kano 模型与 QFD 进行集成。

　　③ 基本需求是指产品和服务应当具备的质量因素，顾客通常不做表述，因为顾客假定这是产品和服务所必须提供的，其作用类似于双因素理论中的保健因素，这类因素的存在对顾客满意度的提高没有多大影响，但是缺少这类因素将会带来顾客极大的不满，顾客的不满将呈现指数级增加；期望型需求是指那些顾客所熟知的、易于评价的技术质量因素，顾客的满意度与这类因素基本上是线性（比例）关系，即期望型需求的增加和改进会带来顾客满意度相应的提高；兴奋型需求则是指顾客购买后对其产生积极影响的，但事先想不到的质量因素，其作用如同双因素理论中的激励因素。顾客通常对这类因素并不了解也没有这方面的期望，这类因素的缺失不会带来顾客的不满，但具备这类因素会使顾客出乎意料的惊喜和兴奋，将增加顾客的满意程度，并有利于培养顾客的忠诚度。

　　④ 在市场调查中，主要有以下 3 种通用的态度测评技术：直接等级标度法、直接打分法和塞迪的两两比较 1～9 标度法。

　　• 直接等级标度评定法：应答者在一个标度范围内（通常是 1～5）对某一产品质量特性的重要程度作出评定。例如，在重要性方面顾客要从很不重要、不重要、一般、重要、很重要中做出某一评定，然后由统计人员将其相应赋值 1、2、3、4、5。

　　• 直接打分评定法：应答者在给定的一组属性中为重要性或满意度直接"打分"（比如满分为 100），打给某一属性的分数比例就是该属性的重要程度或满意度。

　　• 两两比较评定法：应答者对属性之间的相对重要度进行两两对比，按照塞迪的 1～9 标度法来对属性的相对重要性做出评定。该方法得到的结果是 AHP 法（层次分析法）中的两两比较判断矩阵。

　　以上 3 种方法中，两两比较评定法在分析中可以做一致性检验，来保证其判断的一致性，但其判断标准具有随机性。而且该方法还有一个致命弱点，即要想得到一个两两判断矩阵，应答者需要做 $n(n-1)/2$ 次判断，这种将大量的负担加在应答者身上的方法，顾客很难给予配合。因此，使用该方法比较困难。直接打分法的区分度较大，但在实施的过程中容易出现数据的偏度大、峰度低的情况。直接等级标度法所得的数据的偏度小、峰度高，而且该方法比较接近人们的判断习惯。在顾客满意度分析测评过程中，从顾客到统计人员、从担任调查任务的职员到组织的首席执行官，都很容易理解这 5 级标度的含义，因而该方法备受测试双方的青睐。

客户需求重要度、满意度得分对比表 　　　　　　　表 8-9

质量需求	重要度	满意度	差距
空间宽敞度	4	2	—2
房间舒适度	4	3	—1
房屋朝向	3	2	—1
隔声效果	4	4	0
通风效果	3	4	1
电梯便捷度	4	2	—2
建筑层数	3	5	2
有娱乐设施	3	2	—1
有运动场所	2	3	1
有固定车位	5	4	—1
对周围建筑影响	5	3	—2

来源：笔者自制

　　将表 8-9 中的重要度和满意度得分绘成折线对比图，得到卡诺模型运行图，如图 8-51 所示。从中可以看出在空间宽敞度、电梯便捷程度及对周围建筑影响等方面，顾客的满意度与顾客的期望值差距较大。

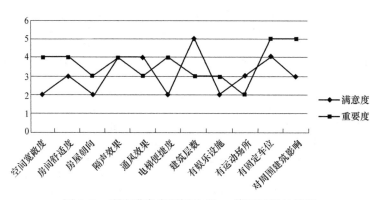

图 8-51　顾客满意度测评的 Kano 模型运行结果图
来源：笔者自制

　　在 Kano 模型运行图中，满意度得分明显高于重要度得分的是兴奋型需求。满意度与重要度得分接近，几乎是线性关系的是期望型需求。而重要度明显高于满意度的是基本需求。将表 8-9 中的数据，与 Kano 顾客满意模型进行对比，可以看出空间宽敞度、房间舒适度及电梯便捷度属于基本需求，而建筑层数属于兴奋型需求，其余的属于期望型需求。

　　为了验证上述分析结果的准确性，本书采用了 Kano 问卷方式，实施了小范围问卷调查。本次问卷选择了共 11 个指标，分别从实现此需求和不实现此需求，被访对象分别从喜欢、必须这样、保持中立、可以忍受、不喜欢等五个方面作出选择。具体问卷见表 8-10。

商业办公楼顾客需求的 Kano 问卷　　　　　　　　表 8-10

质量需求	实现度	喜欢—必须这样—保持中立—可以忍受—不喜欢	重要度
空间宽敞度	可以实现 不能实现	5—4—3—2—1	
房间舒适度	可以实现 不能实现	5—4—3—2—1	
房屋朝向	可以实现 不能实现	5—4—3—2—1	
隔声效果	可以实现 不能实现	5—4—3—2—1	
通风效果	可以实现 不能实现	5—4—3—2—1	
电梯便捷度	可以实现 不能实现	5—4—3—2—1	
建筑层数	可以实现 不能实现	5—4—3—2—1	
有娱乐设施	可以实现 不能实现	5—4—3—2—1	
有运动场所	可以实现 不能实现	5—4—3—2—1	
有固定车位	可以实现 不能实现	5—4—3—2—1	
对周围建筑影响	可以实现 不能实现	5—4—3—2—1	

注：评分从 5 到 1，分别代表"喜欢""必须这样""保持中立""可以忍受""不喜欢"重要度评分，采用 5 级量表，即 5 分为最重要，1 分为最不重要。

来源：毛熔波. 基于 Kano 模型与 QFD 集成的住宅产品设计方法研究 [D]. 重庆：重庆大学，2008

本次测试问卷所发放的对象为拟建项目前期商业办公楼的用户，问卷为 50 份，回收 47 份，其中有效答卷 35 份。调查结果见表 8-11。

Kano 问卷调查结果统计　　　　　　　　表 8-11

质量需求	实现度	平均得分	选择频数	所属需求类别
空间宽敞度	可以实现	4	85%	基本需求
	不能实现	1	95%	
房间舒适度	可以实现	5	85%	基本需求
	不能实现	1	82%	
房屋朝向	可以实现	5	90%	期望型需求
	不能实现	1	85%	
隔声效果	可以实现	5	88%	期望型需求
	不能实现	1	83%	
通风效果	可以实现	3	80%	期望型需求
	不能实现	1	84%	
电梯便捷度	可以实现	3	85%	基本需求
	不能实现	1	90%	
建筑层数	可以实现	5	95%	兴奋型需求
	不能实现	2	87%	

续表

质量需求	实现度	平均得分	选择频数	所属需求类别
有娱乐设施	可以实现	5	80%	期望型需求
	不能实现	1	75%	
有运动场所	可以实现	5	70%	期望型需求
	不能实现	1	68%	
有固定车位	可以实现	5	90%	期望型需求
	不能实现	1	88%	
对周围建筑影响	可以实现	5	85%	基本需求
	不能实现	1	95%	

来源：笔者自绘

通过 Kano 问卷的调查分析，验证了上述通过顾客需求重要度与满意度确定的顾客需求类型，为发现基本需求、期望型需求和兴奋型需求提供了一种方法。

在此基础上，应用质量功能配置（QFD）法建立拟建项目的规划矩阵（表 8-12）。以"空间宽敞度"为例，它的顾客满意目标值设定为"3"。为了实现顾客满意目标值，顾客满意度要增加 150%，因而在传统的产品规划矩阵中初始重要度增加 150%。而根据 Kano 模型分析，"空间宽敞度"是基本型需求，Kano 模型认为作为基本型需求即使初始重要度增加 150%，顾客满意目标值也不能实现。要实现想要得到的满意度，基本型需求性能应超过 150%。

质量功能配置（QFD）法生成的规划矩阵   表 8-12

顾客质量需求	初始重要度	竞争能力分析						目标值	水平提高率	调整后重要度	现在重要度（%）
		已建项目	竞争者1	竞争者2	已建项目✕	竞争者1 ■	竞争者2 △				
空间宽敞度	4	2	2	3				3	1.5	6.0	12.3
房间舒适度	3	2	3	3				3	1.5	4.5	9.3
房屋朝向	4	4	3	4				4	1.0	4.0	8.2
隔声效果	3	4	3	5				4	1.0	3.0	6.2
通风效果	4	2	3	4				4	2.0	8.0	16.5
电梯便捷度	5	3	2	4				4	1.3	6.5	13.4
建筑层数	3	5	2	3				4	1.0	3.0	6.2
有娱乐设施	3	2	4	2				4	2.0	6.0	12.3
有运动场所	2	3	4	2				4	1.3	2.6	5.3
有固定车位	5	3	3	5				4	1.0	5.0	10.3
对周围建筑影响	5	3	4	3				4	1.0	5.0	10.3

来源：毛熔波. 基于 Kano 模型与 QFD 集成的住宅产品设计方法研究 [D]. 重庆：重庆大学，2008.

接下来，利用 Kano 模型将质量功能配置（QFD）进行调整。增加基本需求满意度的占有率和降低兴奋型需求满意度的占有率，从而在项目开发前期制定正确的开发路线（表8-13）。具体过程如下：

利用 Kano 模型中的建筑功能或服务性能与顾客满意度之间的关系，能够通过使用一个适当的带有参数的函数近似量化，其关系可表示为 $s=f(k,p)$。其中，s 为顾客满意度，p 代表建筑功能或服务性能，k 为每一 Kano 种类的调整参数。显然较好的性能将产生较好的顾客满意度。

兴奋型特性产生顾客满意度比基本特性多，而且，随着兴奋型特性的增加，顾客满意度增加呈递增趋势。因而，对于兴奋型特性而言，$\Delta s/s > \Delta p/p$，这里 s 和 p 分别表示顾客满意度和服务性能水平；Δs 和 Δp 分别表示 s 和 p 微小的变化。类似对于期望型特性，有 $\Delta s/s = \Delta p/p$；对于基本型特性，$\Delta s/s < \Delta p/p$。

假设 $\Delta s/s$ 和 $\Delta p/p$ 之间是线性关系，那么上述三个关系式可用一个等式表示：$\Delta s/s = k(\Delta p/p)$。其中 k 为参数，对于兴奋型特性：$k>1$；期望型特性：$k=1$；基本型特性：$0<k<1$。

由上式得：

$$s = cp^k \tag{8-1}$$

这里，c 为常数。

假设 s_0、p_0 为现有顾客满意度水平和建筑功能或服务性能水平，而且 s_1、p_1 为顾客满意目标和服务的希望性能，并假设无论是现状还是目标状况，公示（8-1）都不变。这样有：

$$s_0 = cp_0^k \text{ 和 } s_1 = cp_1^k$$

因而得到：

$$\frac{S_1}{S_0} = \frac{CP_1^k}{CP_0^k} = \left(\frac{P_1}{P_0}\right)^k \tag{8-2}$$

令 IR_{adj} 为调整性能水平改进率；IR_0 为初始顾客满意度水平改进率；k 为不同 Kano 类型的参数。则：

$$IR_{adj} = (IR_0)^{1/k} \tag{8-3}$$

式（8-1）中，k 是唯一由 QFD 小组选择的参数，如果将顾客需求特性按 Kano 种类分类，k 也可作相应的选择。例如，对于基本型、期望型和兴奋型特性，可分别取 1/2、1 和 2（毛熔波，2008）。

由此可见，在传统质量功能配置（QFD）法中"空间宽敞度""房屋朝向""电梯便捷度"的重要度百分比分别为 12.3%、8.2%、13.4%，而集成 kano 模型之后变成了 14.9%、8.7%、13.8%。因此，对于基本需求来讲，必须提高较大比例的产品质量才能获得所需的满意度增加比例。而对于兴奋型需求，增加较小的比例就能获得顾客满意度的增加。因此，在建筑"设计-建造"过程中应主要完成顾客基本需求方面的满意度。在此基础上尽力满足期望型需求，以达到品质竞争性程度。建筑项目开发人员可通过将集成 Kano 的 QFD 规划矩阵中所得数据与仅质量功能配置（QFD）法生产矩阵数据作以对比，将所得差值通过数字设计系统建模手段反映到三维数字化模型的建立中。如下图所示，可以通过编程的方式将差值转换成程序语言，进而生成影响三维数字化模型的参数

（图 8-52、图 8-53）。

集成 Kano 的 QFD 规划矩阵 　　　　　　　　　　表 8-13

顾客质量需求	初始重要度	竞争能力分析						目标值	水平提高率	调整后改进率	调整后重要度	现在重要度（%）
		已建项目	竞争者1	竞争者2	已建项目✗	竞争者1■	竞争者2△					
空间宽敞度	4	2	2	3				3	1.5	2.3	9.2	14.9
房间舒适度	3	2	3	3				3	1.5	1.5	4.5	7.0
房屋朝向	4	4	3	4				4	1.0	1.0	4.0	8.7
隔声效果	3	4	3	5				4	1.0	1.0	3.0	4.9
通风效果	4	2	3	4				4	2.0	4.0	16	25.9
电梯便捷度	5	3	2	4				4	1.3	1.7	8.5	13.8
建筑层数	3	5	2	3				4	1.0	1.0	3.0	4.9
有娱乐设施	3	2	4	2				4	2.0	2.0	6.0	9.7
有运动场所	2	3	4	2				4	1.3	1.3	2.6	4.2
有固定车位	5	4	3	5				4	1.0	1.0	5.0	8.1
对周围建筑影响	5	3	4	3				4	1.0	1.0	5.0	8.1

来源：毛熔波. 基于 Kano 模型与 QFD 集成的住宅产品设计方法研究 [D]. 重庆：重庆大学，2008.

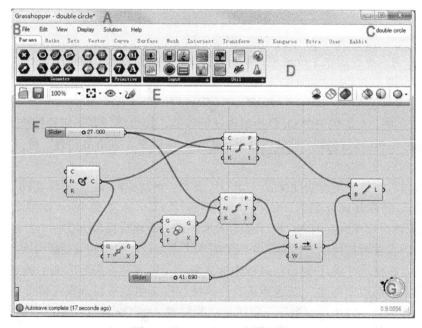

图 8-52　Grasshopper 操作界面
来源：程罡. Grasshopper 参数化建模技术 [M]. 北京：清华大学出版社，2017.

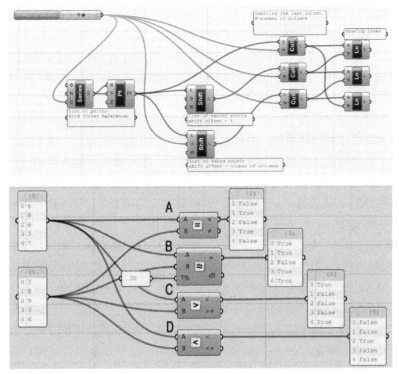

图 8-53　编程过程示例

来源：Khabazi Z. Generative Algorithms using Grasshopper [M]. Morphogenesism，2012.

8.2.3　划分建筑结构的跨学科团队（IBT）

根据本书 8.1 节中的分析，我国等一些发展中国家及地区的部分建筑运作模式目前处于专业与综合共存的职能型组织中，对内组织结构呈现明确的金字塔形等级划分，项目开发局限于职能部分之中，虽然一定程度上保证了工作质量，但部门间的协调交流只能局限在主管层级。对外将项目开发的整个过程划分成了设计、施工图设计、现场建造等几个单元，各单元各自拥有自己的目标和要求①，于是可能产生部门间的壁垒，如各部门完成任务的时间分配并不合理，工程设计阶段可能需要较长时间而现场施工阶段可能只需较短时间完成。因此，由各部门的部分目标组成的全局目标有可能不是最优②。而当代西方发达国家及日本采用的矩阵型组织模式中，虽然由于建筑师职能范围的广延可将职能部门的横向联系与各项目的纵向协调结合起来，但由于团队中存在纵、横两向的领导制，其权力区分存在分歧，因此，管理与协调效率较低（胡诚程 等，2015）。

划分建筑结构的跨学科团队③针对具体开发项目，由业主、用户、策划分析人员、建筑师、

①　如施工图设计人员关心建筑的建造特征，而管理人员致力于减少成本。

②　此外，组织结构变大时生产效率下降，通信障碍增加，各部分的信息共享成为瓶颈，致使项目开发周期延长。全局目标被各单元的局部利益和要求替代，增加了统一管理和协调的难度。

③　一个好的工作团队规模一般比较小。如果团队成员多于 12 人，则很难顺利开展工作，相互交流时会遇到许多障碍，也很难在讨论问题时达成一致。管理人员要塑造富有成效的团队，应将团队成员人数控制在 12 人以内。如果一个自然工作单位本身较大，可以考虑将工作群体分化成几个小的工作团队。并且，团队成员的技能应互补，致力于共同的绩效目标，并且共同承担责任。这能大大提高产品生命周期各阶段人员之间的相互信息交流，促进协同工作。

工艺规划师、生产技术人员、制造商、承建商、材料供应商、施工技术人员、运营维护人员等共同组成。首先，团队成员组成的范围扩大；其次，将传统针对部门划分开发阶段的界限打破，形成团队成员并行、交互的集成过程。团队成员技能互补，协同工作的模式使得设计阶段便开始考虑下游阶段的任务，从而使得项目开发被纳入到全生命周期轨迹中运行（李清 等，2002）。

依据建筑结构划分的想法来自产品制造①，而与产品制造不同的是：笔者在第一层级首先将建筑划分为组成整体的各个模块，而各个模块之间又相互关联，相应模块之间处于动态联系中，并组成集成建筑信息模型，具体内容将在"装配式建造方式"章节探讨。如可根据建筑的组成元素及相应的关系将其划分为：围护模块、结构模块、能源利用模块、设备技术模块、空间组织模块。相应地可建立对应各自模块的跨学科团队（IBT：integrated building team，以下简称 IBT），从而建立层级化跨学科团队的第一层 IBT。接下来，再将模块进行细分，每个"第一层 IBT"又可分解为若干个"第二层 IBT"，各自负责上一层 IBT 的部分工作。同样，"第三层 IBT"是由"第二层 IBT"分解而成的，通常称"第三层 IBT"为实际操作层②，各个层级的团队成员中具有互补性，如第一层级的人员组成中可能更倾向于设计人员，而越往下细分的层级可能更倾向于制造与加工生产人员（齐德新 等，2003）。

并行工程组织模式打破传统的部门制或专业组，以项目为主线，这样的 IBT 体系针对特定项目而建立，打破了传统建筑运行的串行流程，各个 IBT 模块协同工作，相互之间的问题可以及时得到反馈与解决（图 8-54）。IBT 团队内部是一个分形组织结构，并且各层级内部的组织方式相同，只是所面对的模块类型不同。IBT 成员由来自各功能部门的技术人员组成，构成完善的项目开发所需的专业知识体系，上层 IBT 成员包括来自所对应下层 IBT 的领导和相应的其他人员，上层 IBT 对下层 IBT 具有领导和协调作用，对底层进行初步设计和总体设计，定义底层 IBT 涉及的构件间的接口关系。此外，各个 IBT 团队之间的协作，需要工作流、决策室、工程室、远程会议系统等网络技术的支持（Mi et al.，2001）③。

---

① 并行工程的产品开发组织模式是按照产品结构划分，即将产品分解为组成整体的各个单元或构成整体的各个系统，依照分解的单元或系统组建集成产品开发团队（integrated product team，IPT）。在团队内部，该框架是一个分形组织结构，不论位于整个群体的哪一个层次和位置，每个 IPT 内部的组织方式完全相同，只是所面对的产品对象不同。IPT 的成员由来自各功能部门的技术人员组成，构成完善的产品开发所需的专业知识体系，上层 IPT 的成员包括来自所对应下层 IPT 的领导和相应的其他人员。在这种体系结构中，上层 IPT 对 IPT 具有领导和协调的作用，对底层进行初步设计和总体设计，定义底层 IPT 涉及的零部件之间的接口关系。

② 如制造业中以波音 737-700 项目为例分析。波音 737-X 项目的集成产品开发团队（IPT）体系按产品单元组建，整个体系分成 3 个 IPT，即动力、机翼和机身，称为第一层 IPT；每个"第一层 IPT"又可分解成若干个"第二层 IPT"，其各自负责上一层 IPT 的部分工作（如波音 737-700 项目第二层 IPT 共分成了 73 个）；上述项目第三层 IPT 约分解为 270 多个，由适合于产品单元的各功能部门成员组成，如工程工艺、生产准备（工装）、材料、质保、工业工程、生产车间等。在产品设计的同时进行生产、制造准备（如制造工艺、工装制造、采购等）和系统集成，确保所有的系统零件协调工作，并符合飞机的功能要求（如电气、液压、环控系统等）。

③ 其中，工作流管理是人与计算机共同工作的自动化协调、控制和通信，在计算机的业务过程上，通过在网络商运行软件，使所有命令的执行都处于受控状态。在工作流管理下，工作量可以被监督，使分派工作到不同的用户的工作量达成平衡。许多公司推出了自己的工作流产品，如 Software Ley 公司的 COSA Workflow，FileNet 公司的 Ensemble，IBM 公司的 FlowMark，Staffware 公司的 Staffware，W4 公司的 W4 等，以上工作流软件可作为参考应用。决策室支持同地-同时的交互作用，装备有多种硬件和软件工具的会议室，硬件包括相互连接的工作站（即局域网）、电子大屏幕、投影设备和存取远程数据库的终端，软件工具可包括决策分析和计算模型、绘图程序包、表决工具（如头脑风暴活动处理模型）。工程室支持同地-异时的交互作用，需要信息共享、检索、在特定位置显示的能力，小组成员随时可以将自己的意见输入到工程室，工程室也可以被小组各成员访问，以存取信息或共享信息。远程会议系统支持同时-异地交互作用，有效工具是电视会议或网络会议。

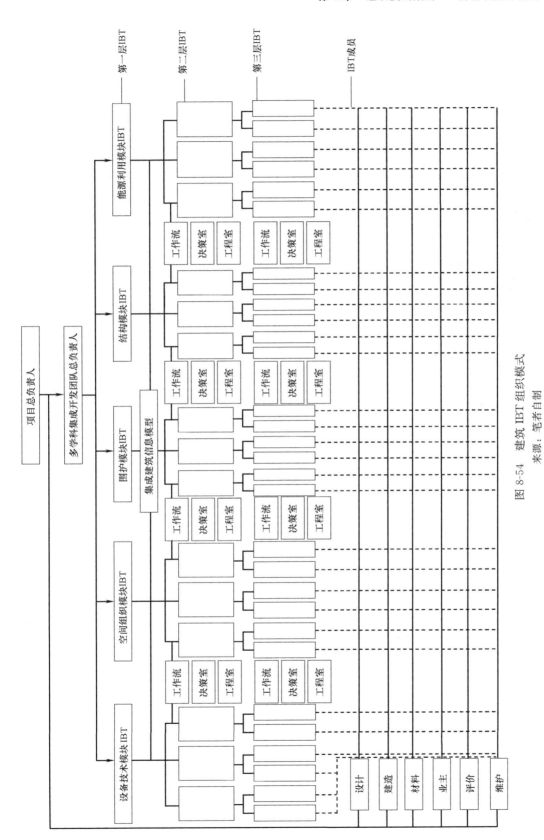

图 8-54 建筑 IBT 组织模式
来源：笔者自制

在荷兰 Naco 公司、英国 Foster and partner 公司和 Arup 公司联合设计的首都机场 T3 航站楼项目中，也将建筑按结构单元划分成了主体结构与外围护系统、屋面体系及屋面板系统、外幕墙系统、空间构型系统、APM 旅客提运系统、登机桥系统，基于网络技术支持的协同工作模式，并行地进行设计与开发，组成了分别针对各个系统的跨学科集成开发团队（IBT），控制了施工质量，缩短了施工时间（邵伟平，2008）（图 8-55）。

图 8-55　首都机场 T3 航站楼

来源：邵伟平. 高完成度建筑的经典之作 [J]. 建筑创作，2008（2）.

8.2.4　过程建模

影响并行化操作的因素主要有：人员组织、建筑信息及操作过程，这几个因素相互影响，共同构成多视图集成的并行操作模式① （图 8-56）：

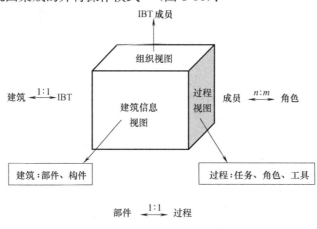

图 8-56　多视图集成模型

来源：吴含前. 产品并行开发过程建模及 PDM 关键技术研究 [D]. 南京：南京航空航天大学，2001：15.

---

①　并行化操作模式是一种对项目及相关过程进行集成地、并行地开发的系统化模式，而传统串行运作模式中仅从时间角度考虑项目开发过程显然不够，而必须从项目开发的整个生命周期的角度从各个不同侧面来分析和描述整个开发过程，如组织模式、开发过程、项目信息等。因此，并行化操作过程应视为一个多视图集成环境，各个视图环境则为各团队、各技术工种的具体操作环境。集成视图则为协同操作环境。

（1）组织视图代表 IBT，其中的人可以在过程视图中担任某一角色来执行任务，成员与角色之间是多对多的关系；

（2）建筑信息视图反映了项目运转的全生命周期中各个阶段的信息、数据；

（3）过程视图反映从三维数字化模型的建立到按照工艺规划建立装配模型的整个过程。

对上一章中提出的集成建筑信息模型作进一步的细化，操作过程均是围绕集成建筑信息模型展开，各过程与集成建筑信息模型的交互表现在：

（1）过程从集成建筑信息模型中获取相关领域信息进行评价和验证，并将有关的信息返回模型；

（2）完善原有集成建筑信息模型中的信息，在得到别的领域认可后，过程实现对集成建筑信息模型的修改；

（3）对于过程产生的有关建筑项目的新的信息，即过程的结果信息，存入集成建筑信息模型中，丰富集成建筑信息模型。

操作过程与集成建筑信息模型的关系可由图 8-56 表示。从图中可以看出，并行化操作过程与集成建筑信息模型的关系具有以下特征：“集成建筑信息模型的唯一性。集成建筑信息模型的唯一性确保各过程工作于统一的对象；过程的独立性。过程的独立性使过程可以被独立处理，允许在不同阶段，相关的系统采用相应的技术来处理特定的信息，并将结果保存于各自的文件系统中，如设计过程采用 CAD 等软件，工艺过程采用 CAPP 软件等；过程之间的并行性。并行化操作的根本标志是过程之间的并行关系，按照并行的思想，各过程开展各自的活动，彼此之间无直接的信息交互，只能通过集成建筑信息模型进行信息共享，间接的完成数据交互，从而确保数据的唯一性。”（吴含前，2001）[26]

过程建模是进行并行化操作首先要解决的问题，过程建模即如何表示和设计建筑并行化操作过程。在过程工程的活动中，过程概要设计、详细设计、项目试点、过程实施与监控以及过程评估都提出了对项目开发过程建模的需求。对于过程建模，如从管理人员、开发人员和过程工程人员等不同角度，可能对过程有不同的需求，因此需要从不同侧面对过程进行描述，形成不同的过程视图，建立集成的并行化操作过程多视图模型是较为理想的手段。多视图建模和管理示意图如图 8-57 所示。图中，分布在不同地点的用户的机器（166.111.72.＊代表不同的计算机，可能是不同平台），从过程的不同角度对过程不同部分、开发的不同阶段（即渐进式逐步求精）进行过程的设计和描述，如用户分别在166.111.72.100 和 166.111.72.106 两台机器从活动网络图角度进行建模（视图 1），而在166.111.72.52 则用一般的描述性填表的方式描述活动、角色和资源（视图 2），各节点建立的模型最终由过程建模工具进行一致性检查，从而形成一个完备的可执行的过程模型。过程在具体项目中执行时，过程支持工具可以根据用户需求，生成不同视图如活动网络（视图 1）、重点数据的状态转移图（视图 4）和 GANTT 图（视图 5）等，用户可能从某一地点、某一平台（机器）由过程的某一具体视图出发，浏览、执行和监控过程，如分配资源、调用设计工具，进行过程的设计或者对过程进行进度分析等[①]。

---

　　① 在波音 777 设计中大规模地采用 CAD/CAM 技术。计算机硬件系统最多时曾同时用 2200 个工作站联网工作，其后援机最多曾用过 8 台 IBM 大型主机，组成世界上最大后援支持机簇。日本参加研制机身，英国罗-罗公司（Rolls-Royce）提供发动机，所有 CAD 工作站全世界联网，CAD 软件统一使用法国达索公司的 CATIA 三维实体 CAD 软件。波音要求所有777 协作单位使用 CATIA 工作站或通过图形转换变成 CATIA 图形传送入波音的网络，进行数字化三维实体设计，给出详细的数字化产品定义 DPD，并在计算机环境中进行数字化预装配 DPA，之后再将设计和生产紧密结合在一起，形成一个设计-生产流程 DBP，实现了工程、计划、工具、生产工艺、材料、质量保证、财务、用户支持等方面的集成组织。

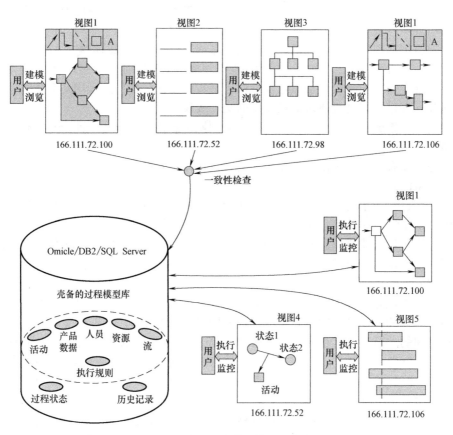

图 8-57　多视图建模和管理示意图

来源：吴澄. 现代集成制造系统导论——概念、方法、技术和应用 [M]. 北京：清华大学出版社，2002：348.

任何一个项目从最初的立项到最后的竣工验收，以至到使用报废，均可以用一个过程来描述。而事实上，从建筑业发展到目前的趋势来看，恰恰缺乏这样系统而整体的过程描述。"过程是指利用一种或多种输入产生的有价值的输出活动的集合，对过程的描述实质上是对整个建造活动和资金流、信息流、物流的描述。"（宁汝新，2000）建筑从设计到建造的过程是一个复杂多变的系统，借助产品开发过程的优势经验，要实现建筑从设计到建造的并行式开发过程，必须要经过过程建模应用。通过 STEP 中的信息建模语言 Express 统一描述数字化模型和过程模型①，可有利于建立过程信息与模型信息的关系。而此时的模型信息不仅包括数据，也包括开发过程的信息以及整个生命周期的数据。

为了能在项目开发的早期就考虑生命周期各阶段的要求，必须对生命周期各阶段进行分解、分析，重新建立开发过程模型，并进行仿真和优化。其目的是尽量减少开发过程中不必要的环节，使开发过程从全局优化的观点变得更合理、资源利用得更有效。如图 8-58 为串行过程与并行过程的流程图比较，为了使并行开发过程具有可操作性，应将开发活动进一步细化，找出各阶段活动与活动的关系。所以并行化项目开发过程是大循环、小循环和微循环形成的多层次决策、优化和解决冲突的过程。大循环负责开发过程各阶段之间的信息反馈，

----

① 关于此内容详见"从数字设计到数字建造"章节中的内容阐述。

如将 CAM 中发现的问题反馈给 CAD、CAPP 等。小循环则在阶段内的各步骤、活动之间进行信息反馈，如结构设计和方案设计之间、零件设计和装配设计之间的反馈。微循环是利用特征的概念，如制造特征、装配特征，实现微小设计单元之间的信息反馈，以从根本上保证可制造性、可装配性等要求。

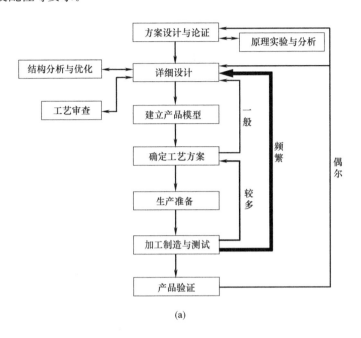

(a)

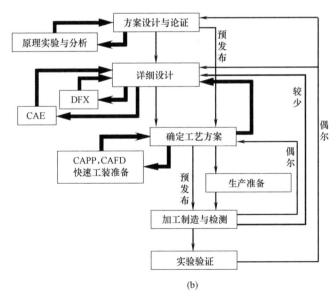

(b)

图 8-58　串行和并行开发流程图比较

来源：宁汝新. 产品开发集成技术［M］. 北京：兵器工业出版社，2000.

　　过程模型一般由产品开发中所要进行的活动、实现活动所需资源、每个活动所要的输入、输出以及各活动之间的控制及顺序关系组成。对活动的描述内容如下：

名称：指某一项活动的名称。

输入：相邻上游活动的输出成为该活动的输入。

输出：活动产生的结果，也是下游活动的输入。

属性：构成活动的基本特征。活动的属性主要包括人员、资金、材料、设备、时间、任务等。

规则：对输入、输出、属性及相互关系的约束，这些约束决定了过程的流程。

如图为项目开发过程的活动模型，图中方框表示活动名称，数字表示顺序，& 表示逻辑，箭头表示活动之间的输入、输出关系。项目开发过程包含着若干活动，其间的关系构成了过程模型结构（图 8-59）。

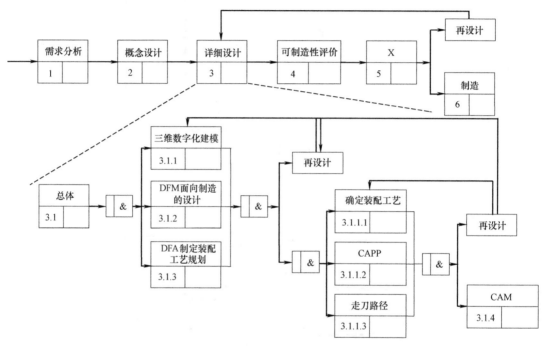

图 8-59 项目开发过程活动模型
来源：笔者自绘

8.2.5 数据管理（BDM）系统

前述 EXPRESS 语言转换的 STEP 中性文件实现了不同应用平台、不同软件系统间的数据连接与共享。然而，笔者所述的并行化操作过程中会在不同应用平台间产生大量数据信息，加之数字技术的大量使用使不同的部门、不同的人使用不同的软件，这些软件生成的数据不能统一管理，文件和数据的类型越来越多、越来越复杂，如三维几何数据、分析结果数据、数控指令、视频与音频信号等多种信息，使检索及更改后数据的一致性更难保证[①]。数

---

① 数字化技术的发展和应用使数字技术、数字工程工艺、数字制造等应用系统日益成熟。然而，这些应用系统都自成体系，产生大量相关数据的同时缺少有效的信息共享和利用，往往因为文件格式不相同而无法对这些数据进行统一管理而形成"信息孤岛"。再者，文件或数据在各大应用系统间传递过程中需要唯一性和一致性。

据管理系统（Building Data Management 缩写 BDM）[①] 是在数据库基础上加上面向对象层，将数据库与应用软件连接起来的一个软件开发平台，在这个平台上可以集成 CAD、CAM、CAE 等多种开发环境和工具（Bai et al.，2004），还可跟踪数据，在不同部门需要时能以适当的方式提供所需要的信息，也能控制数据的存储、检索，按用户定义的属性查找数据，并协调不同类型的数据关系，跟踪设计变更及审批，保存正确的版本，提供前后一致的零部件号，支持对以前设计的零部件的再利用[②]。因此，并行化项目开发中应用数据管理系统达成数据的存储与流转成为操作模式的保障。

数据管理系统（BDM）为各应用软件提供了集成平台，为业主、设计者、生产厂家、施工技术人员等提供了集成环境。由于 CAD/CAM、BDM 开发的目的不同，实现两个系统的集成存在困难，主要表现在：

（1）界面形式不同，不便于统一操作；

（2）数据格式不同，BDM 很难从 CAD 中提取数据；

（3）装配结构关系复杂，没有双向相关的装配系统；

（4）数据大量冗余，如材料清单、装配结构、数据存储管理等方面，BDM 与 CAD 数据大量重叠，应解决谁拥有和由谁控制什么数据的问题；

（5）多个 CAD 系统共同使用，每一个 CAD 系统有不同存储格式，因此集成时必须考虑不同系统之间的数据转换问题；

（6）多种应用连接和嵌入，CAD 系统有多种应用，如数控、有限元分析、运动学和动态仿真等，因此集成时应考虑将文字、表格、图像等多种形式嵌入到系统中，确保设计数据的有效性、一致性、可用性（米小珍 等，2001）。

由于数据管理技术能够解决如异地协同工作、异构数据的管理、封装不同的应用工具、支持设计-建造过程，因此，BDM 技术被认为是并行化操作的使能技术。当下在 BDM 系统中应用较为成熟的是以美国 SDRC 公司提供的 Metaphase Series 系列软件[③]，该软件提供了一组集成开发工具，包括 MODeL 语言（Metaphase object definition language）、应用编程接口（API）库、IML 编译器、其他实用程序等元件，利用 Metaphase 的集成开发工具实现用户化定义与开发的基本过程如图所示（罗继业 等，2012）。

通过 API 接口方式可实现 CAD/CAM、BDM 之间的集成（图 8-60）。设计阶段，依照集成建筑信息模型划分的各建筑模块数字设计文件在 BDM 中进行归档，同时生成相应的设计物料清单（BOM）；工艺规划阶段，CAPP 系统通过 BDM 获取设计 BOM（E-BOM）与模块

---

① 此处，笔者将建筑看作产品，而建筑中应用 PDM 的相应技术不完全与产品中等同，按 CIMdata 公司的定义："PDM 是一种帮助工程师和其他人员管理产品数据和产品开发过程的工具。" 从技术角度讲，PDM 是一组软件的总称，它将所有与产品有关的信息和过程集成在一起。与产品有关的信息包括任何属于产品的数据，如 CAD/CAM/CAE 的文件、材料清单、产品配置、产品订单、电子表格、生产设备、生产成本、供应商状态等。与产品有关的过程是指产品的开发过程、产品的变更过程和其他工作流程。其工作的基本原理是将产品从设计到报废的整个生命周期内的相关数据，按照一定的数学模式加以定义、组织和管理，使产品数据在整个生命周期内保持一致、最新、安全和共享。

② 将建筑视作产品对待，产品数据管理系统的相应技术也可适用于建筑系统。产品数据管理（PDM）是一种管理所有与产品相关的信息（包括产品规范、电子文档、CAD 文件、产品结构、存取权限等）和所有与产品相关的过程（包括图纸审批、发放、工程更改等）的技术，能有效地将产品数据从概念设计、计算分析、详细设计、工艺流程设计、加工制造、销售维修，直至产品消亡的整个生命周期内及其各阶段的相关数据按照一定的管理模式加以定义和组织，使产品数据在整个生命周期内保持一致。

③ Metaphase 对象模型提供了一组对象类、父子类的继承关系及其对象之间的关联，形成一棵类树，具有扩展性。

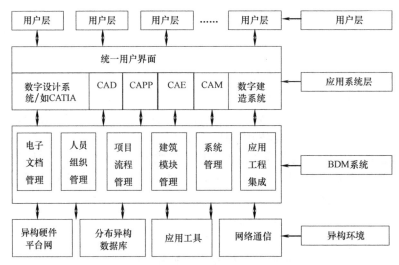

图 8-60　基于 BDM 的并行环境开发体系结构
来源：笔者自绘

的相应基本信息完成装配设计任务，同时生成计划 BOM（P-BOM），最后计划 BOM 再经过 CAM 系统转化成为建造 BOM（M-BOM）提供后续的系统。BDM 系统与具体应用系统的集成以如下方式完成，例如 BDM/CAPP 的集成方法：经由 CAPP 系统和 BDM 系统提供的 API（应用编程接口）组件，将系统生成的 BOM 信息传输，通过 XML 生成器（可扩展标记语言）将需要传递的信息转换成 XML 文档在 CORBA（公共对象请求代理体系结构）建立的连接中传输，在传输的另一端，通过 XML 解析器对 XML 文档进行解析，就可获得所需的信息，完成信息的传递，以实现系统的集成（白永红 等，2004）[87]（图 8-61）。

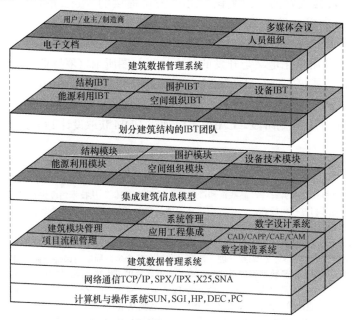

图 8-61　建筑并行化操作模式总体结构
来源：笔者自绘

8.3 本章小结

　　本章中笔者剖析了传统建筑运作模式，即前工业化时期工匠体系下，构件按照模数比例关系进行组构的并行化操作雏形。文艺复兴至工业革命时期，由于伯鲁乃列斯基、米开朗琪罗等大师可以通过自身的智慧把控从设计到建造的全局，密斯·凡·德·罗、斯卡帕等也可通过设计细部节点构造，完成从设计到建造的连接，因而形成了"串-并"行的运作体系。当代西方发达国家由于项目全程管理制度的实行，加之建筑师的执业范围比较宽泛，因而能根据具体开发项目形成矩阵型开发模式。我国等一些发展中国家及不发达国家由于设计部分职能体制限制、建筑师执业范围相对较窄，因而建筑运作模式中部分呈现串行状态。

　　在此基础上，借助于制造业领域的质量功能配置方法、过程建模技术、数据管理系统技术，利用跨学科团队以集成建筑信息模型平台协同工作为基础，提出了并行化建筑运作模式（图 8-62）。其将作为具体操作手段与组织模式，最终为构建分布式环境下的装配式建造方式提供依据。

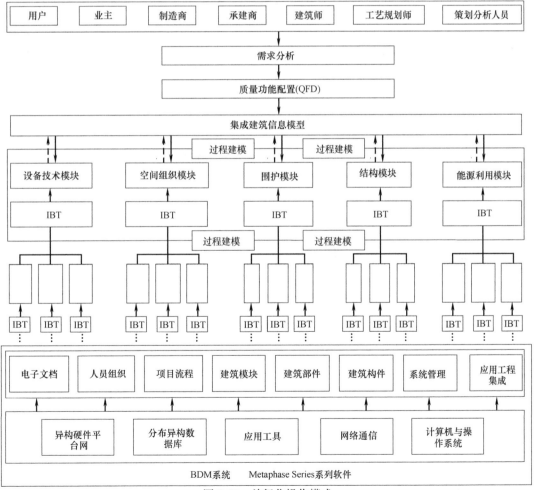

图 8-62 并行化操作模式

来源：笔者自绘

第**9**章
建造集成——装配式建造方式

　　随着数字技术逐渐融入并应用于建造领域，世界范围内已经出现并逐渐趋向成熟的数字"设计-建造"系统，蓝天组、"施耐德＋舒马赫"建筑师事务所、诺曼·福斯特、伊东丰雄事务所、扎哈·哈迪德、福克兰·盖里等一系列建筑师及事务所的部分作品及某些作品的部分应用过程已向世人作了昭示。然而，以上建筑大师或知名事务所选择应用的数字技术或多或少带有个性色彩及建筑大师自身素养的影响，如盖里选择了一款应用于飞机制造的软件系统CATIA，并将其转化成适合于建造领域的DP（Digital Project）；而哈迪德钟情于Maya、Rhino等能进行mesh网格建模及Nurbs曲面技术的软件系统，如此种类的数字平台在基于普适层面的应用及大众化设计层面似乎并未做到普及。

　　纵观当代建造领域，尽管西方发达国家及日本等国在建筑师执业范围广延性上有所见长、建筑运行制度也已发展的较为完善，但至今仍有部分运作体系始终未能摆脱传统二维绘图的局限，而我国及部分发展中国家、不发达国家的大部分运作体系仍处在图纸媒介的信息传递过程中。综合"集成化建造流程"（第6章）、"集成材料制备过程"（第7章）及"并行化操作模式"（第8章）章节内容，本章内容的阐述试图构建一种基于普适层面的装配式建造方式①，以改变传统串行运作过程及图纸媒介传递信息的运作体系，从而使得建造运作更加高效，建造完成度更加精益。

9.1　过程重构：图纸→模型

　　除了前述提及的部分建筑师及知名建筑事务所外，普适层面的建筑运作模式仍然归结到图纸媒介的信息传递，即最终成果转化为平、立、剖面图的表达。所谓平、立、剖面图是以二维片段从各个不同角度表现以说明三维建筑空间，其是对设计对象的分化再现。这个表现就是将完整的三维空间对象，按照特定的规则——图示语言分解为各自独立（当然也是相互关联）的图像，然后再在建筑师或施工人员的理解中重新"组合"为完整的建筑

---

　　①　在数字化虚拟技术的帮助下，建筑师完全有可能回归设计的本体——直观的三维空间形态，而不需要像过去那样在设计者的头脑中完成二维图纸表现与真实的三维空间的转换。除了可视的表达外，还包括作为完整的建筑所应该具备的各种物理信息，如面积、体积、材料质感、重量、结构强度等，需要关心的只是建筑本身，每一种建筑要素都是按其本质形态出现而不需要额外的中介概念转换。设计结果也由单纯的图纸表达转而成为完备的数据库系统，不再只是简单的单向传达给施工环节的图纸，而是随时可以交流改进的动态媒介系统。

空间。在特定的媒介条件下，图纸系统通过画面对象的分离提炼，以相对简化的方式在其中承载了尽可能多的专业信息。时至今日，这种分化的专业表现手段仍然在专业工作中占据着一定的地位（图 9-1）。

图 9-1　以图纸为媒介的信息传递过程
来源：作者自绘

在此基础上，通过三维透视法则和一定的艺术处理，透视表现图能够逼真地再现预想或实存建筑空间的瞬间形象。相对于技术性的平、立、剖面图，一方面建筑透视绘画几乎成为以建筑空间表现对象的独特艺术形式；另一方面也有相当部分的透视表现成为专业绘制表现图从业人员的谋生手段。在这里，表现成为分裂于设计过程的枝节，只是对设计内容直白忠实的反映。建筑画作为一种表现媒介服务于建筑和设计，反过来也制约和影响着建筑及其设计。然而，建筑与建筑画具有本质的不同，其表达目的不同并且具有不同的功能，建筑本身所固有的诸多本质性的东西用单一分化的传统媒介是难于表现的。张永和先生（2005）在《作文本》中提到了"建筑的不可画性"，指出"从正投影到透视图，都是对空间的一种时空分离的描述，前者以假想的视点（无穷远处的平行视线）生成抽象的解析性二维图片；后者虽然采用了真实视点所得的三维形象，但在实质上仍然不可避免地抛弃了空间观察中的时间因素。反观东方的传统空间，如中国园林从某种意义而言就具有明显的不可画性，其空间特性不是在一个固定视点可以领略的，而需要随观赏路径的延伸层层展开"。

纵观 21 世纪，建筑绘画的创作虽然从未停止过，但这些绘画在很多情况下只是被用来被动地记录和再现设计概念，很少被当作主动参与设计探究与空间发展的表现工具。徒手草图所代表的整合的图示思维作为建筑空间概念的研究工具总是在"方案定型"之后就被忽视了。对一些建筑师而言，制作出壮观的透视图和比例模型已经成为面对甲方的直接目标，至于如何将其转变成建筑，或者真正实施之后效果如何，却成了次要的考虑。不可否认，沉迷于二维图纸上的华丽透视，却在不知不觉中将建筑真实的可建造性抛诸脑后，太多的建筑师仍然将设计的立足点放在了"建筑设计图"，仍然执着于浮华的设计表现画面，而不是"建筑"本身，须知建筑并不是"图"（俞传飞，2007）[139-142]。如前分析，不论西方发达国家还是我国等发展中国家，仍然奉行以图纸作为信息媒介的运作体系，不同部门、不同专业间相互流转，直至最终完成现场建造。

笔者此处提出的过程重构是针对整体运作流程，旨在打破传统意义上的以图纸为媒介的串行方式，而建立一种以集成建筑信息模型为平台的、跨部门、跨学科的多工种操作团队，即以分布式跨学科团队在共同平台上操作为基础，通过模型与不同跨学科团队之间建立信息的流入与流出，从而完成模型建立过程及工艺手段拆解过程，并将拆解的最终零件转化为加工指令传入数控设备，由数控设备完成零件、构件、部件的加工制造，并在工厂进行半装配或运至施工现场进行完备装配的整体化并行操作模式。此过程重构中必须完成3 个方面的必备条件：

1. 集成建筑信息模型①

集成建筑信息模型包含项目开发全生命周期各方面信息，以集成数据库的方式为不同用户及应用领域提供资源，各开发领域以其作为共同平台传输信息及反馈最终结果，实现信息共享的一致与完整。集成建筑信息模型是在几何建模的同时开始进行模块划分，各个跨学科团队完成各自的模块任务，其总和便成为集成建筑信息模型，并且其中包含两方面的内容，即模型的建立过程及模型的拆解过程，这两个内容同步进行，分别由跨学科团队中的不同职能成员完成。如空间组织模块的建立交由空间组织跨学科团队中的设计人员完成，而以工艺规划的方式进行拆解则由工艺规划人员及制造人员完成。因此，也可以说集成建筑信息模型是一个多视图的过程集成模型，对于各个模块中的设计操作人员、用户、业主、工程控制人员来说，其属于设计完成模型，从中可以窥视完整的建筑形态、空间变化、功能布局、墙体材料、室内外环境等；而对于各个模块中的工艺规划人员或制造人员来讲，则属于工艺制备模型，从中可以观察到工艺划分线、拆解分区、由整体单元拆分成的部件、构件、零件的样式，加工走刀的路径，连接件的形态及预装配的过程等②（图9-2）。

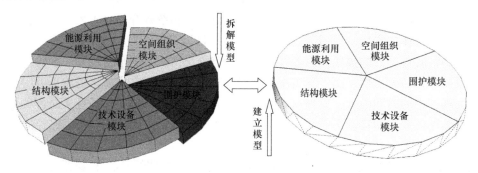

图 9-2 集成建筑信息模型
来源：笔者自绘

① 传统的产品开发中，"模型"均以产品的物理模型形式出现，为开发人员提供一个原始的参考模型，在设计的早期起到检验的作用。在建筑领域，也以类似的方式用一些简易的材料制作出实物模型，用作方案的推敲或各领域专业讨论，这样的模型信息主要提供产品的几何结构信息。并行工程操作模式所建立的产品主模型是一个包含了产品全生命周期各方面信息的三维数字化模型，为不同的用户和应用者提供相关的数据资源。因此，转译产品信息模型(PIM)，将建筑信息模型（BIM）拓展到全生命周期，使建筑信息模型成为建筑全生命周期中所有信息的载体成为拓展的第一要义。在此基础上，各开发过程以信息模型为核心，为各领域提供相应的信息视图，使从构思、设计、建造、评价、维护到建筑消亡的各个阶段实现信息共享的一致性。在建筑信息模型拓展的基础上，各领域的跨学科多工种团队通过信息模型达到协作的目的，从而实现建筑信息模型在 CAD/CAE/CAPP/CAM 等不同应用领域的流转，达到设计、生产、工艺、制造的一体化过程。

② 传统建筑模型信息通常被认为主要包括几何信息于拓扑信息，在并行化操作中，跨学科团队的各项活动均是围绕本次开发项目进行，活动的目的是不断地增加或修改针对本次项目的建筑信息，以实现最终目标。首先，对于不同的领域及专业，活动所针对的信息也不一样，设计部门关注的是几何信息，工艺规划则关注工艺及制造信息。因此，各应用领域处理的是总体活动信息中的某一部分或某个视图，多注重与自身领域相关信息的设计与完善；其次，各应用领域针对同一开发对象，必须工作于同一信息版本中；再次，并行化项目开发中，由于开发对象一直处于动态变化中，从构思、设计、生产、测试、销售、维护到消亡，每一阶段均依赖大量数据，同时又产生新的数据，活动信息应包含整个项目生命周期，不仅指从设计到建造的所有相关信息，还应考虑市场、用户等信息。因此，集成建筑信息模型用以保证各领域开发基于统一平台，实现并行化开发过程信息共享的一致性。

2. 跨学科团队（IBT）

其中的多工种跨学科团队由不同部门、不同专业的设计人员、制造人员、工艺规划人员、工程控制人员、软件操作者、用户、业主、制造商、材料供应人员、现场施工人员、后期运营维护人员等组成。针对最初建立模型时的模块划分方式，每一个模块系统配备全专业的跨学科团队，采取分布式环境下的异地协同工作方式，只是针对每个模块的功能侧重点不同，如空间组织模块系统中除了配备全专业人员之外，还应加强空间组织及空间创作设计人员的配备。这样，针对每一个系统模块，成立全专业的跨学科团队，其中的人员针对各自模块内容完成本模块从模型建构到模型拆解的过程，并且这两种过程同步完成，相当于模型建立的过程完成也即模型拆解的过程完成。

3. 工艺划分

本书阐述的核心思想是将建筑建造过程视为产品制造过程，以生产产品的方式生产建筑，其中最为关键之处在于如何将计算机中的虚拟数字化模型转换成最终的现场建筑实物。而本书重点探讨的也即两者之间建立联系的过程，即建立数字化模型的同时进行拆解，将其拆分为模块、部件、组件、构件、零件等层级化单元，之后将最小的层级化单元转化成生产加工路径及工艺规划路线，输入数控设备完成生产加工过程，再将层级化单元实物运往施工现场进行拼装组合，最终完成建筑建造过程。其中在将整体模型拆分成层级化单元过程中涉及工艺规划问题，即如何拆分会形成最优的单元组合，以至于切割材料加工过程中可以提供相似的切割路径，进而做到最省料及降低切割加工难度过程。

9.2　划分模块

以一则图例做一个形象的描述，传统串行运作流程实则是在同样的图形上做逐步加深和细化的工作，从草图到方案图再到施工图，而并行化的操作是针对具体的项目，从一开始就将整个项目分成了若干模块，每个模块再向下一层级进行深化与细分，再分解为若干模块……，最终细分到每个模块中的最小独立模块。相比较而言，传统串行运作流程是在广度上的推进，而并行化操作则是在深度上的深化（图 9-3）。

在船舶设计过程中，首先将整个船体划分成许多模块，如划分为结构模块、管系模

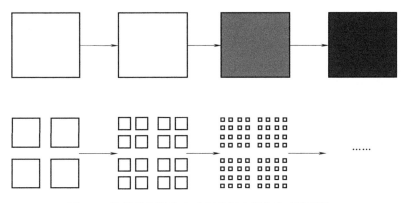

图 9-3　传统串行操作方式与并行化操作方式的对比

来源：笔者自绘

块、电气系统模块、内部装置模块、外部装置模块。相应地，依据专业划分则分为船体专业、管装专业、电装专业、内装专业、外装专业。这样的划分是将整体进行拆解，拆分成几组模块单元，这几组模块单元是在共同的技术平台上进行操作，各专业协同设计（图9-4、图9-5）。如天津新港船舶重工有限公司船舶设计所应用的协同设计平台为CADDS5，各个模块设计推进的同时，可通过软件平台的三维效果进行碰撞检测，随时修改产生的问题。各个模块单元通过统一的集成模型调整各自的设计部分，并且模块生成的新的部分又将作为集成模型新的部分，使之得以扩充（图9-6）。

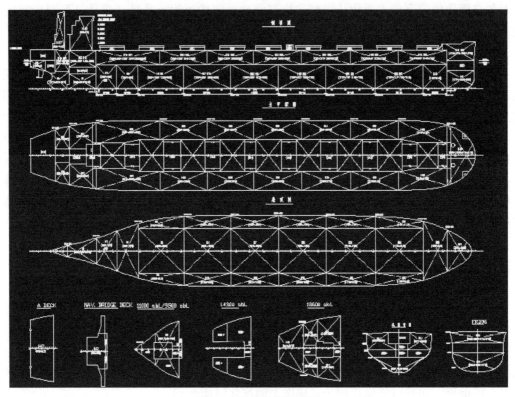

图 9-4　船体总段划分图
来源：天津新港船舶有限公司提供

　　诚然，造船工业中的模块划分仅仅针对船体本身，并且船舶设计中形态与空间可以找到类似成型船舶的参考，变化出入是在同一模式①的可控范围之内，最大范围内满足工程技术要求的前提下将船体分解成最小的加工单元，然后依据焊接或锚固件连接等方式进行拼装组合。而与造船工业不同的是，建造中针对的具体开发项目不能从以前案例中找到完全类似之处，项目与项目之间存在差异，导致形态设计、空间设计对于不同的项目出现不同的应对策略，因而在建造领域分解数字化模型不能仅仅依据专业划分，也不能仅考虑建筑本体，还应考虑与建筑实体相关的其他功能技术内容。因此，笔者此处根据建筑系统运作将其整个项目划分为设备技术模块、空间组织模块、围护模块、结构模块、能源利用模

_____

　　①　笔者此处所指的同一模式是指船体之间在形式上相似，并不存在一艘船与另一艘船在形式上有多大出入，在空间设计上满足基本的人体工程学需求即可，不会再在空间组织和美学上下功夫。

块等① （图9-7）。这样的划分方式转译了制造系统中基于产品结构划分模块的思想，引入了建造的概念，与BIM系统中应用软件的划分不同，尽管 Revit 软件中也将建模软件分为 Revit Architecture、Revit Structure 与 Revit MEP，以及基于各个软件的功能建立模型中的相应部分。划分建筑模块则是在项目一开始将整个集成建筑信息模型划分为各种不同的模块，将整体的集成建筑信息模型进行拆解，与建立集成建筑信息模型的过程正好相反，但相反的同时又是共同完成的，依赖于集成建筑开发团队（IBT）中的设计人员与工艺工程制造人员之间的协同工作。

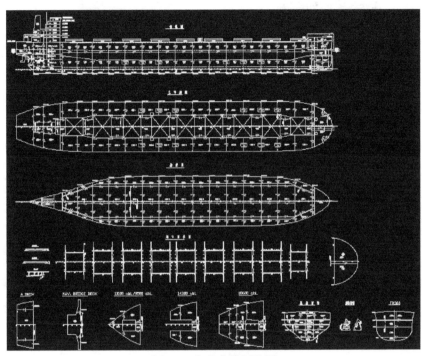

图 9-5　船体分段划分图
来源：天津新港船舶有限公司提供

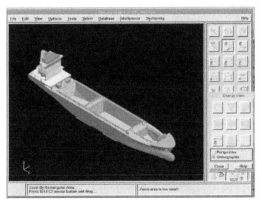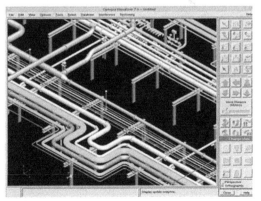

图 9-6　船舶设计过程
来源：天津新港船舶有限公司提供

---

① 此处仅指笔者提出的划分方式，不同的学者也许可以提出其他划分方式。

图 9-7　建筑中的模块划分
来源：http://revitbbs.net/

　　模型建立的过程与模型拆分的过程在同一跨学科团队中进行，由于同一跨学科团队中配备了设计人员及工艺操作人员，能够使建立模型与拆分模型的过程并行操作（图 9-8）。首先根据设计分离面进行大的模块及部件拆分，拆分后的部件与部件之间的连接，部件组装后模块与模块之间的连接都采用可拆卸的连接（如铆接），如结构模块中可将整个结构体系划分为垂直承重部件和水平承重部件。而部件再进一步拆分，则会形成不同的组件，由部件拆分成组件，组件再拆分成构件，构件最后拆分成零件的过程则根据工艺分离面进行，如水平承重部件可拆分成板组件和梁组件，板组件可拆分为大跨度板构件和小跨度板构件，梁可拆分为主要承重梁构件和连系梁构件，再将这些构件进一步进行拆分，则达到了工厂可生产加工的零件，其中零件与零件、构件与构件、组件与组件之间的连接采用不可拆卸连接（如焊接）。工艺分离面的划分可能有好几种方案，但选择方案时应考虑构造上的可能性、工艺上的开敞性、装配单元的工艺刚度，以及是否有利于尺寸和形状的协调，是否有利于减少部件或模块总装配阶段的工作量等。

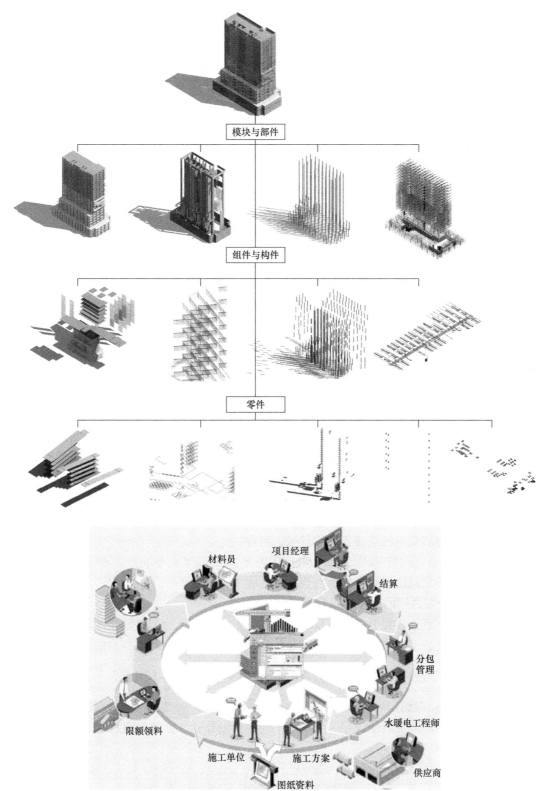

图 9-8　模型建立的过程

来源：笔者自绘

模块划分的方法依据模糊聚类分析方法[①]。与制造产品相比，建筑更具有复杂性。当前模糊聚类分析法在建筑领域的应用中具有一定局限性，综合比较来看，较适用于简单几何形体类的建筑形式，如建筑体量比较规整，可近似看作立方体、圆柱体、棱台体等，而针对穿插与扭曲变化较多的形体，或非线性曲线类型的建筑，目前适用度上仍受到一定限制。此外，在规整、简单几何形体中，划分的零部件、零组件数量也有一定范围，数量较少的情况下划分越趋于精准，因而并非适用于任何数量级别。现分述如下（滕晓艳，2011）：

设分段模块 B 由 N 个零件组成，P 为 B 中零件集合

$$P = \{ p_i \mid i = 1, 2, \cdots, N \}$$

其中 p_i 为分段模块 B 中的第 i 个零件，根据分段模块划分的目的，确定零件间联结合理性的 M 个有关因素，则每个零件可用 M 个因素构成的组元来表示：

$$p_i = (p_{i1}, p_{i2}, \cdots, p_{im})$$

定义直积：

$$P \times P = \{ (p_i, p_j) \mid p_i \in p, p_j \in p \}$$

其中的一个模糊关系 $\widetilde{R}$ 是 $P \times P$ 的一个模糊子集，记作：$P \xrightarrow{\widetilde{R}} P$。

其隶属函数 $u_R(P_i, P_j)$ 是二元函数，可表示为：

$$u_R(P_i, P_j) : P \times P \to [0, 1]$$

在模块划分时，把上述模糊关系 $\widetilde{R}$ 看作是两零件间联结合理性评判，则 $\widetilde{R}$ 的隶属函数 $u_R(P_i, P_j)$ 表示了联结合理性的评判结果度量。若 $u_R(P_i, P_j)$ 值大，说明 p_i 与 p_j 装配合理性差或不存在联结关系。这样，各级子模块划分中存在的模糊现象能够用零件间的模糊关系表达，隶属度的取值要从分段模块的合理划分的特定对象出发，从而将模糊关系表示为规划合理的模糊关系矩阵。

模糊集合 R 满足相似模糊关系定义，即自反性

$$u_R(P_i, P_j) = 1, \forall p_i \in p$$

表明零件自身和自身的连接紧密性最强；对称性

$$u_R(P_i, P_j) = u_R(P_j, P_i), \forall p_i \in p, \forall p_j \in p$$

表示两个连接之间的连接合理性与连接方向无关。

表 9-1 为部分零件间的模糊关系定义示例。

根据模糊数学理论，集合满足等价关系，才可以实现集合的子集划分。分段模块的模糊关系矩阵只满足自反性和对称性，不满足传递性。因此，是模糊相似关系，不是模糊等价关系，需要利用传递闭包将模糊相似矩阵 $\widetilde{R}$ 变换成一个模糊等价矩阵 $\widetilde{R^*}$。在模糊等价关系 $\widetilde{R^*}$ 确定以后，对给定的阈值 $\lambda \in [0, 1]$，可相应得到一个普通等价关系 $\widetilde{R_\lambda^*}$，$\widetilde{R_\lambda^*}$ 称为所截得的 λ 截矩阵，从而便确定一个 λ 水平的集合划分。并且通过调整 λ 的取值，可以

---

① 本书中模块划分所采用的数学方法为模糊聚类分析方法。在建立系统模型过程中，组成模块的前提是各零件、构件之间存在着一定程度的相关性，模糊聚类分析方法就是根据客观需求分析、功能相关性、几何相关性和物理相关性等建立模型的原始矩阵，然后通过数学方法计算零件、构件间的相似度形成模糊相似矩阵，再用求传递闭包的方法将模糊相似矩阵变换成模糊等价矩阵，最后按一定水平的阈值 $\lambda(\lambda \in [0, 1])$ 进行分类形成模块。

控制集合划分的粒度，即若 $0 \leqslant \lambda_1 \leqslant \lambda_2 \leqslant 1$，则 $\widetilde{R}_{\lambda2}^{*}$ 所分出的每一类必是 $\widetilde{R}_{\lambda1}^{*}$ 的某一类的子集。因此，$\widetilde{R}_{\lambda2}^{*}$ 的分类法是 $\widetilde{R}_{\lambda1}^{*}$ 分类法的加细，从而使得分段模块零件集合的划分具有很好的柔性。

零件之间的模糊关系定义 　　　　　　　　　　　　　　　　表 9-1

序号	关系类型	交互数值	关系描述
1	极强	1.0	零件不可拆分
2	亲密	0.8	零件间联结紧密。例如：1个是型材，1个是板材，且连接类型为边对面
3	适中	0.6	有一定互作用和关联度。例如：2个都是板材，且其中1个是基准件
4	一般	0.4	互作用性弱。例如：1个是板材，1个是型材，且连接类型为直接拼接
5	较弱	0.2	关系疏松。例如：2个都是板材，且连接方式为直接拼接
6	无	0.0	零件间无联系

来源：滕晓艳. 复杂产品系统的模块划分方法研究 [D]. 哈尔滨：哈尔滨工程大学，2011.

对模型进行模块划分，如图 9-9 所示，标出了 12 个建筑模型拆解的零件，这样集合 $P = \{p_i \mid i = 1, 2, \cdots, 12\}$，基于规则推理的方式，决策各连接的连接合理性隶属度值，得到组件模糊相似矩阵 $\widetilde{R}$。

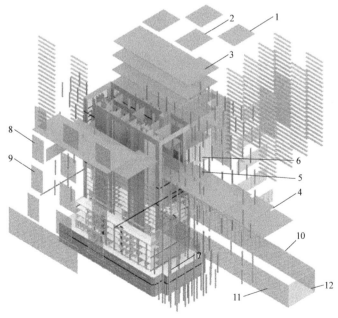

图 9-9 分段模块装配结构图
来源：笔者自绘

$$\widetilde{R} = \begin{bmatrix} 1 & 0.8 & 0.6 & 0.6 & 0.2 & 0 & 0 & 0 & 0 & 0 & 0 & 0 \\ 0.8 & 1 & 0 & 0.4 & 0 & 0 & 0 & 0 & 0 & 0 & 0 & 0 \\ 0.6 & 0 & 1 & 0.2 & 0.2 & 0 & 0.2 & 0.2 & 0 & 0.2 & 0 & 0 \\ 0.6 & 0.4 & 0.2 & 1 & 0 & 0 & 0 & 0.2 & 0.2 & 0 & 0 & 0 \\ 0.2 & 0 & 0.2 & 0 & 1 & 0.8 & 0.6 & 0 & 0 & 0 & 0 & 0.2 \\ 0 & 0 & 0 & 0 & 0.8 & 1 & 0.4 & 0 & 0 & 0 & 0 & 0 \\ 0 & 0 & 0.2 & 0 & 0.6 & 0.4 & 1 & 0 & 0 & 0.2 & 0.2 & 0.2 \\ 0 & 0 & 0.2 & 0.2 & 0 & 0 & 0 & 1 & 0.8 & 0.2 & 0 & 0 \\ 0 & 0 & 0 & 0.2 & 0 & 0 & 0 & 0.8 & 1 & 0 & 0 & 0 \\ 0 & 0 & 0.2 & 0 & 0 & 0 & 0.2 & 0.2 & 0 & 1 & 0.8 & 0.2 \\ 0 & 0 & 0 & 0 & 0 & 0 & 0.2 & 0 & 0 & 0.8 & 1 & 0 \\ 0 & 0 & 0 & 0 & 0.2 & 0 & 0.2 & 0 & 0 & 0.2 & 0 & 1 \end{bmatrix}$$

接着，用传递闭包的方法将模糊相似矩阵变换成模糊等价矩阵$\widetilde{R^*}$：

$$\widetilde{R^*} = \begin{bmatrix} 1 & 0.8 & 0.6 & 0.6 & 0.2 & 0.2 & 0.2 & 0.2 & 0.2 & 0.2 & 0.2 & 0.2 \\ 0.8 & 1 & 0.6 & 0.6 & 0.2 & 0.2 & 0.2 & 0.2 & 0.2 & 0.2 & 0.2 & 0.2 \\ 0.6 & 0.6 & 1 & 0.6 & 0.2 & 0.2 & 0.2 & 0.2 & 0.2 & 0.2 & 0.2 & 0.2 \\ 0.6 & 0.6 & 0.6 & 1 & 0.2 & 0.2 & 0.2 & 0.2 & 0.2 & 0.2 & 0.2 & 0.2 \\ 0.2 & 0.2 & 0.2 & 0.2 & 1 & 0.8 & 0.6 & 0.2 & 0.2 & 0.2 & 0.2 & 0.2 \\ 0.2 & 0.2 & 0.2 & 0.2 & 0.8 & 1 & 0.6 & 0.2 & 0.2 & 0.2 & 0.2 & 0.2 \\ 0.2 & 0.2 & 0.2 & 0.2 & 0.6 & 0.6 & 1 & 0.2 & 0.2 & 0.2 & 0.2 & 0.2 \\ 0.2 & 0.2 & 0.2 & 0.2 & 0.2 & 0.2 & 0.2 & 1 & 0.8 & 0.2 & 0.2 & 0.2 \\ 0.2 & 0.2 & 0.2 & 0.2 & 0.2 & 0.2 & 0.2 & 0.8 & 1 & 0.2 & 0.2 & 0.2 \\ 0.2 & 0.2 & 0.2 & 0.2 & 0.2 & 0.2 & 0.2 & 0.2 & 0.2 & 1 & 0.8 & 0.2 \\ 0.2 & 0.2 & 0.2 & 0.2 & 0.2 & 0.2 & 0.2 & 0.2 & 0.2 & 0.8 & 1 & 0.2 \\ 0.2 & 0.2 & 0.2 & 0.2 & 0.2 & 0.2 & 0.2 & 0.2 & 0.2 & 0.2 & 0.2 & 1 \end{bmatrix}$$

然后，应用模糊等价矩阵进行聚类分析，分别取 $\lambda = 0.2$、0.6、0.8，可以动态地得到 3 种不同划分结果，并绘成动态聚类树，如图 9-10 所示。

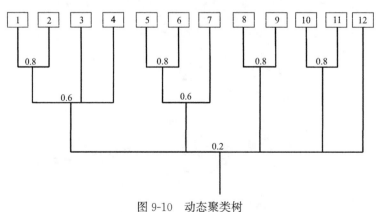

图 9-10 动态聚类树

来源：笔者自绘

由动态聚类图可以看出：

$\widetilde{R}_{0.2}^{*}$ 将该组件的 12 个零件组成为 1 个子模块，即集合

$$\{1,2,3,4,5,6,7,8,9,10,11,12\}$$

为方案 1。

$\widetilde{R}_{0.6}^{*}$ 将该组件的 12 个零件分成 5 个子模块，即集合

$$\{1,2,3,4\},\{5,6,7\},\{8,9\},\{10,11\},\{12\}$$

为方案 2。

$\widetilde{R}_{0.8}^{*}$ 将该组件的 12 个零件分成 8 个子模块，即集合

$$\{1,2\},\{3\},\{4\},\{5,6\},\{7\},\{8,9\},\{10,11\},\{12\}$$

为方案 3。

　　然而，由于模块划分中的计算过程比较复杂，尤其在划分对象比较多的情况下，所以本书中采用软件 VisualC++6.0 及 SQL Server 数据库开发的模块划分系统进行操作[①]。

　　打开 SQL Server 中的企业管理器，首先创建模型的原始数据库 old_date，然后创建一个新表也命名为 old_date 并设计其结构，见表 9-2。点击右键"设计表"，在表中输入零件、构件的个数，并定义各要素的属性，如图 9-11 所示。

原始数据表的结构　　　　　　　　　　　　　　　　　　　　表 9-2

字段名	数据类型	长度	具体说明
零部件	Char	5	零部件编号
1	Decimal	5	零部件 1
2	Decimal	5	零部件 2
……	Decimal	5	……
n	Decimal	5	零部件 n

　　接着，在表 old_date 上点击右键"打开表＞返回所有行"，在表中输入原始数据，即零部件的相关性，如图 9-12 所示。

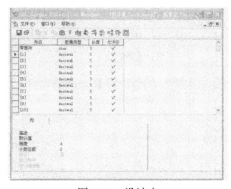

图 9-11　设计表
来源：笔者自绘

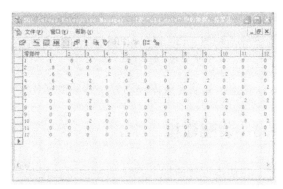

图 9-12　表图 old_date 中数据
来源：笔者自绘

---

① 以下内容的阐述，参考：滕晓艳. 船体分段模块划分方法的研究 [D]. 哈尔滨：哈尔滨工程大学，2011.

在 Visual C++6.0 中创建一个基本对话框的工程，命名为模块划分。其主界面如图 9-13 所示。

模块划分对话框如图 9-14 所示，其主要从 old_date 数据库中读取原始数据。

 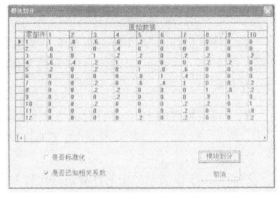

图 9-13　模块划分界面
来源：笔者自绘

图 9-14　模块划分对话框
来源：笔者自绘

然后点击"模块划分"按钮，则对模型实现自动划分，并将结果保存在文件中，其保存位置系统将会给出提示，如图 9-15 所示。

在帮助文件中，主要给出了此工程的使用方法，如图 9-16 所示。

 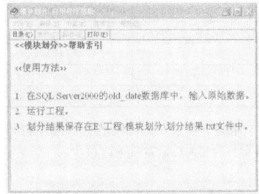

图 9-15　划分结果提示
来源：笔者自绘

图 9-16　帮助文件
来源：笔者自绘

由此，初步完成模块划分，然后根据具体要求对划分结果进行调整，得到合理的划分。

9.3　装配建模

在初步设计阶段，三维数字模型还是单一的整体模型（图 9-17～图 9-21）。此时，设计人员、工艺计划人员和工艺装备设计人员共同进行详细的设计改进、车间工作中心的工作分解，以及其他有关制造工艺的研究和准备工作。在划分建筑模块的基础上，每个独立模块合成后便构成整体的集成建筑信息模型，每个独立模块继续向下细分构建下一步的部件，部件再向下细分以构建组件，组件再向下细分，构建出相应的零件，零件达到生产加工的最小单元，可以直接输入到数控设备中进行制造，并直接在施工现场进行拼装[①]（范玉青，2001）。

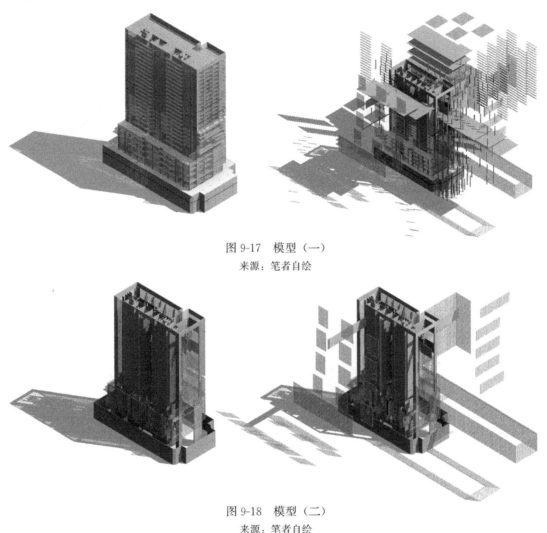

图 9-17　模型（一）
来源：笔者自绘

图 9-18　模型（二）
来源：笔者自绘

制造工程与设计工作同时展开，制造技术人员与设计人员在同一跨学科团队中并行工作。在设计的初步阶段，三维数字模型还是单一的整体模型。此时，制造技术人员需要和设计人员、业主、制造商等一起，共同研究确定怎样将整体模型分解为部件、组件和零件，以及基于这些零组件的装配件和安装件，直到最后如何装配出来。设计人员、工艺计划人员和工作装备设计人员共同进行详细的设计改进、工作分解，以及其他有关制造工艺的研究和准备工作。此外，零组件不可能按指定的尺寸正确无误地制造出来，制造出的零件尺寸一般在所标尺寸的允许公差范围内，即零组件的关键特性，工艺人员与设计人员需

[①]　如前所述，造船时会分成若干个分段，生产装配时的划分则是在建好的集成建筑信息模型基础上进行。而每个厂家则会根据各自的生产工艺进行板块大小、位置的划分，而板块大小、位置的划分则是根据各自的生产工艺进行处理，工艺的不同导致装配顺序的不同，结构交叉部分谁先装谁后装要看焊缝的位置不同而定。在划分的基础上，将其分成一个个小分段，再将分成的一个个小板块数据化，并生成生产工艺操作方式，生产设计中要定下来每一个小板块装配的顺序。

图 9-19　模型（三）
来源：笔者自绘

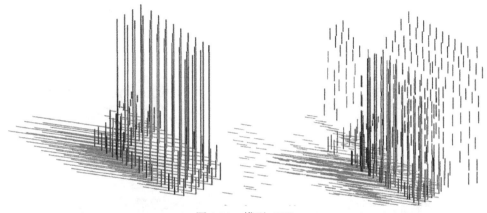

图 9-20　模型（四）
来源：笔者自绘

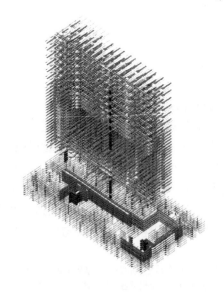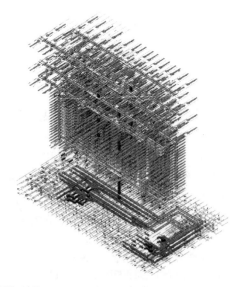

图 9-21　模型（五）
来源：笔者自绘

要共同确定零组件或装配件的关键特性。在制造过程中，由零件组装成组件，再由组件装配成部件，对于零件制造过程中的加工定位，在装配过程中定位基准的选择以及工艺装备的确定等，都应考虑其关键特性（刘易斯，2005）（图 9-22）。

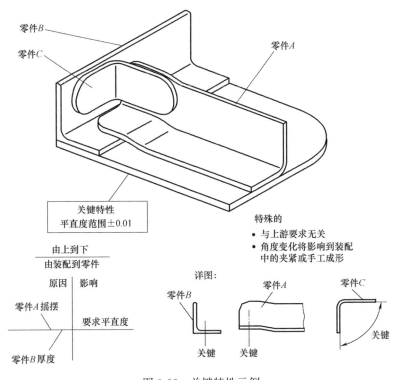

图 9-22 关键特性示例

来源：何胜强. 大型飞机数字化装配技术与装备 [M]. 北京：航空工业出版社，2013.

工艺装备工程人员在开始工艺装备设计时是与制造工程部门一起来共同确定重要定义表面和尺寸的。工艺装备设计与方案设计一样，也首先是进行三维建模（实体模型）。而制造工艺流程单元的划分与设计过程正好相反，是自上而下逐层进行，即先将整个建筑按工艺分离面分为较大的装配件/安装件，以它们为单元生成制造工艺流程。然后对每个这样的流程单元再次进行细化，将其分成较小的流程单元。如此下去，最后将制造工艺流程单元细化到最小的工作单元，形成具体的工作指令，然后工艺装备设计人员利用三维零部件模型进行工艺装备的数字化预装配，检查零部件对工艺装备是否有干涉和留有足够的空间（韩志仁 等，2015）。

工艺装备设计人员在跨学科团队中，同设计及工艺计划人员并行工作。工艺装备设计人员检查所设计零件的可生产性，协助标识零件的关键特性，且能很方便地把设计人员所关心的、与设计有关的信息（如可生产性、定位表面、尺寸和公差等）进行反馈，这些反馈信息融入方案设计中，从而可减小设计发放后的补充更改工作。与此同时，数字化定义过程给数控加工编程人员一个很好的机会，即在设计发放前，其可以在跨学科团队中构造数控加工表面，定义零件数控加工所需的线框和表面模型，并且可以在计算机上进行数控加工过程的模拟，验证所设计的走刀路线是否正确，这种数控编程人员、设计及制造工艺人员一起商定的数字化建筑定义，已经考虑到数控加工过程的各种问题，包括：零件的表面定义是否有利于数控加工，加工过程中是否有工艺问题，是否有刀具干涉和过切等情况。

工艺人员和设计人员在跨学科团队中共同确定零组件或装配件的关键特性 KC（Key Characteristics），对零组件不可能按指定的尺寸正确无误地制造出来，制造出的零件尺寸一般在所标尺寸的允许公差范围内，这些公差就是零组件的关键特性，但并不是一个零件上的所有尺寸和形状都是关键特性①，跨学科团队中的每个成员（设计、制造、工艺装备、材料等部门的代表）都有权参与确定大多数结构件的关键特性。在制造过程中，由零件组装成构件、组件，再由组件装配成部件，从这一关系可知，关键特性也是一个树形结构，它们之间相互影响，是由上到下逐步定义的。因此，对于在零件制造过程中的加工定位、在装配过程中定位基准的选择以及工艺装备的确定等，都应细致考虑其关键特性。

工艺装备工程部门在开始工艺装备设计时与制造工程部门一起共同确定重要定义表面和尺寸（包括零部件发放以前标识的关键特性）（刘易斯，2003）。工艺装备设计与模型设计一样，也首先是进行三维建模（实体模型），然后工艺装备设计人员利用三维零部件模型进行工艺装备的数字化与装配，检查零部件对工艺装备、工艺装备对工艺装备是否有干涉和留有足够的空间（图 9-23）。这样，改进装配可行性的同时也可以直观显示装配过程，从而减少了零部件和工艺装备设计的更改现象（斯米尔，2014）。

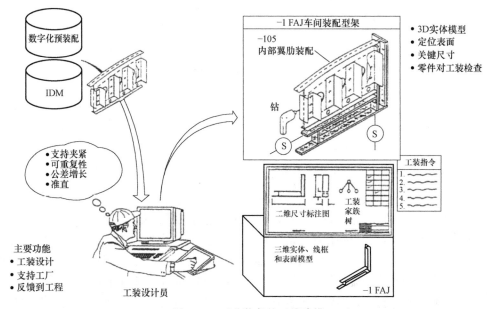

图 9-23 工艺装备的三维建模

来源：范玉青. 现代飞机制造技术 [M]. 北京：北京航空航天大学出版社，2001.

9.4 可装配性评价

本书针对集成建筑信息模型的划分方式，在本节采用支持 ActiveX② 技术的

---

① 关键特性的数量和范围对以后减少零组件的制造问题有着十分重要的意义。

② ActiveX 是一种标准，利用这个标准可以使通过不同语言开发的软件构件在单机或网络环境中相互操作。同时，ActiveX 也是以组件对象模型为基础的开放技术的集合，它代表了应用程序与 Internet 的一种集成策略。

SolidWorks[①] 系统进行零件及组件级可装配性评价验证（徐璐，2008）。在建筑领域的应用中，目前 SolidWorks 系统适用于评价零件、组件间具有相同的接口特征，且零件、组件间以焊接、铆接，或通过设置卡口与其他零件、组件咬合相接等的直接连接方式，而对于零件、组件间需要通过第三方连接构件如板件、螺栓固定等的方式尚有一定局限性。

1. 零件级可装配性评价

首先在 SolidWorks 软件上进行零件和装配体的实体造型，然后评价模块从 Solid-Works 中提取相关零件相关特征信息，经过少量人机交互可实现评价过程。首先在三维软件 SolidWorks 中创建零件模型，本书以设备模块中的管系为例，零件模型如图 9-24 所示，并给出评价界面和一些说明[②]。

图 9-25 为用户登录界面。该界面包括用户 ID，用户名和密码。

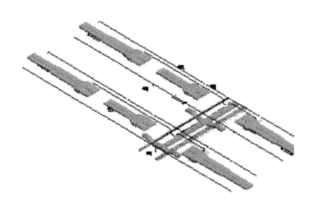

图 9-24　评价设备模块划分模型
来源：笔者自绘

图 9-25　零件级可装配性评价登录界面
来源：笔者自绘

图 9-26 为零件级可装配性评价参数设置界面。该界面包括对单因素模糊评判参数的设置和各个影响因素权重的设置，可对数据库中存储的参数进行添加、保存、修改、删除的操作。

图 9-27 界面为零件级可装配性评价界面。该界面可对一些定性的因素进行经验性选择，能够提取零件的一些特征参数，如几何拓扑信息等。

图 9-28 为零件级可装配性评价系统提取模型特征参数界面。该界面可从系统中提取质量等一些信息。

图 9-29 为零件级可装配性评价结果界面。该界面可自动处理多个评价结果，如有 N 位专家对此零件装配性进行评价，可自动将各个评价结果值平均计算，给出平均的评价结果。

---

① SolidWorks 是基于 Windows 的 CAD/CAE/CAM/PDM 桌面集成系统，是由美国 SolidWorks 公司在总结和继承了大型 CAD 软件的基础上，在 Windows 环境下实现的第一个机械三维 CAD 软件。它既提供自底向上的装配方法，同时还提供自顶向下的装配方法。自顶向下的装配方法使工程师能够在装配环境中参考装配体其他零件的位置及尺寸设计新零件，更加符合工程习惯。它具有独创性的"封套"功能，可用来分析复杂的装配体，还可以动态模拟装配过程，进行静态干涉检查、计算质量特征。

② 以下内容的阐述参考：徐璐. 复杂产品的可装配性评价技术研究 [D]. 沈阳：沈阳理工大学，2008.

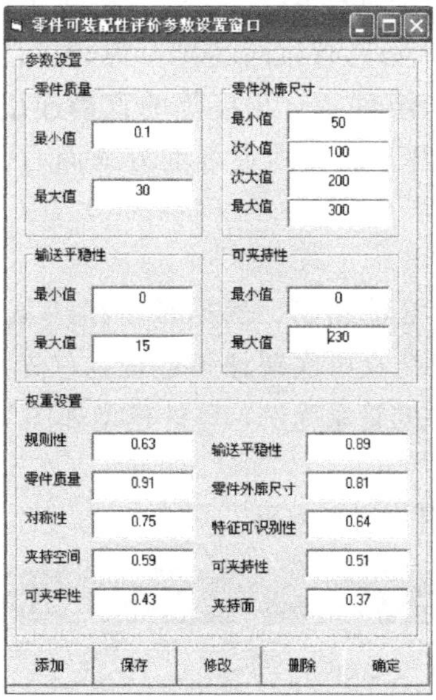

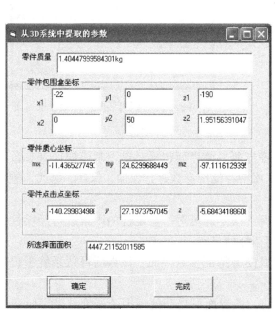

图 9-26　零件级可装配性评价参数设置界面
来源：笔者自绘

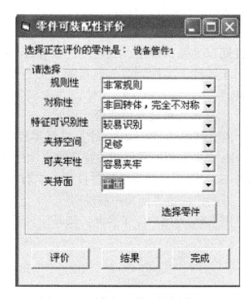

图 9-27　零件级可装配性评价界面
来源：笔者自绘

图 9-28　零件可装配性评价提取模型参数
来源：笔者自绘

图 9-29　零件级可装配性评价结果界面
来源：笔者自绘

　　图 9-30 为零件级可装配性评价结果查询界面。该界面可查询各位专家对该零件的可装配性评价结果，包括评价的用户 ID、零件名、评价值、评价结果、影响该结果的影响因素或缺陷原因。

2. 组件级可装配性评价

　　先在三维 SolidWorks 上对装配体承重柱组件的各个零部件造型，然后先对零件进行可装配性评价，之后再对组件进行可装配性评价，如图 9-31、图 9-32 所示。

图 9-30 零件级可装配性评价结果查询界面
来源：笔者自绘

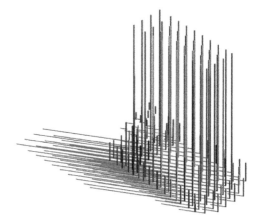

图 9-31 组件级承重柱可装配评价模型
来源：笔者自绘

下面是对该组件装配操作时进行可装配性评价的界面，本书对其过程简单进行介绍[①]。

图 9-33 为组件级可装配性评价系统的登录界面。

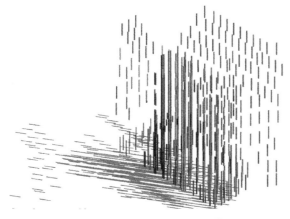

图 9-32 组件级承重柱可装配性评价模型分解图
来源：笔者自绘

图 9-33 组件级可装配性评价登录页面
来源：笔者自绘

图 9-34 为组件级可装配性评价参数设置界面，该界面可对单因素模糊评价因素参数和权重值进行设置。

图 9-35 为组件级可装配性评价界面。该界面与零件级可装配性评价界面相似，可显示正在装配零部件的名称，也可选择正在进行的装配操作中零件、构件模型的特征参数信息。

图 9-36 为组件级可装配性评价结果界面。该界面可给出评价结果，给出导致该结果的影响因素或缺陷原因。

图 9-37 为组件级可装配性评价结果查询界面，可对该组件各装配操作可装配性评价结果进行查询（芦赟，2013）。

[①] 以下内容的阐述参考：芦赟. 基于 DELMIA 复杂产品可装配性评价系统 [D]. 西安：西安工业大学，2013.

图 9-34　组件级可装配性评价参数设置界面
来源：笔者自绘

图 9-35　组件级可装配性评价界面
来源：笔者自绘

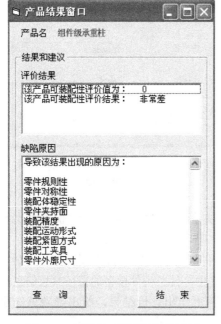

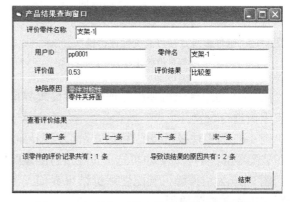

图 9-36　组件级可装配性评价结果
来源：笔者自绘

图 9-37　组件级可装配性评价结果查询界面
来源：笔者自绘

　　对集成建筑信息模型所拆分的模块、部件、组件、构件、零件进行可装配性评价，可以验证划分方式及划分层级的对错，避免制造环节及实地装配环节的返工。

9.5　三维定位

此过程是将通过数控设备在工厂制备的材料单元在施工现场装配的过程，为了能使结构体系及各表皮材料单元精确的安装到计算机中完成模型中的位置，需要通过三维数字化定位装置的定位把控，以确保构件及材料安装的精确与精准。构件装配是将待装配的装配单元（零、部件）按照设计要求，依照一定的流程，依靠特定的工艺装备组合到一起的过程，这个过程需要解决的是装配单元的定位和连接问题。构件是一个空间实体，其每一个组成部分（装配单元）在这个空间实体内都有唯一确定的姿态，即在建筑实体内建立一个空间坐标系，其每一个装配单元在这个空间坐标系内都具有唯一确定的坐标。所以，定位的目的就是确定装配单元的空间姿态。这些装配单元在确定空间姿态后，依然是一个个独立的实体，尚不能构成满足设计要求的构件，还需要将这些装配单元用一定的方式连接起来，从而形成稳定的实体（陈宗舜 等，2006）（图 9-38）。

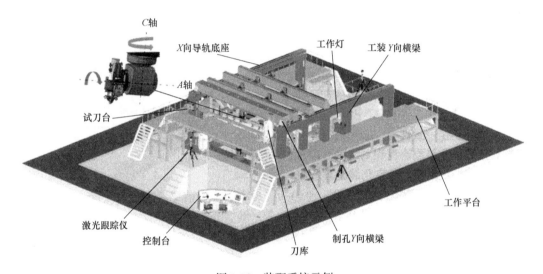

图 9-38　装配系统示例

来源：范玉青. 现代飞机制造技术 [M]. 北京：北京航空航天大学出版社，2001.

三维数字化装配依靠数控定位器定位，数控定位器类似于具有 X、Y、Z 三个运动方向的千斤顶，通过工艺接头与装配单元连接，综合了测量、调资、控制等技术。测量为调资提供数据支持，控制统领全局，对测量数据进行分析，确定装配单元的初始状态，与装配单元在其型架上的状态进行比较，根据比较结果进行校形，并规划调资路径，驱动数控定位器按既定路径运动，对装配单元调资，反复迭代后，确定装配单元在整体建筑坐标系内符合设计要求，即进行定位和制孔连接，从而解决装配单元的定位和连接问题，其中涉及集成控制技术的应用（林丁格尔，2011）。

集成控制技术是研究如何实现装配单元姿态的自动化测量以及空间六自由度自动化调资的技术。在此技术的基础上构建集成控制系统，包含相关硬件设施和软件系统，对整个装配系统集成控制，实现构件装配时装配单元的自动化测量和自动化调资（张宽荣 等，2008）。装配单元空间六自由度调整和空间姿态评价集成是将测量系统对装配单元姿态的评价结果自动、及时、准确地通知装配单元调资控制系统，装配单元调资控制系统根据目标姿态及当前测量姿态自动规划构件调资路径，并完成对装配单元的空间六自由度姿态调整。调姿完成后，装配单元调姿系统通知测量系统再次检查，若测量结果表明该构件的当前姿态已符合装配要求，则调姿过程完成，否则测量系统再通知调姿系统进行调资，如此反复迭代，直至装配单元姿态符合设计要求（布劳斯 等，1999）。集成控制技术的核心是各软件系统，根据功能分类，其软件系统可分为集成管理系统、数据库客户端、调姿定位控制系统、自动化加工系统、数字化测量系统等。各个子系统之间通过工业以太网连接，基于 TCP/IP 协议（传输控制协议/因特网互联协议）和 Windows Socket（网络编程接口）建立通信设备接口模块；控制系统与调姿设备中运动控制器之间通过 PCI（总线接口）总线连接，基于 Danaher（丹纳赫公司）提供的 MEI 动态链接库建立通信设备接口模块；运动控制器与底层设备直接通过 SynqNet 总线实现连接，其接口在运动控制器中已经实现；测量子系统与激光跟踪仪之间通过工业以太网连接，基于 TCP/IP 协议、Windows Socket 和 Emscon（激光跟踪仪系统软件）通信设备编程规范建立通信设备接口模块（芒福德，2009）（图 9-39）。

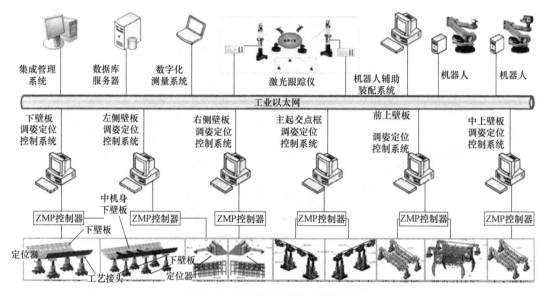

图 9-39　集成控制系统网络拓扑图

来源：詹姆斯·刘易斯. 全球最成功的项目管理实战案例［M］. 刘祥亚译. 北京：机械工业出版社，2005.

　　调姿定位子系统是在集成控制系统的指挥下，实现装配单元的空间六自由度的调整。其主要由数控定位器和工艺接头组成，与装配单元构成一套封闭系统。将装配单元假想为刚体，刚体上任意不共线的 3 点即可确定其姿态。所以，可以在装配单元上选取任意不共线的 3 点，通过调整这 3 点的姿态，即可对装配单元的姿态进行调整。但实际上装配单元并非刚体，在调姿过程中存在一定的变形（非形变），为了约束这种变形，一般选用过约束的方式，即在装配单元上选择 3 点以上进行调姿。根据装配单元的结构和大小，在装配单元上呈点阵布置 4～6 组工艺接头，分别与 4～6 组数控定位器连接，构成点阵式调姿定位机构，实现对装配单元的空间六自由度调整（Gartman，2013）（图 9-40）。

装配单元测量的目的是确定装配单元的姿态，依据测量数据对装配单元姿态进行评价，从而判定装配单元姿态与设计模型的符合性。在数字化装配条件下，一般选用装配单元上设定的基准来评价装配单元的姿态，这些基准通常选用装配单元的一些确定的点，且这些基准在装配过程中是统一一致的。在装配单元本身装配的过程中，这些基准点是装配单元装配的基准，在装配单元的姿态评价过程中，这些点是姿态评价的基准，在确定装配单元姿态评价的基准后，装配单元姿态评价即是确定这些基准在空间的坐标。在数字化装配的条件下，一般采用激光跟踪仪[①]或 iGPS[②] 来确定这些基准的坐标。以激光跟踪仪为例，可根据系统布局设计的要求，采用激光跟踪仪和增强参考系统构成装配系统全空间测量场（白雪松，2014）（图9-41）。增强参考点布置在现场固定工装或地面上，主要用于定位跟踪仪位置，使测量坐标系与现场装配坐标系一致（图9-42）。由于跟踪仪是移动的测量设备，其测量坐标系随跟踪仪的移动而变化，跟踪仪通过测量并匹配这些增强参考点确定跟踪仪的当前位置和姿态，从而使在不同站位或不同跟踪仪的测量值具有统一的坐标系，以利于装配单元、装配系统的位置和姿态的评价（吴澄，2002）。

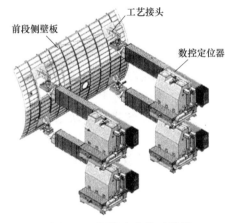

图 9-40　调资定位单元示例

来源：何胜强. 大型飞机数字化装配技术与装备 [M].
北京：航空工业出版社，2013.

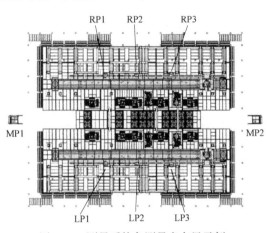

图 9-41　测量系统各测量点布局示例

来源：杨继全，朱玉芳. 先进制造技术 [M].
北京：化学工业出版社，2004.

---

①　激光跟踪仪的实质是一台激光干涉测距和自动跟踪侧角测距仪器的组合体，类似于全站仪，二者的区别之处在于它没有望远镜，跟踪头的激光束、旋转镜和旋转轴构成了激光跟踪仪的 3 个轴，三轴相交的中心是测量坐标系的原点。系统的硬件主要组成部分包括传感器头、控制器、电动机和传感器电缆、带 LAN 电缆的应用计算机以及反射器。激光跟踪测量系统的基本工作原理是在目标点上安置一个反射器，跟踪头发出的激光射到反射器上，又返回到跟踪头。当目标移动时，跟踪头调整光束方向来对准目标。同时，返回光束为检测系统所接收，用来测量目标的空间位置。激光跟踪测量系统所要解决的问题是静态或动态地跟踪一个在空间中运动的点，同时确定目标点的空间坐标。激光跟踪仪的坐标测量是基于极坐标测量原理的，测量点的坐标由跟踪头输出的两个角度，即水平角 H 和垂直角 V，以及反射器到跟踪头的距离 D 计算出来。

②　全球定位系统（GPS）由于其独特的性能已经成为全球定位技术的标准。而全球定位系统（GPS）的强大不单来源于其先进技术，也来源于其先进的系统设计理念，即卫星独立运行于系统用户群。卫星（发射器）仅仅负责发送精确定位信息，所有的位置计算和处理均由客户端实现。只要用户得到卫星的位置及卫星发送的定位信息就可以进行定位计算。理论上讲，这样的设计允许数量无限的用户同时进行精确定位。用户只需要利用接收器对卫星（发射器）的信号进行收集，无须发送任何信号就可以进行定位计算。iGPS（室内 GPS）的推出将标准全球定位系统的精确定位功能和系统设计理念带进了工厂的范畴。iGPS 具有强大的跟踪和控制机器设备的功能，将 iGPS 和工业机器人结合起来，制造商便可大大降低生产线上的生产成本。

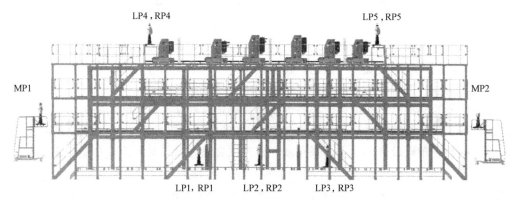

图 9-42　数字化装配系统激光跟踪仪布局示例

来源：何胜强. 大型飞机数字化装配技术与装备 [M]. 北京：航空工业出版社，2013.

9.6　本章小结

　　本章在集成化建造流程提供技术支撑、集成材料作为供应端口的基础上，以并行化操作模式提供组织方式条件下，着重构建分布式环境下的装配式建造方式，试图改变传统建筑运作模式下以二维图纸作为设计、建造阶段信息传递媒介的方式。应用模糊聚类分析法并转向 Visual C++ 6.0 与 SQL Server 数据库开发的模块划分系统进行模块划分，进而层级拆解，形成模块、部件、组件、构件、零件等层级化单元，并用 SolidWorks 系统进行可装配性评价，将最小的层级单元利用集成化建造流程中的工艺规划方法转化为生产加工路径输入数控设备中进行制造，最后将生产加工的零部件运往施工现场利用三维定位系统进行装配，完成并行化建筑运作模式及建筑的建造。

第10章 结论与展望

本书从 3 个层面进行了研究：信息集成层面，应用了数字制造中工艺规程规划方法、数据标准与接口技术，完成划分建筑模块及层级拆解，结合建筑学学科已有的数字设计及数字建造领域的研究成果，优化了数字设计系统中几何模型到数控设备中加工生产模型转变的集成路径，建立了从数字设计到数字建造的集成体系，使得传统意义上、基于普适层面的设计与建造分离现状得以改观，从而运行建筑"设计-制造"一体化流程；材料集成层面，应用可再生能源提供动力、借助制造业中的叠层实体制造法、三维打印技术完成材料集成过程，形成低碳材料集成体系，以改观传统化石能源供能模式下的分层砌筑现象；组织模式层面，利用质量功能配置方法完成设计因素从定性到定量的转变、应用模糊聚类分析方法划分及拆解三维数字化模型，使集成建筑信息模型从传统意义上的生成阶段拓展到拆解、制造阶段，并利用 SolidWorks 系统进行可装配性评价验证，利用跨学科团队以集成建筑信息模型平台协同工作为基础，整合了并行化建筑运作模式。在此基础上，并行化操作模式下应用集成数字技术体系、低碳材料集成体系，从而构建划分建筑结构的装配式建造方式，具体过程以图示方式呈现（图 10-1）。

当前，西方发达国家及日本由于职业制度及建筑师执业范围、我国及一些发展中国家、不发达国家地区的建筑运作模式仍部分的呈现串行方式，即设计阶段与施工建造阶段分离，设计绘图工作完成之后，才能开始现场建造活动。向下深入一个层级，设计阶段中方案创作完成才能进行扩初设计及施工图设计，施工图设计是在方案设计基础上对结构、设备等专业的深化，但其过程并非主动参与，而是一种被动接受，即施工图设计人员依照方案创作的意图，完成和完善本专业在方案设计基础上的需求。例如，结构专业依据方案中的结构体系，进一步添加如结构柱的配筋及配料，设备专业在设计方案基础上添加管网路径、节点及开关口设置等。在此基础上，现场建造过程中施工人员依照图纸绘制内容，完成二维线图到三维实体的转变，将图纸视作建造标本，以完成图纸绘制内容为目标，并且以三维实体建造是否准确无误地覆盖图纸传达信息为基准。

然而，传统串行运作模式中仍然具有其不可多得的优势部分，诸如建筑师在方案创作阶段可以倾全力于形式、空间的设计，较少受到外界干扰，并将专业素养及个人审美意趣完全反映出来，由此产生诸多形式及空间设计的创新，像 20 世纪以来的"流动空间""容积规划（Ruamplan）""空间透明性"等空间操作便是这方面的例证。不仅如此，传统建造中多倾向于低技建造，尽管西方发达国家及日本等国的工业化程度较高，但基于普适层面来讲，手工艺建造及工业化机械建造相比应用高尖端科技的数字建造，前者所花费的成本及所需的技术人员技能、素养均较后者略低。因此，某种程度上来讲，串行运作模式比较适合于工业化程度较低、经济欠发达国家与地区。

此外，基于客观层面全面审视传统串行运作模式，其劣势部分却也较为明显，本书研究的目的也正基于此，而并行化建筑运作模式是使其得以改观的有效方式。并行化建筑运作模式自项目开发初始便成立跨学科团队，其中涉及项目开发全生命周期中各领域、各专业的专家及工作人员，如业主、用户、策划分析人员、建筑师、工艺规划师、生产技术人员、制造商、承建商、材料供应商、施工技术人员、运营维护人员等，以"集成研讨厅"① 的方式主动参与而并非被动接受。例如，在策划分析阶段，业主与用户及建筑师共同探讨需求满意度及使用舒适度；在方案创作阶段，结构设计人员与施工技术人员便参与进来，与建筑师共同完成方案设计；在方案设计阶段，则与材料供应商、承建人员、制造商共同探讨材料制备及细部连接进而生产加工等问题。西方发达国家及日本等工业化完成度较高的国家已经能够实现并正在开展，如诺曼·福斯特事务所在方案草图阶段便有结构工程师介入，美国 NBBJ 建筑事务所采用 Silicon Graphic 硬件与 Alias/Wavefront 为主的三维显像软件技术通过网络交互功能与制造商协作，日本日建设计公司由建筑师与材料生产商及制造商共同完成节点大样详图的绘制等。

而我国的设计体制由于秉承苏联国家基本建设工程制度，建筑师的执业范围限于设计阶段，材料供应、构法、承建商等均由甲方敲定，加之工业化完成度不高、相应专业技术人员的专业素养有待提升，因而设计与建造协同、实现建筑并行化运作模式并非如西方发达国家一样可快速转变。因此，笔者以为，应在如下 3 个层面作出尝试：

（1）确立项目全程管理制度

我国由于设计的主要力量集中在设计院，形成了按部分或专业划分的综合所或专业所，因此要等到各自部门的任务完成之后才交由下一部门完成。项目全程管理制度则要求针对具体开发项目，在最初阶段抽调现有设计体制中的设计人员、结构工程师、设备工程师，并配以材料供应商及承建商，其中设立项目经理作为协调各专业、各技术工种的核心，与业主共同商讨，推进项目开发过程。

（2）拓展建筑师执业范围

从项目开发之初应由建筑师与业主、用户、策划人员共同完成策划分析及项目立项的工作。设计阶段应由建筑师主导，结构、设备工程师、制造商、施工技术人员等全程参与。现场施工阶段应由建筑师全程监理，并与施工技术人员协调完成建造。

（3）培养相应专业技术人员

在提高与完善我国工业化程度的基础上，应着重培养材料加工制造、现场施工专业技术操作人员，面对数控设备、工艺加工设备、三维定位装置等数字化机器时，技术人员应能熟练操作，并保证建造的完成品质。

在以上分析的基础上，并行化建筑运作模式的开展面临以下问题：

---

① 人机结合、从定性到定量的综合集成研讨厅理论是由我国著名科学家钱学森等人提出，其属于处理复杂巨系统问题的方法论，利用科学与经验相结合、人与计算机及其网络相结合的途径解决复杂性问题。它包括 3 个部分：专家体系、知识体系、机器体系。在定性研究与定量研究相结合的过程中，这 3 个体系有机结合，发挥其整体优势、智能优势与综合优势。在讨论问题时，参加研讨的专家群体能够充分发挥其群体优势和智能优势，互相交流各自的科学理论和经验知识，并充分利用计算机及信息技术，把大量的各相关领域的信息与知识综合集成起来，从而得到科学的认识与结论。

（1）各领域、各专业相应技术人员共同组成的跨学科团队存在协调度的问题，即针对具体项目开发中的问题各专业均会秉持各自领域的特长，无法完全达成一致。如建筑师根据专业素养及个人审美创作的形式与空间并不一定能够得到结构工程师的认可，而协调的过程中又会失去原初创作的创新之处等。针对此问题，笔者建议应配合计算机技术相关软件，建立科学的评价体系，将协调的过程转化为数据分析，最终达成一个具有数据依据的协调度。

（2）目前世界范围内，应用于建筑领域的数控加工技术并不十分完善，不是任何形式的构件均可完成生产制造。因此，在工艺划分阶段及生产加工阶段的数字技术有待进一步提高。在完善以上目标的基础上，应用本书研究中的集成化建造流程技术，以集成材料为供应基础，采用并行化建筑运作模式，相信在不久的将来可以建立适应未来多元可变人居模式的装配式建造的成熟体系（表10-1）。

本书主要内容、创新点、研究方法及研究意义　　　　　　　　　表 10-1

针对问题	创新点	研究方法		研究意义
串行建筑运作流程	借助数字制造领域的工艺规程与数据交换技术，优化了数字设计系统中几何模型到数控设备中加工生产模型转变的集成路径，完成划分建筑模块及层级拆解，从而运行"设计-制造"一体化流程	工艺规程规划方法工艺排序，提供划分路径	计算机辅助工艺规程设计(CAPP)	剖析传统建造方式的变迁过程，借助制造业中工艺规程规划方法、数据标准与接口技术，建立从数字设计到数字建造的集成化建造流程，使得传统意义上的、基于普适层面的设计与建造分离现状得以改观，研究成果将具有广泛的应用价值
			遗传算法优化(优化)	
		数据标准与交换技术使得各软件系统间数据流转与交换		
设计与建造分离	利用跨学科团队以集成建筑信息模型平台协同工作为基础，借助质量功能配置、过程建模技术、数据管理系统技术，整合了并行化建筑运作模式	质量功能配置方法(QFD)改变定性到定量问题；	QFD法	总结传统建筑运作模式的基础上，利用跨学科团队以集成建筑信息模型平台协同工作为基础，借助制造领域质量功能配置方法、过程建模技术、数据管理系统技术，构建并行化建筑运作模式，以革新传统建筑运行体系中的串行过程，在实践操作层面将具有一定的应用意义
			Kano 模型(优化)	
		跨学科团队(IBT)		
		过程建模技术		
		数据管理系统(BDM)技术		
	利用模糊聚类分析方法及Solid-Works系统进行模块划分与可装配性验证，结合建筑学学科内的研究基础，综合集成化建造流程与并行化操作模式，构建了分布式环境下装配式建造方式	集成数字技术体系	工艺规程规划方法；数据标准与交换技术	应用跨学科研究思路，借助制造领域并行工程、数字制造方法与技术，结合建筑学学科内的研究基础，构建基于制造内核的装配式建造方式，拓展了传统意义上仅针对建筑学本体的建造系统内涵与外延，实现建造理论研究的创新，对建筑学理论研究具有补充与拓延的意义
		并行化操作模式	质量功能配置方法(QFD)改变定性到定量问题	QFD法
				Kano 模型(优化)
			跨学科团队(IBT)；数据管理系统(BDM)；应用模糊聚类分析方法划分模块；应用SolidWorks系统进行划分评价	
		材料集成	叠层实体制造法；三维打印方法	

参 考 文 献

[1]   白雪松. 数字化工厂布局设计 [M]. 北京：化学工业出版社，2014.

[2]   白英彩. 计算机集成制造系统——CIMS 概论 [M]. 北京：清华大学出版社，1997.

[3]   白永红，王泽玉，邱晞. 飞机制造企业 PDM 的组织与实施 [J]. 航空制造技术，2004 (6)：87.

[4]   柏慕培训. Autodesk Revit Building 高级应用 [M]. 北京：化学工业出版社，2008.

[5]   包剑宇. 墙的空间建构 [D]. 重庆：重庆大学，2005：10.

[6]   边馥苓. 用数字的眼光看世界 [M]. 武汉：武汉大学出版社，2011.

[7]   布劳斯，德赫斯特，耐特. 面向制造与装配的产品设计 [M]. 北京：机械工业出版社，1999.

[8]   曾锵. 制造流程与服务流程的比较研究 [J]. 商业研究，2005，309 (1)：5.

[9]   陈杰，梁耀昌，黄国庆. 岭南建筑与绿色建筑——基于气候适应性的岭南建筑生态绿色本质 [J]. 南方建筑，2013 (3).

[10] 陈其荣. 当代科学技术哲学导论 [M]. 上海：复旦大学出版社，2006.

[11] 陈曦，邓广. 山地住宅被动式致凉策略初探 [J]. 中外建筑，2013 (4).

[12] 陈晓扬，仲德崑. 地方性建筑与适宜技术 [M]. 北京：中国建筑工业出版社，2007：43-45.

[13] 陈泳全. 建造过程中人的因素 [D]. 北京：清华大学，2012.

[14] 陈宗舜，刘方荣，吴春燕. 机械制造装配工艺设计与装配 [M]. 北京：机械工业出版社，2006.

[15] 程罡. Grasshopper 参数化建模技术 [M]. 北京：清华大学出版社，2017.

[16] 初冠南，孙清洁. 现代船舶建造技术 [M]. 北京：北京大学出版社，2014.

[17] 从勐，张宏. 设计与建造的转变——可移动铝合金建筑产品研发 [J]. 建筑与文化，2014. 128 (11)：143.

[18] 崔晋余主编. 苏州香山帮建筑 [M]. 北京：中国建筑工业出版社，2004.

[19] 戴吾三. 考工记图说 [M]. 济南：山东画报出版社，2003：23.

[20] 董琪，徐聪艺. 数字技术推动建筑设计飞跃 [J]. 城市建筑，2012 (10).

[21] 段勇，姜涌. 建筑设计机构的构成与竞争模式 [J]. 时代建筑，2007 (2)：20.

[22] 樊则森. 塑造装配清水——中粮万科假日风景 D1、D8 号住宅楼预制装配新技术的创新 [J]. 建筑学报，2012 (4)：63.

[23] 范玉青. 现代飞机制造技术 [M]. 北京：北京航空航天大学出版社，2001.

[24] 方丰阳. Autodesk RevitArchitectue 与 AutoCAD 在室内设计中的运用比较 [J]. 建筑设计管理，2013 (1)：26.

[25] 冯江，刘虹. 中国建筑文化之西渐 [M]. 武汉：湖北教育出版社，2008.

[26] 傅熹年. 中国古代建筑工程管理和建筑等级制度研究 [M]. 北京：中国建筑工业出版社，2011.

[27] 傅筱. 对中国 20 世纪末建筑技术理性主义引入的反思 [J]. 城市环境设计，2011 (7)：154-158.

[28] 葛明. 体积法 (1)——设计方法系列研究之一 [J]. 建筑学报，2013 (8)：7-13.

[29] 顾大庆. 从平面图解到建筑空间——兼论"透明性"建筑空间的体验 [J]. 世界建筑导报，2013 (4)：35-37.

[30] 顾震宇. 全球工业机器人产业现状与趋势 [J]. 机电一体化，2006 (2)：6.

[31] 郭庆亮. 高效节能精装一体化外墙预制保温条板的研制 [D]. 济南：山东建筑大学，2013.

[32] 韩志仁，郑晖，贺平. 飞机制造技术基础——机械加工 [M]. 北京：北京航空航天大学出版社，2015.

[33] 何礼平，任晓. 永恒与瞬间——"竹建构"的意义创造与解释 [J]. 建筑师，2014 (1)：13-17.

[34] 胡诚程，马晓平，张磊. 船舶并行设计集成开发团队组织模式 [J]. 船舶与海洋工程，2015，31 (2).

[35] 胡冬香，邓其生. 中国传统建筑孕育着"生态优化"理念 [J]. 建筑师，2007 (3)：95-98.

[36] 胡飞. 问道设计 [M]. 北京：中国建筑工业出版社，2011.

[37] 胡庆夕，俞涛，方明伦. 并行工程原理与应用 [M]. 上海：上海大学出版社，2001.

[38] 胡向磊，王琳. 工业化住宅中的模块技术应用 [J]. 建筑科学，2012，28 (9)：75-78.

[39] 《互联网时代》主创团队. 互联网时代 [M]. 北京：北京联合出版社，2015.

[40] 姜涌. 建筑师职能体系与建造实践 [M]. 北京：清华大学出版社，2005.

[41] 姜涌，包杰. 建造教学的比较研究 [J]. 世界建筑，2009 (3)：110.

[42] 姜涌. 建筑师职业实务与实践——国际化的职业建筑师 [M]. 北京：机械工业出版社，2007：31.

[43] 姜涌. 项目全程管理 [J]. 建筑学报，2004 (5).

[44] 金峰. 砌筑解读 [D]. 杭州：浙江大学，2007.

[45] 孔宇航. 非线性有机建筑 [M]. 北京：中国建筑工业出版社，2011.

[46] 雷格. 计算机集成制造 [M]. 北京：机械工业出版社，2007.

[47] 李飙. 建筑生成设计——基于复杂系统的建筑设计计算机生成方法研究 [M]. 南京：东南大学出版社，2012.

[48] 李海清. 建造模式：作为建筑设计的先决条件 [J]. 新建筑，2014 (1)：15-17.

[49] 李建成，王朔，等. Revit Building 建筑设计教程 [M]. 北京：中国建筑工业出版社，2006.

[50] 李建成，卫兆骥，等. 数字化建筑设计概论 [M]. 北京：中国建筑工业出版社，2007.

[51] 李晶，王振军. 柔美的建筑体验——建筑不再是规矩的盒子 [J]. 中国建筑装饰装修，2011 (2)：219-221.

[52] 李琪. 古建筑木结构榫卯及木构架力学性能与抗震研究 [D]. 西安：西安建筑科技大学，2008.

[53] 李清，马宁宇. 航空产品 IPT 团队群运行模式研究 [J]. 企业信息化，2002 (4).

[54] 李维涛，王玮. 水泥纤维外墙保温装饰一体板的特点及应用 [J]. 河南建材，2015 (4)：99.

[55] 李燕. 浅析 3D 打印技术与分形建筑 [J]. 设计，2014 (11)：81.

[56] 李怡，李树涛. 虚拟工业设计 [M]. 北京：电子工业出版社，2003.

[57] 李允鉌. 华夏意匠：中国古典建筑设计原理分析 [M]. 天津：天津大学出版社，2005.

[58] 梁思成. 清式营造则例 [M]. 北京：中国建筑工业出版社，1981.

[59] 刘飞，等. CIMS 制造自动化 [M]. 北京：机械工业出版社，1996.

[60] 刘敏，李楠. 跨越领域的思考——从后工业产品看当代建筑的时代精神 [J]. 吉林建筑工程学院学报，2005，22 (1)：57.

[61] 刘宇波，李佳. 哥伦比亚建筑师西蒙·维列和他的竹构建筑 [J]. 世界建筑，2009 (6)：94-97.

[62] 柳冠中. 象外集 [M]. 北京：中国建筑工业出版社，2012.

[63] 芦赟. 基于 DELMIA 复杂产品可装配性评价系统 [D]. 西安：西安工业大学，2013.

[64] 罗继业，何欢，张岚岚 [J]. 航空标准化与质量，2012 (4)：44-47.

[65] 罗智星，杨柳，刘加平. 建筑材料 CO_2 排放计算方法及其减排策略研究 [J]. 建筑科学，2011，27 (4)：2-3.

[66] 马履中，周建忠. 机器人与柔性制造系统 [M]. 北京：化学工业出版社，2007.

[67] 毛兵，薛晓雯. 中国传统建筑空间修辞 [M]. 北京：中国建筑工业出版社，2010.

[68] 毛刚，段敬阳. 结合气候的设计思路 [J]. 世界建筑，1998 (1).

[69] 毛刚. 西南高海拔山区设计技术思想初探——兼评攀枝花城市建设 [J]. 建筑学报，1998 (6).

[70] 毛熔波. 基于 Kano 模型与 QFD 集成的住宅产品设计方法研究 [D]. 重庆：重庆大学，2008.

[71] 毛小玲，江萍. 建筑施工组织 [M]. 武汉：武汉理工大学出版社，2015.

[72] 米小珍，刘晓冰. CIMS 应用工程中 PDM 的实施 [J]. 大连铁道学院学报，2001 (3).

[73] 尼尔·里奇，袁烽. 建筑数字化编程 [M]. 上海：同济大学出版社，2012.

[74] 尼尔·里奇，袁烽. 建筑数字化建造 [M]. 上海：同济大学出版社，2012.

[75] 宁汝新. 产品开发集成技术 [M]. 北京：兵器工业出版社，2000：94.

[76] 彭尚银，陈昌华，邹月，等. 施工组织设计编制 [M]. 北京：中国建筑工业出版社，2006.

[77] 彭一刚. 中国古典园林分析 [M]. 北京：中国建筑工业出版社，1986.

[78] 齐德新，马光锋. 并行工程下的集成产品开发团队 [J]. 信息技术，2003，27 (4).

[79] 秦佑国，韩慧卿，俞传飞. 计算机集成建筑系统（CIBS）的构想 [J]. 建筑学报，2003 (8).

[80] 曲翠松. 建筑材料与建筑形态设计 [M]. 北京：中国电力出版社，2014.

[81] 邵韦平，韩慧卿. 变革中的建筑创作 [J]. 建筑创作，2009 (11).

[82] 邵韦平. 高完成度建筑产品的设计控制——北京首都国际机场航站楼合作设计实践随感 [J]. 时代建筑，2005 (5).

[83] 邵伟平. 高完成度建筑的经典之作 [J]. 建筑创作，2008 (2)：86.

[84] 沈理源. 西洋建筑史 [M]. 北京：水利水电出版社，2008.

[85] 史晨鸣. 建筑学对大量性定制的回应 [M]. 南京：东南大学出版社，2010.

[86] 史永高. 材料呈现——19 和 20 世纪西方建筑中材料的建造及空间双重性研究 [M]. 南京：东南大学出版社，2008.

[87] 史永高. 透明性之意味——透明性研究之一 [J]. 新建筑，2008 (3)：66-72.

[88] 宋靖华，胡欣. 3D 建筑打印研究综述 [J]. 华中建筑，2015 (2)：7-10.

[89] 孙大章. 中国民居研究 [M]. 北京：中国建筑工业出版社，2004.

[90] 孙英飞，罗爱华. 我国工业机器人发展研究 [J]. 科学技术与工程，2012 (12)：2912-2918.

[91] 谭璐，姜璐. 系统科学导论 [M]. 北京：北京师范大学出版集团，2009.

[92] 谭峥，项秉仁. 从"画匠"到"大匠"——参数化设计中建筑师的职能深化 [J]. 新建筑，2006 (1)：94-95.

[93] 汤凤龙. "间隔"的秩序与"事物的区分"——路易斯·I·康 [M]. 北京：中国建筑工业出版社，2012.

[94] 汤凤龙. "匀质"的秩序与"清晰的建造"——密斯·凡·德·罗 [M]. 北京：中国建筑工业出版社，2012.

[95] 汤军. 造物中的情与理 [M]. 武汉：武汉大学出版社，2014.

[96] 汤姆·维尔伯斯，刘延川，徐丰. 参数化原型 [M]. 北京：清华大学出版社，2012.

[97] 唐林. 产品概念设计基本原理及方法 [M]. 北京：国防工业出版社，2006.

[98] 唐通鸣，倪红军. 三维造型与数控加工实践 [M]. 北京：机械工业出版社，2013.

[99] 滕福海. 计算机技术对建筑创作的影响 [D]. 上海：同济大学，2006.

[100] 滕晓艳. 船体分段模块划分方法的研究 [D]. 哈尔滨：哈尔滨工程大学，2011.

[101] 田大方，张丹，毕迎春. 传统木构架建筑的演变历程及其文化渊源 [J]. 哈尔滨工业大学学报，2010，12 (5).

[102] 王春梅. 建筑施工组织与管理 [M]. 北京：清华大学出版社，2014.

[103] 王贵祥. 中西方传统建筑：一种符号学视角的观察 [J]. 建筑师，2005 (4).

[104] 王贵祥. 东西方的建筑空间 [M]. 天津：百花文艺出版社，2006.

[105] 王鹤. 数字时代下的建筑形式研究 [D]. 合肥：合肥工业大学，2009.

[106] 王丽方. 对 19 世纪西方建筑史的几点思考 [J]. 世界建筑，2002 (11).

[107] 王庆明. 先进制造技术导论 [M]. 上海：华东理工大学出版社，2007.

[108] 王澍. 设计的开始 [M]. 北京：中国建筑工业出版社，2002.

[109] 王细洋. 现代制造技术 [M]. 北京：国防工业出版社，2010.

[110] 王先逵. 机械加工工艺手册：常用标准和资料 [M]. 北京：机械工业出版社，2008.

[111] 王秀峰，罗宏杰. 快速原型制造技术 [M]. 北京：中国轻工业出版社，2001.

[112] 王昀. 跨界设计——建筑与斗拱 [M]. 北京：中国电力出版社，2016.

[113] 王子明，刘玮. 3D打印技术及其在建筑领域的应用 [J]. 混凝土世界，2015 (1).

[114] 卫东风. 生土民居场所精神与建筑体验 [J]. 华中建筑，2009 (3)：94-99.

[115] 吴澄. 现代集成制造系统导论——概念、方法、技术和应用 [M]. 北京：清华大学出版社，2002.

[116] 吴含前. 产品并行开发过程建模及PDM关键技术研究 [D]. 南京：南京航空航天大学，2001.

[117] 吴彤. 自组织方法论研究 [M]. 北京：清华大学出版社，2001.

[118] 项林. 建筑工程施工组织 [M]. 南京：东南大学出版社，2012.

[119] 肖岩，单波. 现代竹结构 [M]. 北京：中国建筑工业出版社，2013.

[120] 熊光楞. 并行工程的理论与实践 [M]. 北京：清华大学出版社，2000.

[121] 熊璐，张红霞. 建筑数字化设计与语法规则 [J]. 新建筑，2014 (1).

[122] 徐杜，蒋永平，张宪民. 柔性制造系统原理与实践 [M]. 北京：机械工业出版社，2001.

[123] 徐璐. 复杂产品的可装配性评价技术研究 [D]. 沈阳：沈阳理工大学，2008.

[124] 徐人平. 工业设计工程基础 [M]. 北京：机械工业出版社，2003.

[125] 徐卫国. 非线性体：表现复杂性 [J]. 世界建筑，2006 (12)：118-119.

[126] 徐卫国. 数字建构 [J]. 建筑学报，2009 (1).

[127] 徐正. 三维CAPP中零件特征提取及基于遗传算法的工艺排序研究 [D]. 武汉：华中科技大学，2005.

[128] 亚里士多德. 形而上学 [M]. 北京：商务印书馆，1959.

[129] 舒马赫. 小的是美好的 [M]. 李华夏译. 南京：译林出版社，2007.

[130] 杨桂，敖大新，张志勇. 编织结构复合材料：制作、工艺及工业实践 [M]. 北京：科学出版社，1999.

[131] 杨继全，戴宁，候丽雅. 三维打印设计与制造 [M]. 北京：科学出版社，2013.

[132] 杨涛. 建筑形态演进与科学技术发展 [M]. 北京：中国建筑工业出版社，2013.

[133] 殷瑞钰. 过程工程与制造流程 [J]. 钢铁，2014，49 (7).

[134] 余隋怀，苟秉宸，李晓玲. 三维数字化定制设计技术与应用 [M]. 北京：北京理工大学出版社，2006.

[135] 俞传飞. 数字化信息集成下的建筑、设计与建造 [M]. 北京：中国建筑工业出版社，2007.

[136] 俞传飞. 我们为什么要如此建造——数字技术时代建筑的新叙事方式 [J]. 新建筑，2008 (5).

[137] 郁鼎文，陈恳. 现代制造技术 [M]. 清华大学出版社，2006.

[138] 袁烽，葛俩峰，韩力. 从数字建造走向新材料时代 [J]. 城市建筑，2011 (4).

[139] 袁烽，肖彤. 性能化建构——基于数字设计研究中心（DDRC）的研究与实践 [J]. 建筑学报，2014 (8).

[140] 张弘. 七日——建筑师与信息建筑师 [M]. 北京：清华大学出版，2009.

[141] 张辉. 当代建筑的建构表现——以建造为基础探求建筑本体的表现力 [D]. 重庆：重庆大学，2012.

[142] 张家骥. 中国建筑论 [M]. 南京：江苏人民出版社，2012.

[143] 张十庆. 从建构思维看古代建筑结构的类型与演化 [J]. 建筑师，2007 (4).

[144] 张世琪，李迎，孙宇. 现代制造引论 [M]. 北京：科学出版社，2003.

[145] 张宪荣，张萱. 工业设计导论 [M]. 北京：化学工业出版社，2008.

[146] 张向宁，王墨晗. 数字建筑 [M]. 哈尔滨：黑龙江科学技术出版社，2014.

[147] 张旭，王爱民，刘检华. 产品设计可装配性技术 [M]. 北京：航空工业出版社，2009.

[148] 张永和. 平常建筑 [M]. 北京：中国建筑工业出版社，2002.

[149] 张永和. 作文本 [M]. 北京：生活·读书·新知三联书店，2005.

[150] 章迎庆，刘薇. 新媒介视野下的建筑表皮演绎 [J]. 华中建筑，2008（8）.

[151] 赵辰. "立面"的误会：建筑·理论·历史 [M]. 北京：生活·读书·新知三联书店，2007.

[152] 赵晓军. 中国古代度量衡制度研究 [D]. 合肥：中国科学技术大学，2007.

[153] 赵筱斌. 虚拟现实技术及应用研究 [M]. 北京：中国水利水电出版社，2014.

[154] 钟波涛. 数字建构：建筑设计手段的更新与变革 [J]. 华中建筑，2012（4）.

[155] 周祖德. 数字制造 [M]. 北京：科学技术出版社，2004.

[156] 朱晓春. 先进制造技术 [M]. 北京：机械工业出版社，2004.

[157] 邹劲，刘旸. 计算机辅助船舶制造 [M]. 哈尔滨：哈尔滨工程大学出版社，2003.

[158] Gartman D. 从汽车到建筑——20世纪的福特主义与建筑美学 [M]. 程玺译. 北京：电子工业出版社，2013.

[159] 阿尔伯蒂. 建筑论——阿尔伯蒂建筑十书 [M]. 王贵祥译. 北京：中国建筑工业出版社，2010.

[160] 阿里·拉希姆. 催化形制：建筑与数字化设计 [M]. 北京：中国建筑工业出版社，2012.

[161] 爱德华·露西-史密斯. 世界工艺史：手工艺人在社会中的作用 [M]. 杭州：中国美术学院出版社，2006.

[162] 安东尼亚德斯. 史诗空间：探寻西方建筑的根源 [M]. 刘耀辉译. 北京：中国建筑工业出版社，2008.

[163] 保罗·科茨. 编程·建筑 [M]. 孙澄，姜宏国，刘莹译. 北京：中国建筑工业出版社，2012.

[164] 保罗·拉索. 图解思考 [M]. 邱丰贤译. 北京：中国建筑工业出版社，1988.

[165] 比洛克·霍什内维斯，安德斯·卡尔松，尼尔·里奇，等. 机器人登陆月球建造建筑——轮廓工艺的潜力 [J]. 赵丹译. 城市建筑，2012（9）.

[166] 彼得·德鲁克. 新社会——对工业秩序的剖析 [M]. 北京：机械工业出版社，2006.

[167] 彼得·卡克拉·施马尔. 创造优秀建筑的工作流程——建筑学与工程学的密切合作 [M]. 中国建筑工业出版社，2008.

[168] 赫伯特·林丁格尔. 乌尔姆设计——造物之道 [M]. 北京：中国建筑工业出版社，2011.

[169] 久洛·谢拜什真. 新建筑与新技术 [M]. 肖立春，李朝华译. 北京：中国建筑工业出版社，2005.

[170] 克里斯·亚伯. 建筑·技术与方法 [M]. 项琳斐，项瑾斐译. 北京：中国建筑工业出版社，2008：220-226.

[171] 克洛德·列维-斯特劳斯. 野性的思维 [M]. 李幼蒸译. 北京：中国人民大学出版社，2006.

[172] 肯尼思·弗兰姆普顿. 建构文化研究——论19世纪和20世纪建筑中的建造诗学 [M]. 王骏阳译. 北京：中国建筑工业出版社，2007.

[173] 肯尼思·弗兰姆普顿. 现代建筑：一部批判的历史 [M]. 张钦楠译. 北京：生活·读书·新知三联书店，2012.

[174] 勒·柯布西耶著. 走向新建筑 [M]. 陈志华译. 天津：天津科学技术出版社，1991.

[175] 梁思成，费慰梅编. 图像中国建筑史 [M]. 梁从诫译. 天津：百花文艺出版社，2001.

[176] 刘易斯·芒福德. 技术与文明 [M]. 北京：中国建筑工业出版社，2009.

[177] 马丁·海德格尔. 存在与时间 [M]. 陈嘉映，王庆节译. 北京：生活·读书·新知三联书店，2014.

[178] 迈克尔·布劳恩. 建筑的思考：设计的过程和预期洞察力 [M]. 蔡凯臻，徐伟译. 北京：中国建筑工业出版社，2006.

[179] 诺博格·舒尔茨. 场所精神——迈向建筑现象学 [M]. 施植明译. 武汉：华中科技大学出版社，2010.

[180] 彭怒，王飞. 建构与我们——"建造诗学：建构理论的翻译与扩展讨论"会议评述 [J]. 时代建筑，2012（2）.

[181] 皮亚杰. 结构主义 [M]. 倪连生，王琳译. 北京：商务印书馆，2009.

[182] 邱光明. 中国古代计量史图鉴 [M]. 张延明译. 合肥：合肥工业大学出版社，2005.

[183] 瓦科拉夫·斯米尔. 国家繁荣为什么离不开制造业 [M]. 李凤海，刘寅龙译. 北京：机械工业出版社，2014.

[184] 维特鲁威著. 建筑十书 [M]. 高履泰译. 北京：知识产权出版社，2001.

[185] 希格弗莱德·吉迪恩. 空间·时间·建筑：一个新传统的成长 [M]. 王锦堂，孙全文译. 武汉：华中科技大学出版社，2014.

[186] 亚历山大·佐尼斯. 勒·柯布西耶——机器隐喻的诗学 [M]. 金秋野，王又佳译. 北京：中国建筑工业出版社，2004.

[187] 约瑟夫·里克沃特著. 亚当之家——建筑史中关于原始棚屋的思考 [M]. 李保译. 北京：中国建筑工业出版社，2006.

[188] 詹姆斯·刘易斯. 波音的携手合作 [M]. 刘祥亚译. 北京：机械工业出版社，2003.

[189] 詹姆斯·刘易斯. 全球最成功的项目管理实战案例 [M]. 刘祥亚译. 北京：机械工业出版社，2005.

[190] Otto K N, Wood K L. 产品设计 [M]. 齐春萍，宫晓冬，张帆等译. 北京：电子工业出版社，2006.

[191] Abdalla H S. Concurrent engineering for global manufacturing [J]. International Journal of Production Economics，1999，60-1：251-260.

[192] Allen S. Points and Lines：Diagrams and projects for the city [M]. Princeton Architectural Press，1999.

[193] Bai Y H，Wang Z Y，QiuX. Organization and implementation of PD Minaircraft manufacturing enter prise [J]. Aeronautical manufacturing technology，2004（6）.

[194] Ballantyne A. What is architecture [M]. NewYork：Routledge，2002.

[195] Box H. Think like an architect [M]. Austin：University of Texas Press，2007.

[196] Braham W W，HaleJA. Rethinking technology [M]. NewYork：Routledge，2007.

[197] Braham W W. Architecture and energy：performance and style [M]. London：Routledge，2013.

[198] Bruton D，Radford A. Digital design：a critical introduction [M]. London：Berg Publishers，2012.

[199] Cache B. Gottfried Semper：stereotomy，biology，and geometry [J]. Perspecta，2002，33（155）：80-87.

[200] Cap F. Mathematical methods in physics and engineering with mathematica [M]. Boca Raton，FL.：CRC Press，2003.

[201] Chappell D，Willis A. The architectin practice [M]. Iowa：Wiley-Blackwell，2010.

[202] Corti D，Portioli-Staudacher A. A concurrent engineering approach to selective implementation of alternative processes [J]. Robotics and Computer-Integrated Manufacturing，2004，20（4）：265-280.

[203] Davies C. Thinking about architecture：an introduction to architectural theory [M]. London：Laurence King Publishing，2011.

[204] Eisenman P. Diagram diaries [M]. New York: Universe Publishing, 1999.

[205] Emmitt S. Design management for architects [M]. Malden, MA.: BlackwellPub, 2007.

[206] Forty A. Words and buildings: a vocabulary of modern architecture [M]. NewYork: Thames& Hudson, 2000.

[207] Frampton K. Excerpts from a Fragmentary Polemic [J]. Art Forum, 2013 (9).

[208] Frampton K. Modern architect [M]. London: Thames and Hudson, 2007.

[209] Frampton K. Studies in tectonic culture: the poetics of construction in nineteenth and twentieth century architecture [M]. Cambridge, Mass,: The MIT Press, 1995.

[210] Frascari M. Eleven Exercises in the art of architectural drawing: slow food for the architect's imagination [M]. Routledhe, 2011.

[211] Frigant V, Talbot D. Technological determinism and modularity: lessons from acomparisonbetween aircraft and auto industries in Europe [J]. Industry and Innovation, 2005, 12 (3): 337-355.

[212] Glynn J, Gray T. The beginners guide to mathematica [M]. Version 4. London: Cambridge University Press, 2000.

[213] Gradshteyn I S, Ryzhik I. M. Tables of integrals, series and products [M]. Academic Press, 2000.

[214] Hartoonian G. Tectonics: testing the limits of autonomy [M] //Leach A, Macarthur J, ed al., Architecture, disciplinarity, and the arts. belgium: Ghen University A&S/books, 2009.

[215] Hartoonian G. Ontology of construction [M]. Cambridge University Press, 1994.

[216] HuertaS. Structural design in the world of gaudi [J]. Architectural Science Review, 2006, 49 (4): 324-339.

[217] Mi X Z, Liu X B. Implementation of PDM in CIMS application engineering [J]. Journal of Dalian Railway Institute, 2001 (3).

[218] Moe K. Convergence: an architectural agenda for energy [M]. London: Rou-tledge, 2013.

[219] Mumford L. Art and technics [M]. NewYork: Columbia University Press, 1952.

[220] Novitski B J. Turing today's researchinto tomorrow's softwar [J]. Architectural Record, 1999 (12): 68-69.

[221] Pottman H, Asperl A. Michael H, et al. Architectural geometry [M]. Bently Institute Press, 2007.

[222] Reiser J, Umemoto N. Atlas of novel tectonics [M]. New York: Princeton Architectural Press, 2006.

[223] Rowe C, Slutzky R. Transparence [M]. Basel: Birkhauser, 1997.

[224] Schumacher P. Smart work—Patrik Schumacher on the growing importance of parametrics [J]. RIBA Journal, 2008 (9).

[225] Schumacher P. The parametricist epoch: let the style wars Begin [J]. The architecture' journal, 2010, 231 (16).

[226] Semper G. The four element of architecture and other writings [M]. The Cambridege University Press, 1989.

[227] Sharp D. Bauhaus, Dessau: Walter Gropius [M]. London: Phaidon, 2002.

[228] Standford A. Eladio Dieste: innovation in structural art [M]. Princeton Architetural Press, 2004.

[229] Szalapaj P. Contemporary architectureand the digital design process [M]. Arch itectural Press, 2005.

[230] Taschen B I. Hot to Cold. An Odyssey of architectural adaptation [M]. Germany: Taschen Gm-

bH，2015.

[231] Triggs O L. Arts & Crafts movement [M]. NewYork：parkstone International，2009.

[232] Tso S K，Lau H C W，et al. A framework for developing an agent-based collaborativeservice-support system in a manufacture information network [J]. Engineering Applications of Aritificial Intelligence，1999，12 (1)：43-57.

[233] Vidiella A S. Bamboo in architecture and design [M]. Singapore：Page one Publishing Pte Ltd，2011.

[234] Wolfram S. The Mathematica book [M]. Cambridge University Press，2015.

[235] Xiong G L. Theory and practice of concurrent engineering [M]. Beijing：Tsinghua University Press，2000：8-9.

[236] Yu D W，Chen K. Modern manufacturing technology [M]. BeiJing：Tsing hua University Press.